OPアンプからロジック/CPUまで内蔵！
「電子ブロック」のようにハードウェアを組める

トライアル
シリーズ

PSoC基板で始める
回路プログラミング

JN107156

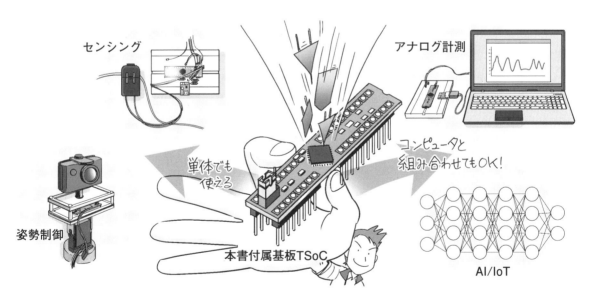

センシング

アナログ計測

姿勢制御

単体でも
使える

コンピュータと
組み合わせてもOK!

本書付属基板TSoC

AI/IoT

CQ出版社

はじめに

　最初にPSoC(Programmable System-on-Chip)を見たとき，そして，初めてその開発ツールに触れたときの衝撃は今でも忘れられません．GUI(Graphical User Interface)上でシステムをデザインすれば，それを実現するためにチップ内部をどのように設定し，レジスタなどをどのように操作するのかはすべてツールの仕事であって，ユーザは知る必要がありません．ユーザは本当に頭を使わなくてはならない事柄，すなわち「何を作りたいのか，何をどうしたいのか」を考えることに注力すればよいのです．

　ツールが用意しているモジュールは，PSoC内部のハードウェア・ユニットと1対1の関係とは限りません．複数のユニットを組み合わせて作られたモジュールや，中にはソフトウェアだけで作られたモジュールもありますが，見た目は全く同じです．

　ユーザは用意されたモジュールを選び，組み合わせ，時には自分で独自のモジュールを作ってシステムを構築していけば良いわけです．まさに「電子ブロック」のような世界です．

　本書ではPSoCファミリのひとつである，PSoC 4100Sを使用した付属基板とさまざまな製作例をセットにすることができました．基板の端子は300 mil(2.54 mm × 3)幅の一般的なICソケットやブレッドボードのピッチに合わせました(おかげで基板設計は少々手間取りました)．手軽にいろいろな実験に利用できると思います．

　一般的なマイコンとは一味違う，PSoCの世界を楽しんでみてください．

2023年4月　桑野 雅彦

本書サポート・ページのご案内

　本書の補足事項やFAQ，参考資料はサポート・ページに掲載しています．

https://interface.cqpub.co.jp/psocbook/

目 次

第1部　付属基板の使い方…Lチカからデバッグまで

第2部　付属基板を使った製作事例

第3部　デュアル・コア搭載！ハイエンドPSoC 6の研究

本書の一部は，月刊「トランジスタ技術」誌に掲載された記事を元に加筆・編集したものです．

付属DVD-ROMの使い方

編集部

本書の付属DVD-ROMには，付属基板の開発チュートリアル動画と，製作事例の設計データを収録しています．開発ツール「PSoC Creator」をインストールすれば，自宅のパソコンで「電子ブロック」のように回路を組めるPSoCの開発をすぐに楽しめます．PSoC Creatorは，次のURLからダウンロードできます．

https://www.infineon.com/cms/jp/
design-support/tools/sdk/psoc-
software/psoc-creator/

● 付属DVD-ROMの収録物

付属DVD-ROMをパソコンのDVDドライブに挿入したら，エクスプローラでファイル一覧を表示します．図1に示すように，動画ファイルは01_movieフォルダに，設計データは02_projectフォルダに収録しています．

index.htmlというファイルをダブルクリックすると，図2に示すように収録コンテンツの一覧が表示されます．

● 収録コンテンツ

▶ チュートリアル動画
• 付属基板＆PSoC Creatorスタートアップ・ムービ
▶ 設計データ
• 第1部 付属基板の使い方…関連データ
• 第2部 付属基板を使った製作事例…関連データ
• 第3部 ハイエンドPSoC 6の研究…関連データ

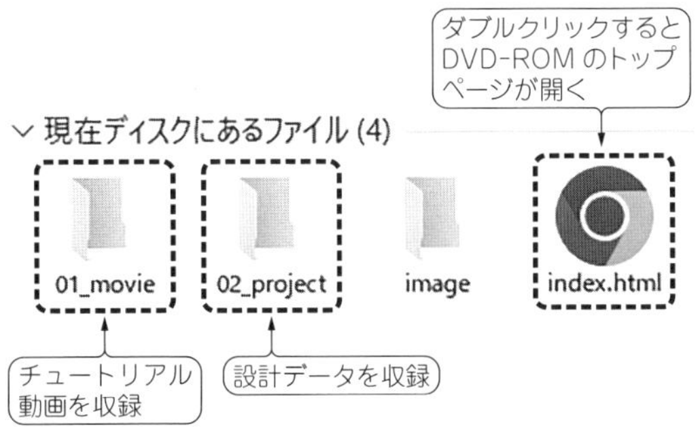

図1 付属DVD-ROMの収録物

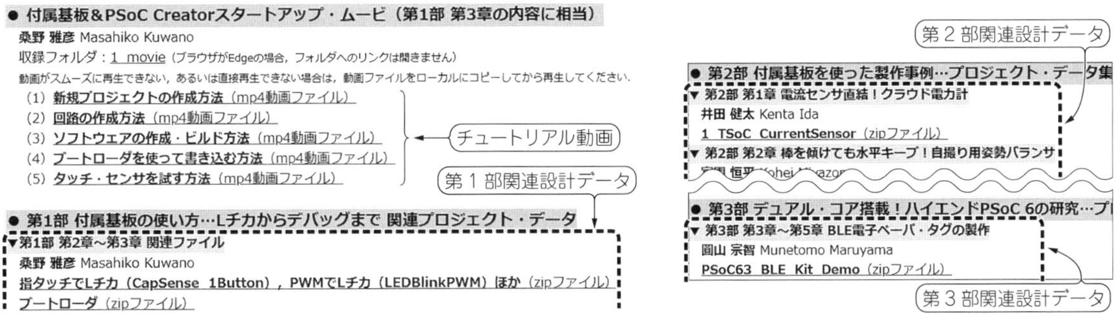

（a）チュートリアル動画と第1部関連設計データ　　（b）第2部と第3部の関連設計データ

図2 付属DVD-ROMには付属基板の開発チュートリアル動画や製作事例の設計データが収録されている

本書サポート・ページのご案内

本書の補足事項やFAQ，参考資料はサポート・ページに掲載しています．

https://interface.cqpub.co.jp/
psocbook/

プロローグ

これはマイコンではありません
パソコン上でハードウェア開発できる

電子ブロックのように回路が作れる「PSoC」の世界観

桑野 雅彦 Masahiko Kuwano

フリーのシミュレータやプリント基板CADが普及して、今やパソコン上で回路設計をすることが当たり前になりました。これらはいずれも実体を伴わないバーチャルなものづくりです。

本書で紹介するPSoCは、一言でいうと「パソコン上でリアルにはんだ付けできるIC」です。パソコンの画面上で設計した回路が、そのままICの中に作り込まれて、動き出します。電車の中であろうと、思いついたらその場で電子工作ができます。

PSoCの内部は、まるであの電子ブロックのようにパソコン上で回路が組み立てられます。

「PSoC Creator」と呼ばれる専用の開発ツールは、回路図エディタを備えていて、OPアンプやA-D/D-Aコンバータなどの部品(コンポーネントと呼ぶ)を置くだけでPSoCの中に回路ができます。

〈編集部〉

マイコンを紹介するときは、そのハードウェア内にある特筆すべき点を取り上げるのが普通です。

PSoCであれば、プログラマブルな内部回路を持つワンチップ・マイコンとして紹介するのは普通でしょう。それだけであれば、今や他社からもさまざまなプログラマブル・ロジックを内蔵したマイコンが発売されているので、「あれと同じようなものか」といつも使っているマイコンを思い浮かべるでしょう。

PSoCの最大の特徴は、デバイスの性能もさることながら、図1のようにまるであの「電子ブロック」のように回路を組める開発手法にあります。電子ブロック風の開発手法を支えているのがPSoC Creatorと呼ばれるPSoC用の開発ツールです。

本稿では、PSoCとPSoC Creatorの魅力を紹介します。

魅力①：はんだごてを使わずにハードウェア製作

● CPUはコンポーネントの1つ！ プログラマブル・アナログ/ディジタル回路IC「PSoC」

PSoCは、Programmable System on Chipの頭文字を取って命名されたICです。製造元であるインフィニオン テクノロジーズ(旧サイプレス セミコンダクタ)は、「PSoCはPSoCだ。マイコンではない」と言っていましたが、分かりにくかったためか、現在ではマイコンに分類しています。

PSoCファミリは、旧サイプレス セミコンダクタのオリジナル8ビットCPU M8Cコアの初代PSoC 1のほか、8051互換コアを搭載したPSoC 3、Arm Cortex-M3を搭載したPSoC 5、今回紹介するPSoC 4など、

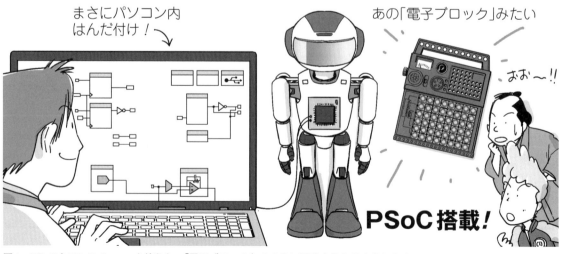

まさにパソコン内はんだ付け！

あの「電子ブロック」みたい

おぉ～!!

PSoC搭載！

図1 PSoCとPSoC Creatorを使うと、「電子ブロック」のように回路を作れるようになる

さまざまな製品があります.

PSoC 1は, プログラマブルなアナログ/ディジタル・ブロックを相互に結線し, ブロック間でアナログ/ディジタル演算を行うことがメインで, CPUはそれを手助けする程度の位置づけという, かなり独特でクセの強いデバイスでした. 上手に使うと劇的に周辺回路が削減できます.

PSoC 3/5, 本書の付属基板に搭載されているPSoC 4などの新しいPSoCファミリは, いずれもアナログ演算機能を削減して, 一般的なマイコンに近いディジタル演算に注力したスペックです.

● 回路構成はレジスタ設定なので動的切り替えも可

PSoCは, 豊富なアナログ・ブロックや強力なディジタル・ブロックを多数搭載している, 少々風変わりな内部構成をしています.

そのため, 内部に特殊な回路があって, これをフラッシュ・メモリのように書き換えているイメージがあるかもしれません.

PSoCの内部の設定や, ブロック間の相互接続は, すべてレジスタ設定で行われます. アプリケーション・プログラムが動作している途中で動的に設定を切り替えることも可能です. 図2のようにパソコン内部とリアルが連動するイメージです.

これらの初期設定プログラムは, GUI上での設定に応じてPSoC Creatorが自動的に生成するので, ユーザがこれらの存在を意識する必要はありません. もちろん, 必要があれば, ユーザ・プログラムの中で書き換えることもできます. プログラム自体は, アセンブリ言語のソースコードとして生成されます.

私は, あるアプリケーションを作成する際, ジャンパ・ピンによって動的に設定を切り替える必要がありました. そのときは, 自動生成されたソースコードを一部流用して, アプリケーション・プログラムの中で設定を変更しました.

魅力②:「電子ブロック」のように回路を組み立てられる

● PSoCと一心同体の開発環境

PSoC 3以降のPSoCの開発ツールとしてインフィニオン テクノロジーズが用意しているのは, PSoC Creatorと呼ばれる統合開発環境です.

PSoC Creatorは, PSoC第2世代以降の製品すべてに対応しています. PSoC 3/4/5など, さまざまなファミリがあり, 内部構成はそれぞれ異なりますが, すべてPSoC Creatorで開発できます. 旧富士通のFM0+ファミリもPSoC Creatorで開発できます.

このPSoC CreatorこそがPSoCの魅力を最大限に引き出す要といっても過言ではありません.

普通のマイコンの開発環境は, 先に完成したハードウェアがあり, その上で動くソフトウェアを開発するために作ったという位置づけのものが多いです. このように作られた開発環境は, 汎用性を重視しているので, 全製品共通ではないデバイス固有の機能への細かいサポートがないことも普通です. 新しいバージョンのツールでは, 旧製品をサポートしないこともあります.

PSoCは, PSoC Creatorとデバイスが一心同体と言っても良いほど密接に関連しています.

● 部品箱から選んで画面に並べるだけ
▶電子ブロックの構成要素「コンポーネント」

PSoC Creatorは, 第2世代以降のPSoCファミリのチップに関する情報をすべて把握しています.

PSoC Creatorは, 図3のようにそれぞれのデバイスが持つ内部機能を使うためのコンポーネント(ライブラリ)をいくつも用意しています. 使うデバイスに応じて, 表示されるコンポーネントの一覧も切り替わります.

ユーザは, PSoC Creatorが提示したコンポーネント一覧の中から, 使いたいものを選んで並べるだけで

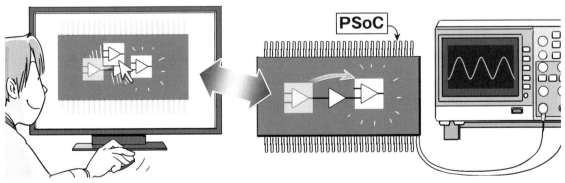

図2 PSoCの魅力①…はんだごて無しでハードウェアが作れる
回路構成はすべてレジスタ設定なので動的切り替えもできる

図3　PSoCの魅力②…「電子ブロック」のようにハードウェアを組み立てることができる
「電子ブロック」の構成要素はPSoC Creator上に豊富に用意されている

す．コンポーネントの初期設定もGUI上で行えます．
▶ユーザは自動生成された関数を実行するだけ

　PSoC Creatorは，使うコンポーネントやそれらの初期設定に応じて，初期化コードやコンポーネントを利用するためのライブラリ関数（API：Application Programming Interface）を自動生成します．

　ユーザは，プログラムの中でAPIを呼び出すだけでコンポーネントが使えるようになります．

　PSoC Creatorを使うときは，デバイス内部のレジスタ構成やI/Oの配置など，普通のマイコンのデータシートに記載されているようなことは，ほとんど意識することはありません．

　ユーザは，PSoC Creatorが用意したコンポーネントを選び，生成されたライブラリを使うだけです．コンポーネントが実際にマイコンのどのハードウェアで実現されているのか，APIの中でどのような処理をしているのかについては気にすることはありません．
▶その気になれば中身を詳細に見れる

　Cやアセンブラのソースコードとして生成されるだけなので，中身を読むことも可能です．

　PSoC Creatorを使っている限り，ユーザから見えるのはあくまで「コンポーネント」であり，実際のハードウェアではありません．PSoC Creatorで開発したものを動かすプラットホームがPSoCであると思ってもよいくらいです．

● ユーザ思いの親切設計

　PSoC Creatorは，普通の統合開発環境のように，プログラムのコーディングやビルド，デバッグを行うだけのツールではありません．

　プログラム開発時に使うドキュメント類や資料の閲覧，デバイスの設定，ライブラリの自動生成などを含めた一連の作業をすべて1つのアプリケーションにまとめた「統合開発環境」です．

　PSoC Creatorはアプリケーション・プログラム作成の際に必要となる機能を見事に集約した，実にユーザ思いなツールです．

　私は仕事柄いろいろなメーカのマイコンに触れる機会がありますが，「PSoC Creatorだったら簡単だったのに」と思うことが何度もありました．

　PSoC Creatorはユーザをマイコンの細々したことから解放して，本来頭を使うべきところに集中してもらえるように考えられた，真の統合開発環境だと言えます．
▶（1）部品通販サイトのようにデバイス選びができる

　PSoC Creatorには，部品通販サイトのようなデバイス選定画面（図4）でデバイスが選べます．

　もちろん通常の型名指定もできます．
▶（2）使用する内部I/O（コンポーネント）とライブラリを自動生成してくれる

　PSoC Creatorは，ユーザが使う機能ブロックを「コンポーネント」と呼んでいます．

　マイコンに内蔵される周辺機能ブロックは，すべてコンポーネントとして用意しています．図5のように使いたいコンポーネントをパソコンの画面上に並べて，必要に応じて結線します．

　コンポーネントは，内部のI/O機能と1対1とは限りません．複数のI/Oを組み合わせていたり，ハードウェアを伴わない単なるソフトウェアであったりします．コンポーネントは，ハードウェアを仮想化する仕掛けと思っても良いかもしれません．

　コンポーネントの設定は，GUI上で設定画面を開けば行えます．A-Dコンバータであれば分解能やサンプリング・レート，タイマであれば周期やマッチ検出などが設定できます．

　PSoC Creatorは，ビルドするときに配置したコンポーネントをチェックして，初期設定やライブラリなどを自動生成します．

　普通のマイコンだと面倒な割り込み処理も，専用のエントリ関数が自動生成されます．割り込み処理には，

スペックを見ながらデバイスを選べる

	CPU	Family	Series	Package	Max Frequency (MHz)	Flash (KB)	SRAM (KB)	EEPROM (KB)	IO	CapSense	IndSense	Bluetooth
Filters:					_				_		_	
CY8C4013LQI-411	CortexM0	PSoC 4	PSoC 4000	16-QFN	16	8	2	-	12	-		-
CY8C4013SXI-400	CortexM0	PSoC 4	PSoC 4000	8-SOIC	16	8	2	-	5			
CY8C4013SXI-410	CortexM0	PSoC 4	PSoC 4000	8-SOIC	16	8	2	-	5			
CY8C4013SXI-411	CortexM0	PSoC 4	PSoC 4000	16-SOIC	16	8	2	-	13			
CY8C4014FNI-421	CortexM0	PSoC 4	PSoC 4000	16-WLCSP	16	16	2	-	12	Y		
CY8C4014LQA-422	CortexM0	PSoC 4	PSoC 4000	24-QFN	16	16	2	-	20	Y		
CY8C4014LQI-412	CortexM0	PSoC 4	PSoC 4000	24-QFN	16	16	2	-	20			
CY8C4014LQI-421	CortexM0	PSoC 4	PSoC 4000	16-QFN	16	16	2	-	12	Y		
CY8C4014LQI-422	CortexM0	PSoC 4	PSoC 4000	24-QFN	16	16	2	-	20	Y		
CY8C4014LQS-422	CortexM0	PSoC 4	PSoC 4000	24-QFN	16	16	2	-	20	Y		

図4 PSoC Creator は事前のデバイス選定にも使える
部品通販サイトのようにデバイス選びができる「Device Selector」

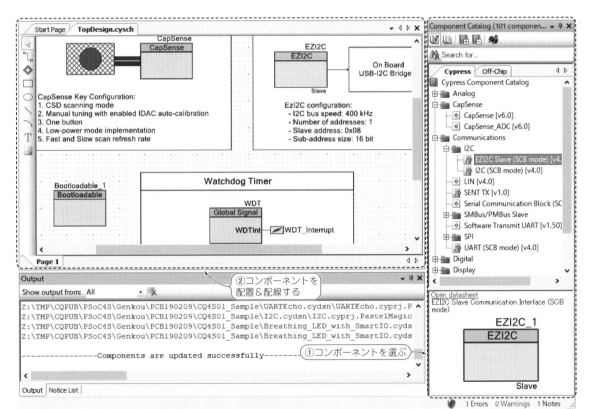

図5 パソコン上で使いたいコンポーネントを並べて結線するだけ

割り込み要求フラグのクリアやレジスタの退避/復旧などの定型的な操作が必要ですが，これらのコードも自動生成されます．ユーザは，自動生成された関数の中にユーザ独自の処理を記述するだけです．
▶(3) 内部リソース設定もパソコン画面で実行できる
　I/Oピンの入出力モードやクロックの設定も，普通

のマイコンだと面倒な処理の1つです．

　PSoC Creatorでは，これらもすべてGUI上で行えます．もちろん，初期設定のプログラムは自動生成され，ユーザ・プログラムのmain()関数の先頭に来たときには既に設定が終わった状態になっています．ユーザがあえて初期化プログラムを呼ぶ必要はありませ

PSoC ファミリのラインナップとPSoC 4100Sの位置付け

PSoC ファミリを登場順に並べると，次のとおりになります．

- PSoC1
- PSoC3，PSoC5
- PSoC4
- PSoC6

旧富士通のFM0＋マイコンもPSoCと同じ開発環境が使えるようになりました．

各PSoCファミリの主な特徴は次のとおりです．

● スイッチト・キャパシタを使って豊富なアナログ・ブロックを搭載した初代PSoC 1

PSoCという名前が初めて付けられたのは，現在PSoC 1と呼ばれている8ビット・マイコンです（写真A）．CPUは，旧サイプレス セミコンダクタ社がキーボードやマウス向けのマイコンとしてよく使っていたM8Cコアを使っています．

PSoC 1は，次に示す2種類のブロックを持っています．

- OPアンプとスイッチト・キャパシタを使ったアナログ信号処理ブロック
- モード設定でカウンタや通信モジュールに切り替わるディジタル信号処理ブロック

PSoC 1の大きな特徴は，これらのブロックの相互結線をレジスタで設定できる点です．実は，PSoC 1のチップ面積は，このアナログ／ディジタル信号ブロックが大半を占め，CPUコアは片隅に追いやられたおまけのような形になっていました．

PSoC 1は，ディジタル／アナログ演算ブロックをうまく組み合わせて信号処理を行い，いかにCPUに負荷をかけずに済ませるかがポイントです．

アナログ信号処理ブロックは，単なる増幅やコンパレータだけでなく，加減算や積分，変調，フィルタ演算なども行えます．ディジタル演算ブロックも，複数組み合わせれば，複雑な信号処理が行えます．

写真A　スイッチト・キャパシタによるアナログ回路を豊富に搭載するPSoC 1 CY8C24123A-24（インフィニオン テクノロジーズ）

写真B　20ビットA-Dコンバータを搭載するPSoC 3CY8C3866PVI-021（インフィニオン テクノロジーズ）

写真C　20ビットのΔΣ型A-DコンバータやARM Cortex-M3を搭載するPSoC 5LP CY8C5868LTI-LP038（インフィニオン テクノロジーズ）

ん．

▶(4) ドキュメントもその場で見れる

コンポーネントを選んだり使ったりするときは，機能などの説明が書いてあるドキュメントが必要です．

普通のマイコンだと，ドキュメントは別途ダウンロードして参照する必要があり，一体感がありませんでした．

PSoC Creatorは，ドキュメントも一緒にインストールされます．PSoC Creator内のコンポーネント・カタログ上で，コンポーネントを選択すれば，簡単にドキュメントが開きます．このドキュメントは，単なるAPIの説明ではなく，まるでデバイスのデータシートのように詳細な解説が記載されています．

必要であれば，インフィニオン テクノロジーズのWebサイトにあるドキュメントも簡単に閲覧できるようになっています．PSoC Creatorに標準添付されているデータシートは英文ですが，Webサイト上には日本語版も用意されています．

▶(5) サンプル・コードが検索しやすい

実際にデバイスを動かすときは，サンプル・コードがあると参考になります．

普通のマイコンだと，メーカが出しているサンプル・コードから該当するものを見つけるだけでも大変です．運良く見つかったとしても，ファイルをダウンロードして解凍してプロジェクトにインポートして…と何かと手間がかかります．

● Verilog HDLでロジックを自由に組めるCPLDを内蔵したPSoC 3/5

PSoC 1の成功を受けて登場したのがPSoC 3(**写真B**)とPSoC 5(**写真C**)ファミリです.

PSoC 1は小型でコンパクトでしたが,CPUの処理能力は決して高くありませんでした.PSoC 3/5は,CPUの処理能力を大幅に引き上げました.同時にアナログ信号処理性能を削り,ディジタル信号処理に大きく舵を切りました.

PSoC 3/5は,搭載しているCPUコアが異なりますが,それ以外の部分はほとんど同じです.PSoC 3は8051上位互換,PSoC 5はArm Cortex - M3コアをそれぞれ搭載しています.

▶好きなようにディジタル回路が組める「UDB」

PSoC 3/5の最大の魅力は,UDB(Universal Digital Block)と呼ばれるCPLD/FPGAのようなプログラマブル・ディジタル回路ブロックを持っていることです.

PSoC 1のディジタル回路ブロックは,カウンタやシリアル送信などあらかじめ決められたいくつかのファンクションを切り替えられるだけでしたが,UDBなら自由に論理回路を組めます.回路の入力方法は,回路図のほかにハードウェア記述言語のVerilog HDLでも可能です.

OPアンプなどのアナログ回路ブロックも内蔵しているので,抵抗やコンデンサを外付けすれば,アナログ信号の前/後処理も行えます.DMA(Direct Memory Access)とA - D/D - Aコンバータを使ってディジタル演算処理を行うことで,複雑な信号処理や演算にも対応できます.

CPU性能とメモリ容量は大幅に向上しています.CPUによる演算処理と組み合わせることで,さらに高度な処理も行えます.

● コンパクトな構成でエントリ向けのPSoC 4

PSoC 3/5は,いきなり超ハイエンドを目指したことにより,かなり高価なデバイスになりました.

32ビットのArm Cortex - Mシリーズの処理性能を生かしながら,機能を絞り,低価格化を図ったのがPSoC 4ファミリです.

ローエンドのPSoC 1と同じ程度の価格を実現しました.一般的なユーザが通販サイトから手軽に入手できる32ビット・マイコンの中でも機能面から見ると手頃で,普通の価格です.

OPアンプやコンパレータなどのアナログ回路ブロックのほか,スマートI/Oと呼ばれる論理演算ブロックも備えています.PSoC 3/5のUDBのような大規模な回路ブロックではありませんが,外付けのロジックICとして見れば,そこそこ複雑な論理回路が組めます.

▶静電容量式タッチ・センサ機能を改良したPSoC 4100S

本書の付属基板にも搭載されているPSoC 4100Sは,PSoC 4をベースにした第4世代の静電容量式タッチ・センサ・コントローラ(CapSense)を内蔵しています.

第3世代のタッチ・センサをベースに,細かい改良を加え,SN比を大きく改良し,消費電力の低減にも成功しました.

CapSenseは,本書の付属基板TSoCでも試せます.詳細は第1部 第2章を参照してください.

サンプル・プログラムを試すと実感できると思いますが,電線の切れ端をつないだだけのいい加減な電極でも,無調整できちんと追従し,タッチ検出できます.

〈桑野 雅彦〉

PSoC Creatorは,サンプル・コード一覧もツールに含まれています.コンポーネントを右クリックして[Find Code Example]を選べば,サンプル・コードの一覧が表示されます.どのようなサンプルなのかの説明が書いてあり,クリックするだけで新規プロジェクトとして取り込めます.

▶(6) コンポーネントの設定変更もAPIにお任せ

コンポーネントの初期設定やAPI(ライブラリ)は,PSoC Creatorが自動生成しますが,スイッチや通信ポート経由で動的に設定を変更したいときもあります.

コンポーネントのAPIは,単に基本的な入出力だけでなく,GUI上で行っている設定項目も動的に変更できるようになっています.

PSoCの場合,よほど特殊な使い方をしない限り,生成されたAPIを呼ぶだけで充分です.マイコン内部のレジスタとしてどのようなものがあり,どのように設定したり書き換えればよいのかということについて知る必要はまず無いと言って良いでしょう.

ぜひ付属基板を試してほしい

本書では,本稿で紹介したようなPSoCの世界をぜひ味わってほしいと思い,**写真1**に示すお試し基板を付属しました.

PSoC搭載基板「TSoC」は,PSoC 4ファミリのデバイスであるPSoC 4100S(インフィニオン テクノロ

写真1　本書付属のPSoC体験キット「電子回路クリエイタTSoC」（写真は組み立て済み）
PSoC 4100S（インフィニオン テクノロジーズ）を搭載する．ブートローダが書き込まれているのでUART経由で回路やプログラムの書き込みができる．ピン間は300 mil（2.54 mm×3）なので，幅狭のDIP ICのように使える

ジーズ）が搭載されています．

　CPUは48 MHz動作の32ビットCPU Cortex-M0+なので，単体のメイン・マイコンとしても十分に使えます．サーボによる姿勢制御やタッチ・センサ・コントローラ，ちょっとしたロジックICの代わりにもなります．

　ラズベリー・パイのようなLinuxコンピュータとTSoCを組み合わせれば，話題のIoT（Internet of Things）端末としても使えるようになり，インターネット上のクラウド・サービスとも連携できます．

　付属基板の詳細や組み立て方法は，本書の第1部にまとめましたので，そちらを参照してください．

Appendix1

生い立ちから評価基板の選び方，内部主要ハードウェアの概略まで

PSoCファミリの基礎知識

田中 基夫 Motoo Tanaka

　ここでは，PSoCの基礎知識を紹介します．本書の付属基板TSoCは，本稿で紹介する内容を知らなくても使えるようになっているので，読み飛ばしても構いません．しかし，PSoCファミリには，本書の付属基板に搭載されているPSoC 4100S以外にも，魅力的な機能を備えたデバイスが数多くラインナップされています．本稿ではそれらの一部を紹介します．〈編集部〉

PSoCファミリの概要

● 生い立ち

　PSoC（プログラマブル・システム・オン・チップ）は，インフィニオン テクノロジーズ（旧サイプレス セミコンダクタ）が2002年に発売したプログラマブル・ハードウェアを搭載したマイコンです．

　初代のPSoC 1は，独自の8ビット・コア（M8C）をCPUに採用した製品でした．その後，2009年に発売されたPSoC 3は8051コアを，PSoC 5はArm Cortex-M3コアをCPUに採用しています．これにより，PSoCのプログラマブル・ハードウェアが一般的なCPU命令で使えるようになりました．

　2012年には，PSoC 5の低消費電力版であるPSoC 5LPが発売されました．この製品は，PSoCの中でも比較的潤沢なプログラマブル・ハードウェアを搭載しているので，今でも愛用者が多いようです．

　2013年には，Arm Cortex-M0をCPUに採用したPSoC 4が発売されました．翌2014年には，BLE（Bluetooth Low Energy）機能を備えたPSoC 4 BLEもラインナップに加わりました．

　2018年には，IoT時代の要求に応えて，高性能化，低消費電力化，小型化を果たしたPSoC 6が発売されました．並行してCPUにArm Cortex-M0+を採用し，より低価格かつ高性能を目指したPSoC 4100S系のモデルも発売されました．現在はPSoC 6とPSoC 4100S系のモデルが人気のようです（図1）．

　本書の付属基板にもPSoC 4100S（CY8C4146LQI-S433）が搭載されています．

● 型名と内部構成

　PSoCは，デバイスに次のハードウェアを搭載しています．

(0) マイコン
(1) 静電容量センサ（CapSense）
(2) プログラマブル・アナログ・ブロック
(3) プログラマブル・ディジタル・ブロック

　モデルによっては，(1)〜(3)のどれも搭載していない場合があります．他にもBLEやセキュリティ，誘電センサ搭載のシリーズもありますが，ここでは基本的なものだけを挙げておきます．

　型名は構成要素によって図2のように変わります．

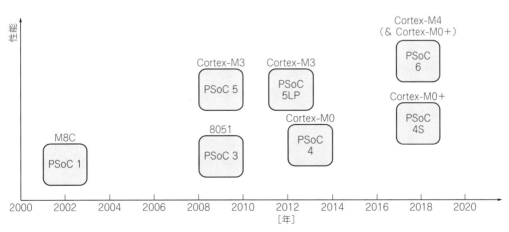

図1 PSoCファミリの変遷
初代PSoC 1の発売以降，CPUコアの変更やプログラマブル・ハードウェアの追加などが行われ，さまざまなモデルがラインナップに加わった

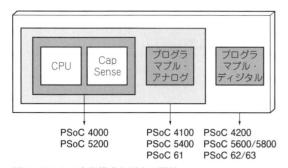

図2 PSoCの内部構成と型名の関係
大まかにCPU, CapSense, プログラマブル・アナログ, プログラマブル・ディジタルのブロックで構成されている

写真1 本書の付属基板とPSoC評価基板

評価基板の選び方

ここでは，**写真1**のようにさまざまなラインナップが用意されているPSoCの評価基板から，代表的なものを紹介します．搭載デバイスと基板の構成に分類して紹介します．

入手可能なPSoC評価基板は，次のウェブ・ページで確認できます．

```
https://www.cypress.com/microcontrol
lers-mcus-kits
```

● 評価基板の種類

一部例外はありますが，PSoCの評価基板には，大きく分けて2種類あります．

▶プロトタイプ・キット

写真2(a) のように，ほとんどのI/Oを外部接続用に開放している基板です．すぐに他のペリフェラルな

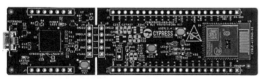

（a）プロトタイプ・キット（CY8CPROTO-063-BLE）

（b）パイオニア・キット（CY8CKIT-062-WiFi-BT）

写真2 PSoCの評価基板は大きく2つのタイプに分けられる

どに接続して，システムの一部としてPSoCを使ってみたい場合におすすめです．

▶パイオニア・キット

写真2(b) のように，スイッチやLED，CapSenseの電極などを実装していて基板単体でもある程度の評価が可能な基板です．

初めてPSoCに触る場合や，どのような動きをするデバイスなのかをとりあえず試したい場合におすすめです．

● ハイエンドPSoC 6系
▶プロトタイプ・キット系

写真2(a) に示すのは，BLE内蔵のPSoC 63を搭載したCY8CPROTO-063-BLEです．

写真3 に示すのは，microSDカード・スロットやマイク，Quad SPIフラッシュ・メモリ，CapSenseセンサ電極など豊富な周辺部品が実装されているCY8CPROTO-062-W4343です．CY8CPROTO-062-W4343は，エレキジャックIoT No.5の「PSoCマイコンでHTTPSサーバをプログラミング」[1]でも紹介されています．

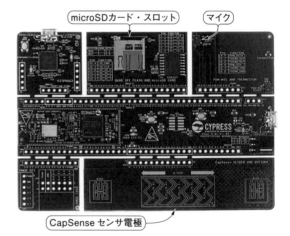

microSDカード・スロット　マイク

CapSense センサ電極

写真3 PSoC 6のプロトタイプ・キット…周辺部品が豊富なCY8CPROTO-062-W4343

写真4 PSoC 6のパイオニア・キット…BLE対応でE-Ink ディスプレイが付属するCY8CKIT-062-BLE

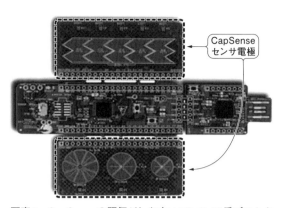

写真5 CapSenseの評価がしやすいPScC 4S系プロトタイプ・キットCY8CKIT-145-40XX
メインのアプリケーションであるCapSenseの評価がしやすいように，あらかじめセンサ電極基板が実装されている．

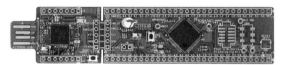

写真6 PSoC 4200Mのプロトタイプ・キットCY8CKIT-043

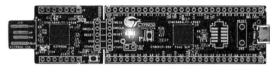

写真7 PSoC 5LPのプロトタイプ・キットCY8CKIT-059

▶パイオニア・キット系

写真4に示すCY8CKIT-062-BLEは，062という名称ですがBLEコンポーネントを内蔵しているPSoC 63が実装されています．また，E-Ink（電子ペーパ）のディスプレイが付属しています．

写真2(a)に示したCY8CKIT-062-WiFi-BTは，基板上に無線モジュールCYW4343W（インフィニオンテクノロジーズ）が搭載されているので，Wi-FiにもBluetoothにも対応できます．また，RGBカラーTFT液晶のディスプレイが付属しています．

CY8CKIT-064B0S2-4343Wは，セキュリティ機能を備えるPSoC 64を搭載するパイオニア・キットです．

● ラインナップが豊富なPSoC 4系
▶CapSenseの評価がしやすいPSoC 4Sプロトタイプ・キット

写真5に示すのは，PSoC 4000Sを搭載するプロトタイプ・キットです．デバイスのメイン・アプリケーションであるCapSenseの評価を行いやすいように，センサ電極の基板があらかじめ実装されています．

▶プログラマブルなディジタル・ブロックが使えるPSoC 4200M搭載評価基板

写真6に示すのは，PSoC 4200Mのプロトタイプ・キットです．同じデバイスCY8C4247AZI-M485が搭載されているパイオニア・キットCY8CKIT-044も用意されています．

● 根強い人気を誇るPSoC 5LP系

写真7に示すのは，PSoC 5LPを搭載するプロトタイプ・キットです．他にもPSoC 5LPの開発キットCY8CKIT-050も用意されています．

写真7のCY8CKIT-059は，現在でも人気のあるPSoC評価基板の1つです．

PSoCの内部構成

● 全体構成

図2に示したように，PSoCは大まかにCPU，CapSense，プログラマブル・アナログ，プログラマブル・ディジタルのブロックで構成されています．

ブロックとしては目立ちませんが，I/Oポートおよびその根元に位置するHSIOM（High Speed I/O Matrix）は，これらのブロックと外界の橋渡しをしています．

PSoC4100SシリーズおよびPSoC 6では，さらにHSIOMとポートの間にSmart I/Oと呼ばれる小規模なプログラマブル・ロジック的な機能を実現できるコンポーネントが追加されている場合があります．

ここでは，これらプログラマブル・アナログ，プログラマブル・ディジタルのブロックと，Smart I/Oの概要を紹介します．

各機能の詳細は，デバイスのテクニカル・リファレンス・マニュアルを参照してください．

● プログラマブル・アナログ・ブロック

各アナログ・コンポーネントは，図3に示すように

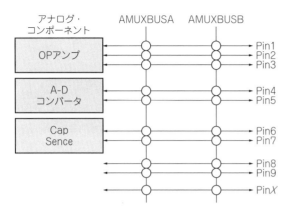

図3　プログラマブル・アナログ・ブロックの内部パス
アナログ・マルチプレクス・バス(AMUXBUSA/AMUXBUSB)
を経由して，多ピン対応や他のコンポーネントとの接続が可能

専用の外部ピンへのパスを持っていますが，アナログ・マルチプレクス・バス(AMUXBUSA/AMUXBUSB)を経由して，他のピンや他のコンポーネントに接続することもできます．

　また，OPアンプなど一部のコンポーネントは，直接他のコンポーネントに接続できるパスを持っている場合もありますが，**図3**では省略しています．

● **プログラマブル・ディジタル・ブロック**

　プログラマブル・ディジタル・ブロックは，**図4**に示すように複数のユニバーサル・ディジタル・ブロック(UDB)とそれらの接続をつかさどるルーティング・チャネル(routing channel)から構成されています．残念ながら，付属基板のPSoC 4100Sには搭載されていません．

　UDBは，ディジタル処理を実行する基本ユニットで，スイッチング・マトリクスとルーティング・チャネルを使ってブロック内のほかのUDBとも接続でき

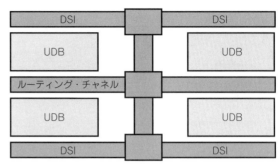

図4　プログラマブル・ディジタル・ブロックの内部パス
複数のユニバーサル・ディジタル・ブロック(UDB)とそれらの接続をつかさどるルーティング・チャネル(routing channel)で構成される

ます．

　ディジタル・シグナル・インターコネクト(DSI)は，UDBおよび他のディジタル・コンポーネント間の接続をつかさどっています．

▶**ユニバーサル・ディジタル・ブロック**

　図5に示すのは，UDB単体の構造です．入出力の積和形を構成する2段のPLD(Programmable Logic Device)と，演算を行うデータ・パスおよびクロック，リセット，ステータスのコントロール回路を含みます．

　PLDは，ルーティング・チャネルからの入力を取り込んで，ステート・マシンの実装，データ・パスの制御，入力の調整，出力の駆動などを行います．

　データ・パスは動的にプログラム可能なALU

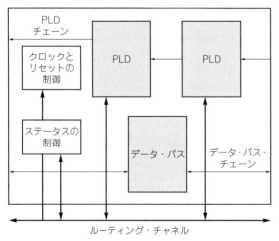

図5　UDB単体の内部構成
2段のPLDと演算を行うデータ・パスなどで構成されている

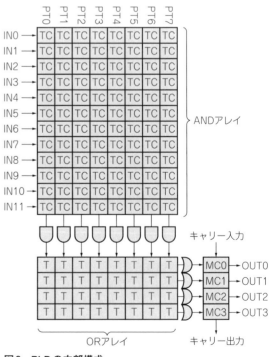

図6　PLDの内部構成
12入力4出力の積和形を構成している

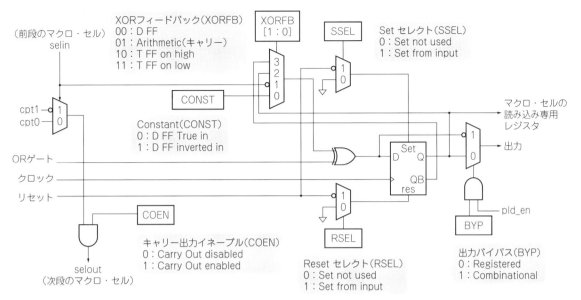

図7　PLD出力段に設けられているマクロ・セルの構成
各PLDからの出力特性を調整する

(Arithmetic Logic Unit)，レジスタ，FIFO，比較器，コンディション生成回路を含みます．

▶プログラマブル・ロジック・デバイス

UDBに含まれるプログラマブル・ロジック・デバイス(PLD)は，**図6**のように12入力4出力の積和形を構成しています．

図6のTは直値，Cは反転値を表しています例えばPTOのIN0上のTCは，TならIN0，Cなら!IN0を積項(ANDゲート)の入力として使えます．

MCはマクロ・セル(Macro Cell)を表しています．

▶PLDマクロ・セル

図7に示すのは，PLDマクロ・セルのブロック図です．

PLD出力段に設けられているマクロ・セルは，各PLDからの出力特性を調整する機能を担っています．

▶データ・パス

データ・パスは，タイマ，カウンタ，PWM，PRS(Pseudo Random Sequence)，CRC(Cyclic Redundancy Check)，シフタ，デッド・バンド・ジェネレータなど，典型的な組み込み機能を実現するために最適化されています．

図8に示すように，データ・パスには，8ビットの

シングル・サイクルALUと，それに付随する比較とコンディション生成回路が含まれています．また，データ・パスは，隣接するUDBのデータ・パスとチェーン接続することで，より高精度な機能を実現できます．

データ・パスには，小さなダイナミック・コンフィグレーションRAMが搭載されていて，あるサイクルで実行する演算を動的に選択できます．

● 付属基板でも試せる…簡易版UDB「Smart I/O」

PSoC 4000S/4100SシリーズにはUDBが搭載されていませんが，HSIOMとI/Oセルの間にSmart I/Oというボードの簡易版的なモジュールが搭載されているポートもあります．

工夫次第でさまざまな事ができると想像できると思います．詳細は第1部第5章およびテクニカル・リファレンス・マニュアルを参照してください．

◆参考文献◆
(1)　田中　基夫：PSoCマイコンでHTTPSサーバをプログラミング，エレキジャックIoT No.5，2021年4月，CQ出版社．

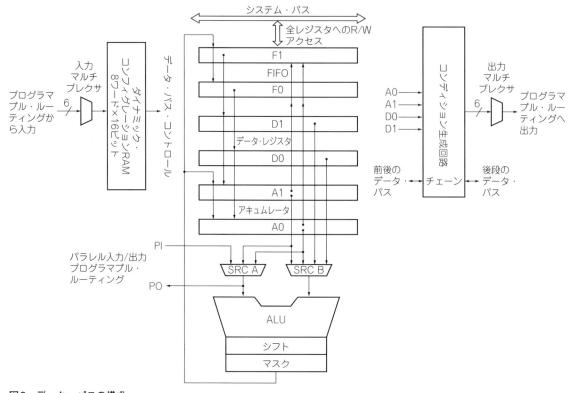

図8　データ・パスの構成
　タイマ，カウンタ，PWMなどの典型的な組み込み機能を実現する．8ビットのシングル・サイクルALUと，それに付随する比較とコンディション生成回路が含まれる

第1章

組み立ててブレッドボードに挿したらすぐ試せる！
単体でも，他のコンピュータと組み合わせても使える

本書付属基板の使い方

桑野　雅彦 Masahiko Kuwano

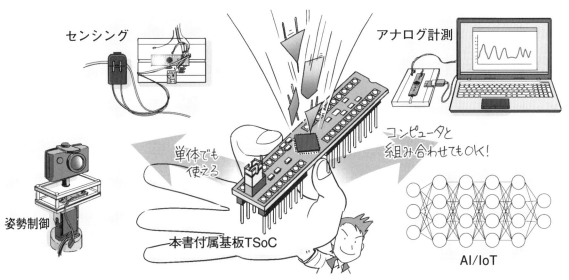

図1　本書に付属するPSoC基板TSoC

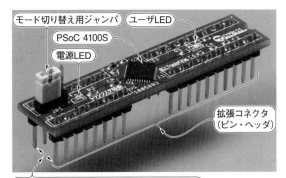

ピン間は300milなのでブレッドボードに挿さる

写真1　本書付属のPSoC基板「TSoC」を組み立てた
PSoC 4100S（インフィニオン テクノロジーズ）を搭載する．
ブートローダが書き込まれているのでUART経由で回路やプ
ログラムの書き込みができる．ピン間は300 mil（2.54 mm×3）
なので，幅狭のDIP ICのように使える

● 遊び方

▶わずか10分で完成

　本書には，PSoC搭載基板「TSoC」（写真1）が付い
ています．

　図1に示すのはTSoCの応用事例です．付属基板に
は，PSoC 4100S（インフィニオン テクノロジーズ）が

実装されていて，数点の部品を用意すれば10分で組
み立てられます．写真2に示すのは，搭載用の部品で
す．2.54 mmピッチの40ピン×1列ピン・ヘッダと，
ジャンパ・ピンを1つずつ用意するだけです．搭載用
の部品は全国の電子パーツ・ショップで購入できます．

● パソコンとつなげば，いつでもどこでも電子工作

　PSoCは，パソコン内で電子工作できるICです．パ
ソコンの画面上で設計した回路がそのままICに作り
込まれて，動き出します．

　お出かけ先でアイデアを思いついたら，すぐにノー
ト・パソコンを起動して回路を組めます．自宅に戻っ
たら，付属基板をブレッドボードに組んで電源を入れ
るだけです．

　付属基板には，「ブートローダ」というプログラム
が書き込んであるので，専用のライタは不要です．

　そして1点だけお詫びがあります．USBブリッジIC
を搭載していれば，パソコン直結で回路を書き換えら
れるのですが，付属基板にはPSoC 4100Sしかありま
せん．そのため，「USB-UART変換アダプタ」という
ものを買ってもらわないと楽しむことができません．

　本書では，USB-UART変換アダプタにAE-FT234X

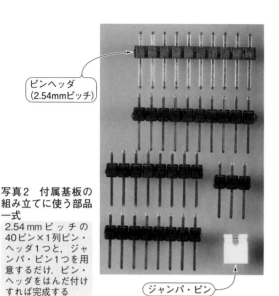

ピンヘッダ
(2.54mmピッチ)

写真2 付属基板の組み立てに使う部品一式

2.54 mm ピッチの40ピン×1列ピン・ヘッダ1つと,ジャンパ・ピン1つを用意するだけ.ピン・ヘッダをはんだ付けすれば完成する

ジャンパ・ピン

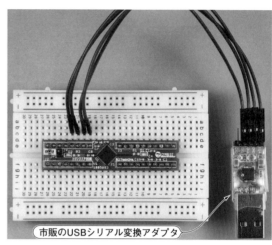

市販のUSBシリアル変換アダプタ

写真3 付属基板へのプログラム書き込みは市販のUSB-UART変換アダプタを使う

表1 付属基板に搭載されているPSoC 4100Sの仕様

項 目		内 容
CPU		Cortex-M0+,最高48 MHz
メモリ	フラッシュ・メモリ	64 K バイト
	SRAM	8 K バイト
シリアル通信ブロック		3個(I²S/SPI/UART/LINに対応)
A-Dコンバータ	逐次比較(SAR)型	分解能12ビット,1 Msps
	シングル・スロープ型	分解能10ビット,11.6 Ksps
D-Aコンバータ	電流出力型	分解能7ビット×2個
その他アナログ・ブロック	OPアンプ	2個(GB積=6 MHz,スルー・レート=6 V/μs)
	コンパレータ	3個(内2個はスリープ・モード時も動作)
静電容量式タッチ・センサ(CapSense)		自動調整機能付き
論理演算ブロック	スマートI/O	3入力1出力のLUT×8

(秋月電子通商)を使って説明しますが,他社製の同等品でも同じように試せます(**写真3**).

付属基板は,プログラマブルなアナログ/ディジタル回路を備えるPSoC 4100Sを搭載しています.

サーボによる姿勢制御やタッチ・センサ・コントローラ,ちょっとしたロジックICの代わりにもなります.CPUは48 MHz動作の32ビットCPU Cortex-M0+なので,単体のメイン・マイコンとしても十分に使えます.

ラズベリー・パイのようなLinuxコンピュータと付属基板を組み合わせれば,IoT(Internet of Things)端末としても使えるようになり,インターネット上のクラウド・サービスとも連携できます.例えば,熱電対

を使った温度上昇監視システムや,静電容量式近接センサを応用したセキュリティ・システムが作れます.これらのシステムで集めたデータをもとに機械学習を行えば,ちょっとしたAIシステムも構築できます.

〈編集部〉

付属基板の特徴

● ポイント①：通常のマイコンにはないアナログ回路を各種搭載

付属基板に載っているPSoC 4100Sは,**表1**に示す機能を内蔵しています.

表の上の項目は,ごく一般的なマイコンでも普通に搭載している機能ですが,D-AコンバータやOPアンプ,コンパレータ,タッチ・センサ,論理演算ブロックなどを搭載した製品は多くありません.

付属基板のTSoCは,一般的なマイコン・ボードと同じような使い方もできますが,表の後半部分を実験がてら使ってみるのも面白いと思います.

● ポイント②：電池でもUSB電源でも駆動できる

電源電圧は,1.8～5.5 Vに対応しています.3Vのボタン電池やニッケル水素蓄電池2本,USB充電アダプタなど,さまざまな電源が使えます.

● ポイント③：水晶発振子を外付けしてクロックを高精度化できる

PSoC 4100Sは,発振回路を内蔵していますが,許容誤差は2%と決して小さくはありません.

付属基板は,32.768 kHzの水晶発振子を外付けして,比較的高精度なクロックが得られるように,負荷容量コンデンサのランドを設けています.100円ショップ

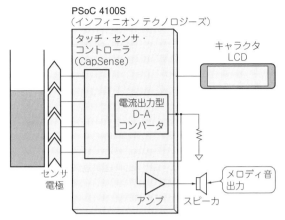

図2　応用1…付属基板を使った静電容量方式の水位検出システム
PSoCに内蔵されているタッチ・センサ・コントローラを使えば，人体以外のものでも検出できる

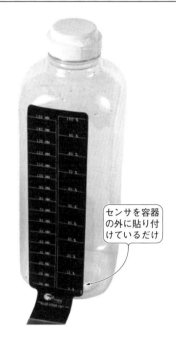

写真4　容器の外から非接触で液面を検出しているようす
液面レベル・センシング・キットCY8CKIT-022（インフィニオン テクノロジーズ）

センサを容器の外に貼り付けているだけ

で販売している時計を分解して取り出した水晶を接続して，1.0 × 0.5 mm（1005 サイズ）の 22 pF のコンデンサ 2 個を追加すれば，PSoC Creator（PSoC 用の開発ツール）でオシレータの設定を行うだけで，比較的高精度なクロックが得られます．

● ポイント④：多くのスマホ・メーカが採用！ 超高感度タッチ・センサ入力搭載

PSoC の大きな特徴は，検出精度の高い静電容量式タッチ・センサ（CapSense）機能を持っている点です．世界的に有名な携帯型音楽プレーヤの操作部分にPSoC 1 が採用されたことで，認知度が一気に高まりました．

タッチ・センサの検出方式は，各メーカが自社方式を特許で押さえています．タッチ・センサを実現しようとする上で特に大きな技術的課題は，タッチ検出用端子が電気的に浮いている点です．浮いている信号線はインピーダンスが高く，ノイズや静電気の影響を受けやすいので，従来の電子回路設計ではタブーとされていました．

タッチ・センサを安定動作させるためには，検出部分のインピーダンスを下げてノイズの影響を低減しつつ，微小な容量変化を確実に捉えるという相反する要求を両立させなければなりません．

インフィニオン テクノロジーズのCapSenseは，数個の外付けコンデンサを併用することで，これらの課題を解決しています．

PSoC 4100S は，静電容量タッチ・センサ・コントローラ（CapSense）を内蔵しています．

CapSense コンポーネントには，自動調整機能が付いているので，面倒なチューニングは不要です．機械式のスイッチをタッチ式に置き換えられます．

TSoC は，CapSense 用のコンデンサを実装しているので，線をつなぐだけでタッチ・センサの実験ができます．

● ポイント⑤：ブレッドボードにすぐ挿さる300mil DIPサイズ

付属基板TSoCは，搭載しているPSoCのI/Oピンをできるだけ生かしつつ，300 mil（2.54 × 3 mm）幅のいわゆる幅狭のDIP ICに近い使い勝手を目指して開発しました．

そのままブレッドボードに挿せるので，思いついたアイデアをすぐに試せます．I/Oピンは，16ピンと20ピンに分かれています．ピン形状0.5 mm²のピン・ヘッダを使えば，一般的なICソケットにも挿せます．

応用事例

● 応用1…容器内の水量を外から測る
▶ 人体以外の検出にも使える

タッチ・センサは，電極部分の容量変化を捉えて触れているかどうかを検出します．ある程度の大きさのある導電性の物体であれば，人体でなくても検出できます．

図2に示すのは，この原理を使った非接触水位検出システムです．容器の外側にタッチ・センサ電極を設置して，容器越しに水による静電容量変化を検出します．写真4に示すのは，インフィニオン テクノロジーズから発売されている液面レベル・センシングキットCY8CKIT-022です．

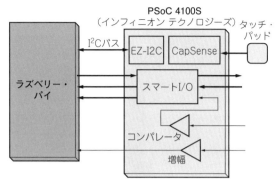

PSoC 4100S
(インフィニオン テクノロジーズ) タッチ・パッド

図3 応用2…付属基板をラズベリー・パイのインターフェースICとして使ったシステム
ラズベリー・パイ経由でインターネットに接続すればIoT端末にもなる

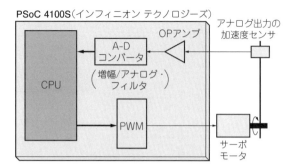

PSoC 4100S(インフィニオン テクノロジーズ)

図4 応用3…付属基板を使った姿勢制御システム
アナログ出力のセンサ信号入力やサーボモータの制御パルス生成はPSoCの得意技

タッチ・センサは，指以外の物体の位置も検出できます.

● **応用2…ラズベリー・パイと組み合わせたIoTプロトタイピング・ツール**

いろいろな使い方ができるPSoCですが，単体での利用にこだわる必要はありません.

ラズベリー・パイなどのLinuxコンピュータをメインとするシステムで，信号の前/後処理を行うデバイスとして利用することもできます.

図3に示すのは，PSoC 4100Sをラズベリー・パイのインターフェースICとして利用したシステムの例です.

PSoC 4100Sが内蔵しているEZ-I2Cコンポーネントは，コミュニケーションに使うメモリ領域を指定するだけでI²Cスレーブ機能を実現できます. これを使えば，ラズベリー・パイのI²Cと接続してコンフィグレーションが行えます.

PSoCのスマートI/Oでディジタル信号の前/後処理をしたり，コンパレータで2値化した信号との間の

ディジタル信号処理を行わせれば，ラズベリー・パイを細々したビット演算処理から解放できます.

CapSenseを使えば，ラズベリー・パイ用のディジタル入力としてタッチ・センサが利用できます. タッチ・スライダにすれば，I²C経由でデータを読みだして，あたかもボリュームのように見せかけることもできます.

● **応用3…I²Cディジタル・センサはもちろん，アナログ・センサも直結できる**

PSoCは，OPアンプとA-Dコンバータを内蔵しているので，わずか数個の抵抗とコンデンサを外付けするだけで，アナログ出力のセンサが接続できます.

ディジタル化したデータをCPUで演算すれば，複雑な信号処理や数値制御もできます.

図4に示すのは，加速度センサとサーボモータを使った姿勢制御システムの例です. 加速度センサから出力されたアナログ信号は，PSoC内部のOPアンプで増幅やフィルタリングを行い，A-Dコンバータでディジタル化されます.

ディジタル化された信号は，CPUで処理し，その結果に応じてPWMから出力されるパルス幅を変更することでサーボモータを動かします.

OPアンプを使ったアナログ回路は，ブロック図でイメージするよりも設計やレイアウトの難易度が高く，想定以上に基板面積が大きくなることがあります. PSoCは，OPアンプがすでに内部に取り込まれているので，コンパクトにまとめられます.

● **応用4…マイコンの100倍高速なミニ・ロジックを組める**

PSoC 4100Sは，スマートI/Oと呼ばれる3入力1出力のLUT(Look Up Table)を8個持っています. それぞれのブロックにDラッチが付いていて，8ビットまでのカウンタやシフト・レジスタを実装できます.

図5に示すのは，スマートI/Oを使って論理演算回

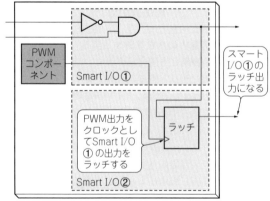

PSoC 4100S(インフィニオン テクノロジーズ)

図5 応用4…付属基板をロジックIC代わりに使った例
スマートI/Oを使えば論理回路が組める. ハードウェアそのものなので，ソフトウェアよりも10〜100倍高速に処理できる

PSoC 4100S（インフィニオン テクノロジーズ）

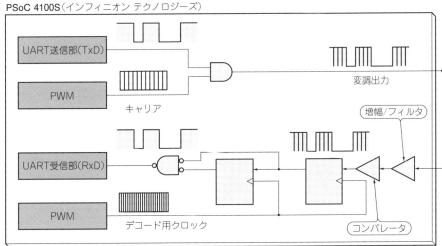

図6　応用5…付属基板を使ったUART-PAM変換回路

路を組んだ例です．スマートI/O①は，2つの入力の間で論理演算を行います．スマートI/O②は，スマートI/O①の出力をDラッチに取り込みます．Dラッチへの入力には，PWMで生成したクロックを使います．

この例は非常にシンプルで，少々もったいない使い方に見えますが，これだけでも外部回路で実現しようとすると，ロジックIC数個が必要になります．論理の変更も簡単にはできません．

ハードウェアで組んだ論理回路は，信号を入力してから数nsで応答しますが，同じ処理をCPUで行うと10～100倍の時間がかかります．

PSoC 4100SのスマートI/Oの応答時間は，ハードウェアで組んだ論理回路と同じく数nsです．論理の変更はいくらでもできます．スイッチ入力や通信ポート経由で動的に論理を切り替えることもできます．

● 応用5…数MHzのRFトランシーバも作れる
図6に示すのは，PSoCで構築したPAM（Pulse Amplitude Modulation：パルス振幅変調）の送受信システムの例です．

一定周期のパルス信号をON/OFFするシンプルな方式で，赤外線通信などにも使われています．モールス信号による無線通信は，電波をキャリア信号にしたPAM変調といえます．

▶送信部
送信部は，UART出力とキャリアになるクロック信号のANDをとることで，データの値に応じてパルスがON/OFFする波形を生成しています．

キャリア周波数を40kHz程度にして赤外線LEDを

駆動すれば赤外線通信が可能です．キャリア周波数を数MHzまで高めれば無線通信も不可能ではありません．UARTのビット・レートを非常に低くして，キャリア周波数を数kHzにしてスピーカを接続すれば，「ピー，ピー」という電子音も出力できます．

▶受信部
受信側は，信号を増幅してフィルタをかけた後，送信側よりもやや早いクロック（2倍弱）でサンプリングしています．

シフト・レジスタと負論理のANDでロー・パス・フィルタの機能を持たせています．図6では，2回連続でLレベルかどうかを見て，信号の論理を判断します．パルスがあれば2回連続して同じデータにならないので "1" と判定します．パルスがなければ2回連続して同じデータになるので，"0" と判定します．

PSoC内蔵のUARTではなく，他のコンピュータやマイコンの出力を使うことも可能です．

＊　＊　＊

PSoCは，単なるワンチップ・マイコンではなく，さまざまな機能を持つカスタムI/Oデバイスのように使えます．

PSoC Creatorを起動してプロジェクトを作成すれば，コンポーネントを配置して，動作開始用のAPIを呼べば動きはじめます．基本的なデータ入出力は，APIを呼ぶだけで終わりです．

付属基板を汎用のプログラマブルICとして部品箱の隅に置いておいても決して損のないものではないかと思います．

Appendix1

OPアンプ，コンパレータ，D-Aコンバータ，タッチ・センサ…充実の回路コンポーネント

付属基板に搭載されたPSoC 4100Sのスペック

桑野 雅彦 Masahiko Kuwano

> 本書の付属基板（TSoC）は，パソコン電子ブロックの世界をいち早く体験してもらうための体験キットです．
> PSoCの中でも比較的小規模な回路構成のPSoC 4100S（写真1）を搭載しています．ロジック機能とアナログ機能がコンパクトに構成されています．
> 〈編集部〉

● PSoC 4100Sの位置づけ

本書の付属基板は，PSoC 4100Sというチップを搭載しています．型番はCY8C4146LQI-S433です．

初代のPSoC 1が登場して以降，さまざまな製品があります．図1に示すのは，現在インフィニオン テクノロジーズがリリースしているPSoCファミリの分類です．

PSoC 1とPSoC 3は，8ビットCPUを搭載しています．それ以外はすべて32ビットのArmコアを搭載し

写真1　本書の付属基板に搭載されているPSoC 4100S
40ピンQFNパッケージの小さなチップにOPアンプやコンパレータ，D-Aコンバータ，タッチ・センサの回路などが入っている

ています．PSoC 6は，Cortex-M4とCortex-M0+の2つを搭載しています．

PSoCファミリは，初代のPSoC 1の後，PSoC 3，PSoC 5LP，PSoC 4，PSoC 6の順に登場しました．PSoC 4は，32ビットのPSoCファミリの中では最もエントリ向けで，CPUコアには48 MHzのCortex-M0+を採用しています．

● 内部ブロック

PSoC 4100Sは，PSoC 4の中でもインテリジェント・アナログと呼ばれるファミリの1製品です．コンパレータ，電流出力型D-Aコンバータ，タッチ・センサ・コントローラ，SmartI/Oなど，一般的なマイコンにはあまり搭載されていない機能を備えています．OPアンプや1 Mspsと高速に動作する逐次比較型A-Dコンバータも内蔵しています．

図2に示すのは，PSoC 4100Sの内部ブロックです．CPUは，最高48 MHzで動作するCortex-M0+です．

● 周辺機能

PSoC 4100Sの周辺機能の詳細は，インフィニオン テクノロジーズのテクニカル・リファレンス・マニュアルを参照してください．次のURLより参照できます．
https://www.cypress.com/file/280681/download
① OPアンプ

単体の単電源OPアンプとして，外付け部品がなくてもアナログ信号用のバッファやコンパレータとして

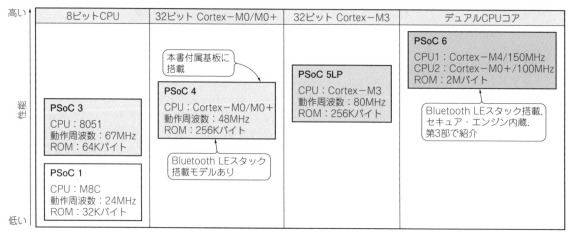

	8ビットCPU	32ビット Cortex-M0/M0+	32ビット Cortex-M3	デュアルCPUコア
高い		本書付属基板に搭載 →		**PSoC 6** CPU1：Cortex-M4/150MHz CPU2：Cortex-M0+/100MHz ROM：2Mバイト
		PSoC 4 CPU：Cortex-M0/M0+ 動作周波数：48MHz ROM：256Kバイト	**PSoC 5LP** CPU：Cortex-M3 動作周波数：80MHz ROM：256Kバイト	Bluetooth LEスタック搭載，セキュア・エンジン内蔵．第3部で紹介
性能	**PSoC 3** CPU：8051 動作周波数：67MHz ROM：64Kバイト	Bluetooth LEスタック搭載モデルあり		
	PSoC 1 CPU：M8C 動作周波数：24MHz ROM：32Kバイト			
低い				

図1　PSoCファミリの中でのPSoC 4の位置づけ
PSoC 4はロジック機能とアナログ機能を絞ったコンパクトな構成でサッと試すのに向いている

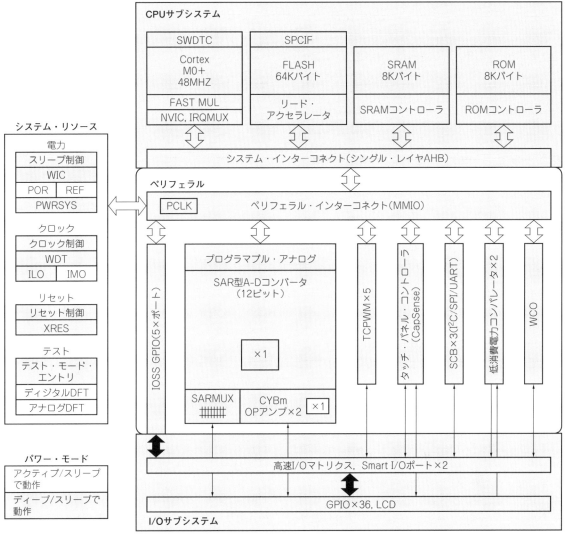

図2　付属基板に搭載されているPSoC 4100Sの内部ブロック

使えます.

OPアンプICを使ったアナログ回路と同様に，抵抗やコンデンサを外付けすることで，増幅器やアクティブ・フィルタとしても使えます.

② コンパレータ

コンパレータは，2つの電圧入力の大小比較を行い，2値(ディジタル)信号化する回路です.

OPアンプをコンパレータとして使うことも可能ですが，PSoC 4100Sはより低消費電力な専用コンパレータ(Low Power Comparator)を内蔵しています.

③ 12ビット逐次比較型A-Dコンバータ(SAR ADC)

分解能12ビット，サンプリング周波数は最大1Mspsの逐次比較型A-Dコンバータです.

変換動作のための基準電圧は，内部リファレンス電源のV_{DDA}(アナログV_{DD})，$V_{DDA}/2$，V_{REF}のほか，

GPIO端子を経由して外部から供給することも可能です.複数のチャネルを自動的にスキャンできます.

④ 7ビット電流出力型D-Aコンバータ(IDAC)

IDACは，静電容量式タッチ・センサ(CapSense)用に用意された電流出力型のD-Aコンバータです.

CapSense以外の用途にも使えます.外部に抵抗を付ければ，出力を電圧に変換できますが，負荷のインピーダンスの影響を受けるので，OPアンプによるバッファを設ける方がよいでしょう.

⑤ シングル・スロープ型A-Dコンバータ

静電容量式タッチ・センサ(CapSense)用に用意されたシングル・スロープ型のA-Dコンバータです.

入力電圧をコンデンサに取り込んだ後，IDACで充電していき，リファレンス電圧に達するまでの充電時間を計測して入力電圧を推定します.詳細はテクニカ

ル・リファレンス・マニュアルを参照してください.

⑥ 静電容量タッチ・センサ・コントローラ(CapSense)

CapSenseは，静電容量式タッチ・センサのコントローラです．タッチだけではなく，対象物が少し離れた位置に近づいただけでも検出できる近接センサとしても使えます．

CapSense方式のタッチ・センサは，電極の充放電を伴うので，多少ではありますが，電磁波を放射します．同じ周波数の電磁波が近傍にあると，その影響を受けやすいため，PSoCでは駆動クロックを周波数拡散(Spread Spectrum)し，特定の周波数でピークが出ないようにしています．

タッチ・センサとしては，次の2つの方式をサポートしています．

(A) 単一電極で作れる自己容量(Self Capacitance)方式

図3に示すのは，両者の方式の違いです．自己容量方式は，図3(a)のように，単一の電極を使って，指などによる静電容量の変化を検出します．電極が単一で済むので，構造がシンプルで容易に導入できます．

人体は，大きな導電体(体液などによる)なので，ちょうど大きなグラウンドが出現したようになり，基板のパターンとの間にできた静電容量の変化を検出できます．

(B) 水滴の付いた状態でも指タッチの検出が可能な相互容量(Mutual Capacitance)方式

相互容量方式は，図3(b)のように，2つの電極を使います．2つの電極は離れていますが，わずかな容量で結合しています．送信側(Tx)の電極を矩形波で駆動すると，受信側(Rx)に周期的な波形が現れます．結合容量が変化すると，受信される信号のピーク電圧が変化します．指が近づくと，図3(b)のように電界が遮られたような状態になり，電極間の容量が減少します．この原理を利用して指の接近を検出します．

本方式は電極が2つ必要になりますが，水滴が付着した状態でも指のタッチが検出できます．

⑦ タイマ/カウンタ/PWMブロック(TCPWM)

TCPWM(Timer, Counter, and Pulse Width Modulator)は，名前のとおりタイマやカウンタ，PWMの機能を持つ回路です．

カウント幅は16ビットです．PSoC 4100Sには5個のTCPWMが内蔵されています．

⑧ シリアル通信ブロック(SCB)

SCB(Serial Communication Block)は，SPI，I²C，

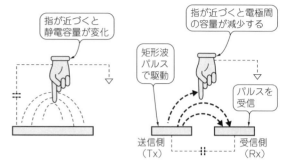

(a) 単一電極で作れる自己容量(Self Capacitance)方式

(b) 水滴の付いた状態でも指タッチの検出が可能な相互容量(Mutual Capacitance)方式

図3 PSoC 4100SのCapSensで使えるタッチ・センサの方式

UARTの機能を持った回路です．

PSoC 4100Sには3個のSCBが内蔵されていて，LINやSENT，SMBusプロトコルなどもサポートしています．EZ-I2C Slaveコンポーネントを使えば，メモリの一部をあたかもI²Cでつながった共有メモリのように使えます．

⑨ プログラマブル論理回路(SmartI/O)

SmartI/Oは，GPIO部分に配置されたプログラマブルな論理回路です．

3ビット入力1出力のLUT(Look Up Table)とDラッチが1ブロックになっています．これが8ビット幅の1ポートあたり8個用意されています．積項の少ないPLD(Programmable Logic Device)と思えばよいでしょう．

8個のブロックそれぞれの出力は，ほかのブロックの入力として使うこともできます．複数のブロックを組み合わせて，多入力の論理演算も実行できます．

PSoC 4100Sは，P2とP3の2つのポートにSmartI/Oを備えています．

* * *

PSoC 4100Sは，PSoC 4ファミリの中でも標準的なシリーズで，バリエーション豊かな機能を盛り込んだ代表的な製品です．

PSoC専用の開発ツールPSoC Creatorのおかげで，これらの機能の設定や面倒な入出力は，ほぼすべてGUI上の操作だけで済んでしまいます．つまらない設定ミスでユーザを悩ませることも少ないでしょう．

第2章

はんだ付けから回路&プログラムの書き込みまで

まずは「指タッチでLチカ」で 付属基板を動かしてみる

桑野 雅彦 Masahiko Kuwano

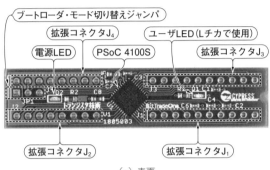

（a）表面　　　　　　　　　　　　　　（b）裏面

写真1 本書に付属するPSoC体験基板TSoC
PSoC 4100S（インフィニオン テクノロジーズ）を搭載する．ブートローダが書き込まれているのでUART経由で回路やプログラムの書き込みができる．ピン間は300mil（2.54mm×3）なので，幅狭のDIP ICのように使える

　本稿では，**写真1**に示す本書付属基板の組み立て方と，動作チェックの方法を解説します．〈編集部〉

基本情報

● 回路

　図1に示すのは付属基板の回路です．回路と基板パターンの設計は，フリーの基板設計CADである，KiCadを利用しました．

　回路図の下の方にあるコンデンサ（C_1, C_2, C_4, C_6）は，静電容量式タッチ・センサで使います．

● 基板上の部品の配置

　図2に付属基板のピン・ヘッダ名称，**表1**にピンヘッダ機能名，**表2**にジャンパ（JP_1）の詳細，**表3**にLED機能の一覧をまとめました．

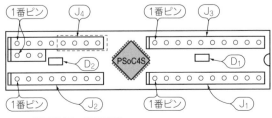

図2 付属基板の部品配置

▶拡張コネクタ（J_1, J_2, J_3, J_4）
　表1のPSoC 4100Sのピン番号は，P3_4などと表記していますがPSoC Creatorなどの上ではP3［4］と表記されます．表記方法が違うだけで同じピンを示しています．

　表1の（）内に示した信号は，次のような意味です

- TxD/RxD：プログラム書き込み時にブートローダで使用しているUARTポート
- BtLdr：ブートローダ起動信号．JP_1の2番ピン（中央のピン）とつながっています
- SDA/SCL：I^2Cを使用するときの信号名

　SDA/SCLについては他のピンを使うこともできますが，設計のたびに，どこを使うかで混乱しないよう

表1 付属基板の端子機能
PSoC 4100Sとの対応を示している

ピン番号	J_1	J_2	J_3	J_4
1	P3_4	P2_1	P0_5（SDA）	P2_0
2	P3_5	P2_2	P0_4（SCL）	P1_4（BtLdr）
3	P3_6	P2_3	P0_3	P1_3
4	P3_7	P2_4	P0_2	P1_2
5	P4_0	P3_0	P0_1	P1_1（TxD）
6	P4_1	P2_7	P0_0	P1_0（RxD）
7	P4_2	P2_6	P4_3	GND
8	P3_3	P2_5	P0_6	VDD
9	P3_2		P0_7	
10	P3_1		XRES	

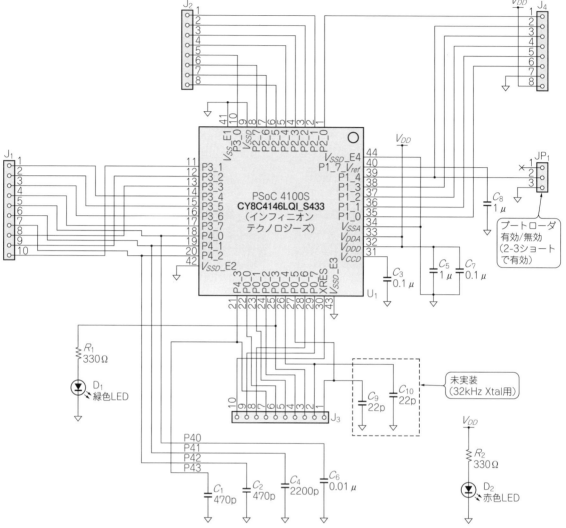

図1 付属基板の回路
C_1, C_2, C_4, C_6 は静電容量式タッチ・センサ(CapSense)で使う. C_9 と C_{10} は外付け32.768 kHz水晶発振子用の負荷容量コンデンサで, 未実装になっている

表2 ブートローダ固定ジャンパJP_1の設定

ピン番号	ピン機能
1	N.C
2	P1_4(BtLdr)
3	GND

JP_1(ジャンパ無しのときは1-2ショートと同じ)リセット解除時, 2-3が接続されていればブートローダ起動

表3 付属基板のLED機能

LED	機能名称	表示の意味
D_1	P0.3	'1' (High レベル)で点灯
D_2	Power	V_{DD}(+5 V)で点灯

に, P0_5とP0_4を「推奨」として信号表に入れておきました. ユーザの都合でP0_5やP0_4を別の用途で使用し, 他のピンをI^2C用に使用しても動作で問題が生じることはありません.

ピン配置の変更はPSoC Creatorのピン設定画面で簡単に行えます. ピン設定の初期化プログラムなどはすべてPSoC Creatorが自動的に行いますので, ピンを変更してもユーザ・プログラムを変更する必要はあ

りません.

▶ブートローダ固定ジャンパ(JP_1)

PSoC 4100Sの汎用I/Oピンの1つである, P1_4端子は付属基板用に作成したブートローダの固定用に使用しています.

JP_1の2-3番ピンをショートした状態でリセットを解除したり, 電源を入れるとブートローダ・モードになり, ホストからのダウンロード待ちになります.

ユーザ・プログラム中でP1_4を使用することもできますが, ブートローダと兼用になっていることに注

意してください.

PSoC Creatorが標準で用意しているブートローダは,あらかじめ決められた時間以内にプログラムのダウンロードが始まらないと,ブートローダを抜けてユーザ・プログラムを実行するようになっています.

ユーザ・プログラムを変更したい場合,リセット後,間髪を入れずにダウンロードを開始しないと,ユーザ・プログラムが実行されてしまいます.

これでは少々不便なので,今回の評価ボードに書き込んでいるブートローダはP1_4が '0' になっていると,ユーザ・プログラムに移行せずブートローダに留まり続けるようにしています.

▶LED(D_1, D_2)

付属基板上にはLEDが2つ実装されています.図の左側(D_2)は電源LEDで基板に電源が供給されていると表示されます.

図の右側(D_1)はP0_3に接続されていて,ソフトウェアでON/OFFすることができます. '1' を設定すると点灯,'0' で消灯です.

● 電源

電源は,J_4の7番ピンがGND,8番ピンがV_{DD}(+電源)です(図3).電源電圧範囲は3.3～5Vです.評価ボードで使用しているPSoC 4100S内部の電源電圧(コア動作電圧)は1.8Vですが,内部にコア電圧生成用のレギュレータを持っているので,供給する外部電源電圧は,1.8～5.5Vの範囲に収まっていれば動作します.

今回のサンプルでは,+3.3Vと+5Vで使用されることが多いことに配慮して,プロジェクトは+3.3Vを供給するという設定にしていますが,このまま+5Vを供給しても問題なく動作します.

製品などに使う場合には,プロジェクトのSystem設定タブで電源電圧を使用する電圧に変更し,PSoC専用プログラマ(MiniProg3など)でブートローダも含めて書き換えてください.

動かしてみよう

■ ステップ1：組み立て

付属基板は,基板梱包上の都合でピン・ヘッダやジャンパ類が付いていませんので,各自で用意してはんだ付けしてください.

写真2はコネクタ類を付けた基板のようすです.

端子はJ_1とJ_3が10ピン,J_2とJ_4が8ピンです.JP_1は3ピンのジャンパ用のヘッダと,ショートピンを用意してください.穴径は0.9mmですので,特に太いものでなければ入ると思います.

J_1/J_3,J_2/J_4の間隔は300mil(3×2.54mm)で,一般的なICソケットの幅と同じです.付属基板の取り付けにICソケットを使用するときは,ICソケット対応の,細めのピン・ヘッダを使用したほうが良いでしょう.

■ ステップ2：動作確認

● 電源を投入する

付属基板には,出荷時にテスト用のブートローダ・プログラムが書き込まれています.図3のように,JP_1のショート・ピンを抜くか,1-2側にセットして,電源を接続します.

ブートローダの電源電圧設定は+3.3Vにしていますが,+5Vでも動作します.+5VはUSB充電アダプタやPCのUSB端子などからもとることができます.ただし,PCなどから取るときはショートしてPC本体にダメージを与えたりしないように,配線には注意してください.

● ユーザ・プログラムを書き込む

タッチ・センサのサンプル・プログラム(CapSense_1Button)を書き込んでみましょう.

このプログラムは,P0_1(J_3の5番ピン)をタッチ・センサにして,指で触れるとLED(D_1)が点灯,指が

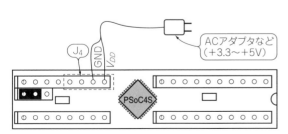

図3　付属基板に電源を供給する方法
J_4の7番ピンをグラウンド,8番ピンを+5Vに接続すると付属基板の電源が入る.+3.3Vでも動作する

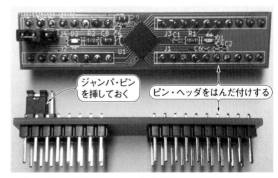

写真2　付属基板にコネクタ類を実装して完成させた状態

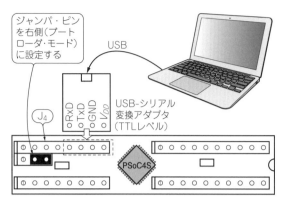

ジャンパ・ピンを右側（ブートローダ・モード）に設定する

USB

RxD TxD GND V_{DD}

USB-シリアル
変換アダプタ
(TTLレベル)

J_4

PSoC4S

図4 付属基板にプログラムを書き込むときの配線
市販のUSB-UARTシリアル変換アダプタが使える

離れると消灯します.

書き込みはシリアル通信(UART)で行われるので，Widnwos上からCOMポートとして認識される，USB-UART変換アダプタが必要です. 信号はTxD(送信データ)とRxD(受信データ)のみを使うので，制御信号は不要です.

ドライバのインストールなどは，それぞれの変換アダプタのマニュアル等の説明に従ってください.

USB-UART変換アダプタ AE-FT234X(秋月電子通商)は，電源ピンも含めてピン配置がJ_4の配置と一致しているので，**図4**のように直結できます.

▶手順1：ジャンパを書き込みモードに設定する

ユーザ・プログラムを書き込むときは，**図4**のように，JP_1の2-3を短絡します. 基板を図の向きに置いた時に，ショート・プラグがJP_1の右側の位置になります.

付属基板のPSoC4には，あらかじめブートローダと出荷検査用のLEDの点滅プログラムが書き込まれています. 通常は電源を入れると，いったんブートロ

ーダが起動した後，LED点滅プログラムが実行されます.

JP_1の2-3を短絡していると，ブートローダから抜けずに，ユーザ・プログラムのダウンロード待ちになります.

シリアル・ポート経由でユーザ・プログラムが書き込めるようになります.

▶手順2：パソコンと接続する

J_4の5〜8番ピンに，USB-UART変換アダプタを接続します. J_4の5番ピンは付属基板のTxなので，USB-UART変換アダプタのRxDに，6番ピンは付属基板のRxなので，USB-UART変換アダプタのTxDに接続します. USB-UART変換アダプタは，RS-232Cレベル変換の無いもの(TTLレベルのままのもの)を使用してください.

USB-UART変換アダプタからはシリアル信号の他に，＋5Vや＋3.3Vが出ているものが多いです. これをそのまま付属基板の電源として使えば，外部電源を省略できます.

私が実験に使用したUSB-UART変換アダプタは電源出力が無かったので，外部から別電源で＋5Vを供給しました. **写真3**は，実験中の写真です.

USB-UART変換アダプタが使用しているCOMポート番号は，付属基板へのプログラム・ダウンロード時に必要となるので，デバイス・マネージャなどで確認しておき，記録しておいてください.

評価基板に電源が供給されると，ブートローダが起動し，D_1が点灯状態になります. D_2は電源表示なので，電源が供給されていれば常に点灯します.

▶手順3：Bootloader Host(ダウンロード・ツール)を起動する

ダウンロード用のプログラムは，「Bootloader Host」ツールを使用します. PSoC Creatorと同時に

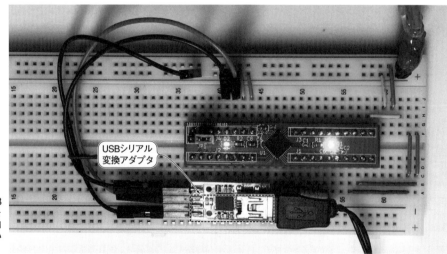

USBシリアル
変換アダプタ

写真3 付属基板にUSB-UART変換アダプタを接続して，PSoCにプログラムを書き込んでいるところ

インストールされていますので，PSoC Creatorが利用できる環境であれば，インストールされているはずです．

Bootloader Hostは**図5**のように，PSoC Creatorと同じカテゴリ中に納められています．

▶手順4：Bootloader Hostを設定する

Bootloader Hostの画面を**図6**に示します．

(1) ポートの選択

Bootloader Hostで使用するシリアル・ポートのポート番号を設定します．わからなくなった時はデバイス・マネージャなどで確認してください．

図5　付属基板にプログラムをダウンロードするツール「Bootloader Host」の起動方法

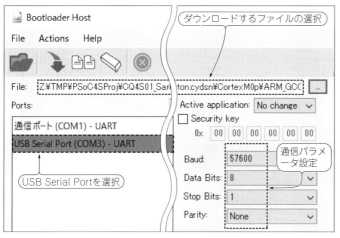

図6　ダウンロード・ツール「Bootloader Host」の起動画面

(2) 通信パラメータの設定

通信パラメータは，次のとおりにします．

● Baud（通信速度）：57600 bps
● Data Bits（データ・ビット長）：8ビット
● Stop Bits（データ・ビット長）：1ビット
● Parity（パリティ）：なし

通信パラメータは，今回使用しているブートローダのUARTの設定に合わせます．ブートローダ・プロジェクトの詳細は第1部 第3章を参照してください．

(3) ダウンロード・ファイルの指定

サンプル・プログラムは本書付属のDVD-ROMに収録されています．詳細はDVD-ROM内に収録されているindex.htmlを参照してください．

PSoC 4100Sに書き込むファイルは，プロジェクトのディレクトリ（CapSense_1Button.cydsn）の下です．

CQ4S01_Sample¥CapSense_1Button.cydsn
¥CortexM0p¥ARM_GCC_493¥Debug¥*.cyacd

GCC_493の部分はバージョンによって変わる可能性があります．

▶手順4：ダウンロードする

図7のように，左上のダウンロード・ボタンをクリックするとダウンロードが始まります．

下のステータス・ウインドウにダウンロードの進捗状況が表示されます．今回のサンプル程度であれば，10秒もかからずに終了します．

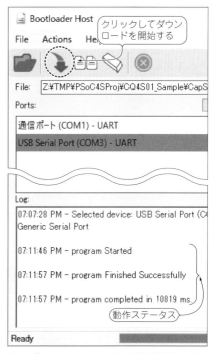

図7　「Bootloader Host」で付属基板にプログラムをダウンロードしているようす

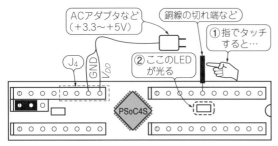

図8 サンプル・プログラム(指タッチでLチカ)を実行するときの部品配置と配線

もしエラーになったときは,配線や通信パラメータ設定などが間違っていないか確認してください.

また,独自でプロジェクトを作成したときは,Bootloadableモジュールの設定(Configure)画面において,DependenciesにPSCQ4S_Bootloader.hexを指定しているかも確認してください.PSoCに書き込まれているブートローダと,ダウンロードしようとしているファイルに含まれているブートローダが一致していないと,ダウンロードが拒絶されます.

● **プログラムが実行されているか確認する**

▶J₃の5番ピンを触るとLEDが点灯する

ダウンロードが終わると,アプリケーションが起動します.

図8では,電源をACアダプタに付け替えていますが,USB - シリアル変換基板をつないだままでもかまいません.

写真4のようにJ₃の5番ピンに電線をつけて(実験程度なら,ハンダ付けをせず軽く接触している程度でもかまいません),電線に指で触れるとD₁が点灯し,離すと消灯します.

▶書き込みが終わったらジャンパの設定を戻す

JP₁がブートローダ・モード側(2-3)になっていますので,リセットや電源をOFF/ONすると再びダウンロード待ち状態になります.通常はJP₁のショートピンを1-2側に戻すか,抜いておいてください.これで,次回から電源を入れると,アプリケーションが起動するようになります.

電源ON後,必ず2秒間はダウンロード待ちになり,その後,アプリケーションに移行する仕様になっていますので,電源ONの後は必ずD₁が2秒間点灯します.誤作動ではありません.

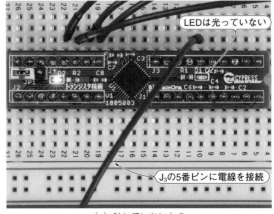

(a) 触れていないとき

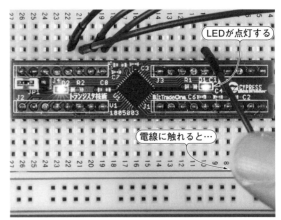

(b) 触れたとき

写真4 PSoC 4100S内蔵のタッチ・センサ・コントローラを使って付属基板のLEDをチカチカさせているようす

▶ACアダプタ出力のノイズに注意

LEDの点滅程度であれば電源ノイズが問題になることはまずありませんが,タッチ・センサは微小な静電容量変化を捉えるという原理上,電源ノイズの影響を受けやすくなっています.

動作が不安定なときはACアダプタを変えてみたり,乾電池の利用なども検討してください.筆者が試してみたところ,100円ショップで売られていた小型のACアダプタを使うと,タッチ・センサの検出時間のばらつきが大きくなり,動作も不安定になる傾向がみられました.

第3章

内部の回路設計からソフトウェア開発，プログラム書き込みまで

回路&プログラム開発環境 PSoC Creatorを使ってみる

桑野　雅彦 Masahiko Kuwano

PSoCの一番の魅力は，まるであの「電子ブロック」のように回路が組み立てられることです．

このしくみは，専用の開発ツールPSoC Creatorによって実現されています．PSoC Creatorは，一般的なマイコン開発ツールには無い回路図エディタを備えています．図1のように，あらかじめ用意されたできあいの回路の素「コンポーネント」を置くだけで，自分だけのICが完成します．

本稿では，付属基板を例に，PSoC Creatorの使い方を解説します．

本書付属のDVD-ROMには，本稿の内容を解説するお手本ムービが収録されています．詳細はDVD-ROM内に収録されているindex.htmlを参照してください．　　　　　　　　　　〈編集部〉

● いつもの「Lチカ」から始める

「マイコン統合開発環境なんて，どれも似たようなもの」と思われるかもしれませんが，PSoC Creatorはあらゆる面が違います．

一度触ってみれば，その魅力に気づくはずです．ぜひ一度インストールし，ユーザ思いな巧妙な作りと，まるであの電子ブロックのような直感的な開発作業を体験してください．

本稿では，実際にPSoC Creatorを使って，プロジェクトを作って動かしてみます．付属基板に搭載されているPSoC 4の2つのピンからPWM（Pulse Width Modulation）を出力する事例を試してみます．一方のピンから出力したPWMをCPUで読み込んで，反転して別のピンに出力します．反転したPWM信号は付属基板上のLEDに出力します．周期は1秒です．

● 回路&プログラムができるまで

図2に示すのは，PSoC Creatorで行う作業内容です．普通のマイコンであれば，ハードウェア設計とソフトウェア開発は別々に行いますが，PSoCは一連の作業をPSoC Creator上で行います．

（1）起動&初期設定

PSoC Creatorを起動して，プロジェクトを作成し

図1　PSoC Creatorを使えばまるで電子ブロックのように直感的に回路を設計できる
あらかじめ用意されたできあいの回路の素「コンポーネント」をブロックみたいにエディタ上に置いていく

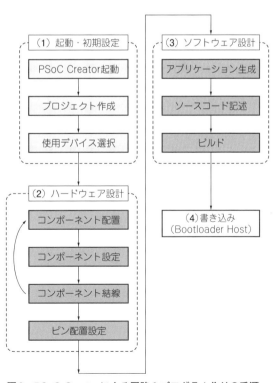

図2　PSoC Creatorによる回路&プログラム作りの手順
本来であればブレッドボードや基板上で行う回路作りがパソコン上で完結する

たり，使用するデバイスを選択したりします．

(2) ハードウェア設計

PSoC内部のハードウェアを設計します．PWMやクロック，入出力ピンなど，PSoC Creatorに用意されているコンポーネントの配置や設定，接続を行います．

ピン・コンポーネントを実際の端子へ割り付ける作業もハードウェア設計の段階で行います．

(3) ソフトウェア開発

ハードウェア設計が終わったら，アプリケーション生成（Generate Application）を行います．

(2)で配置したコンポーネントがPSoC内部のハードウェアに割り付けられ，配線データ生成，コンポーネント初期化，API（Application Programming Interface，ユーザがコンポーネントを利用するためのソフトウェア・ライブラリ）生成などが自動で実行されます．

自動生成されたCプログラムmain.cにユーザ自身のソースコードを記述してビルドします．ビルド・ボタンをクリックすると，コンパイラなどのツール・チェーンが実行され，PSoCへの書き込みファイルが作成されます．

(4) 書き込み

(3)で生成された書き込みファイルをPSoCに書き込みます．

付属基板に搭載されているPSoC 4には，あらかじめUARTブートローダが組み込まれているので，USBシリアル変換アダプタ経由でプログラムが書き込めます．書き込みには，ブートローダ用書き込みプログラムBootloader Hostを使います．

MiniProg3など，インフィニオン テクノロジーズ社のPSoC専用プログラマを使えば，ブートローダを使わなくても書き込みができます．ブートローダ自体の書き換えもできます．

ステップ1：セットアップ

● **手順1-1：ダウンロード**

PSoC Creatorはインフィニオン テクノロジーズのWebサイトから無償で入手できます．URLは次のとおりです．

```
https://www.infineon.com/cms/jp/design
-support/tools/sdk/psoc-software/psoc
-creator/
```

ユーザ登録を済ませると，PSoC Creatorのダウンロードが開始されます．

初期状態では，Akamai Download Manager（DLM）というソフトウェアをパソコンにインストールすることを求められます．Akamai Download Managerは，途中でダウンロードが中断されても続きから再開でき

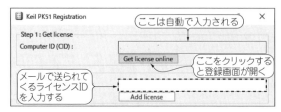

図3　インストールを進めていくとKeilのライセンス取得を促す画面が表示される
PSoC 3ファミリの開発用ツール・チェーンにライセンス登録が必要．付属基板の開発には使わないが，ユーザ登録すれば無償で使えるので，取得しておいて損はない

る機能を持つので，容量の大きなファイルを入手するときに便利です．マイクロソフトをはじめ，多くの企業で利用されています．

ハードディスクの容量が足りないなどの特別な事情がなければ，DLMをインストールしても問題ありません．

DLMを使いたくないときや，Linux上でWindows版をダウンロードする場合は，「download the file without using the download manager.」というリンクをクリックすれば，DLMを使わなくてもダウンロードできます．

● **手順1-2：インストール**

ダウンロードしたインストーラを実行し，画面に表示される指示にしたがえば，インストールは自動的に進みます．コンパイラなどのツールチェーン（ソフトウェア開発ツール）や，関連ソフトウェア，ドキュメントなどもすべて同時にインストールされます．後から別途インストールする手間はありません．

▶Keil社ツールチェーンのライセンス登録

手順に沿ってインストールを進めていくと，**図3**のような画面が表示されます．

これは，Keil社のPK51という8ビットCPU向けのツールチェーンのライセンス登録画面です．8051コアを使ったPSoC 3ファミリの開発ツールに，Keil社のツールチェーンを使っているため，ライセンスの許諾が求められます．

TSoCに搭載されているPSoC 4は，CPUコアに32ビットのArm Cortex-M0+を使っています．そのためKeil社のツールチェーンは不要ですが，登録をオンラインで行えば無償で使えるので，ライセンスを取得しておいて損はないでしょう．

図3の「ComputerID」欄にある［Get license online］をクリックして，登録に必要な情報を入力すれば，ライセンス・キーがメールで送られてきます．これをコピーして，「New License ID Code」欄にペーストし，［Add license］をクリックすれば，登録完了です．

▶Acrobat Readerのインストール

PSoC Creatorでは，統合開発環境上でインフィニオン テクノロジーズが用意したPDFドキュメントが閲覧できます．これらの閲覧には，AdobeのAcrobat Readerを使うので，あらかじめインストールしておいてください．

ステップ2：事前準備

● 手順2-1：作業用フォルダの作成

ワークスペース・フォルダの場所を決めます．ここでは，Cドライブの直下にPSoC4SProjというフォルダを作ることにします．

● 手順2-2：関連ファイルのダウンロードと配置

プロジェクト・ファイルを作成するときは，ブートローダも必要になるので，あらかじめ入手しておきます．ブートローダのプロジェクト・ファイルは，本書付属のDVD-ROMに収録されています．

ブートローダのサンプル・プロジェクトを解凍したら，生成されるCQ4S01_BootloaderフォルダごとコピーしてPSoC4SProjフォルダの下に配置しておきます．

もしストレージの容量に余裕がなければ，
`CQ4S01_Bootloader¥CQ4S01_Boot loader.cydsn¥CortexM0p¥ARM_ GCC_493¥Debug`
の下にある次の2つのファイルを適当な場所にコピーしておいてください．

- CQ4S01_Bootloader.hex
- CQ4S01_Bootloader.elf

ステップ3：初期設定

● 手順3-1：プロジェクト作成

PSoC Creatorを起動します．Windowsのスタート・ボタンをクリックし，[Cypress]-[PSoC Creator 4.4]を選択すると起動します．

次に，新規プロジェクトを作成します．PSoC Creatorのメニュー・バーから[File]-[New]-

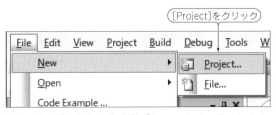

図4　プロジェクトの作成①：「Create Project」ウィンドウを立ち上げる

[Project]を選択します(図4).

▶デバイス・ファミリ選択

図5に示すのは，デバイス・ファミリの選択画面です．使うデバイスを選んで，[Next]をクリックします．本書の付属基板TSoCに搭載されているデバイスは，PSoC 4のPSoC 4100Sファミリです．4100の後ろに「S」が付くので間違えないようにしましょう．図5のように，左側に[PSoC 4]，右側に[PSoC 4100S]を選択します．2度目以降は直前に使ったデバイスが初期状態でセットされるようになります．変更がないときは，そのまま[Next]をクリックすればよくなります．

▶プロジェクト種別選択

デバイスを選択すると，図6に示すプロジェクト種別の選択画面が表示されます．3種類のアイコンが表示されますが，今回は独自のプロジェクトを作成するので，一番下に表示されている空のプロジェクト[Empty schematic]を選択します．

一番上に表示されている[Code example]は，インフィニオン テクノロジーズが提供しているサンプル・プロジェクトを取り出すときに使います．

2番目の[Pre-populated schematic]は，UART

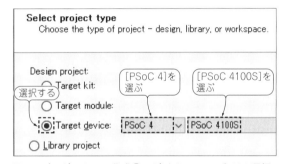

図5　プロジェクトの作成②：デバイス・ファミリの選択
TSoCに搭載されているデバイスはPSoC 4/PSoC 4100Sファミリ

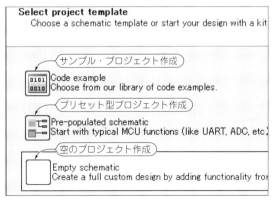

図6　プロジェクトの作成③：プロジェクト種別の選択
今回は独自のプロジェクトを作成するので空のプロジェクト[Empty schematic]を選択する

やタイマ，A-Dコンバータなど，よく使う機能のハードウェア設計がすでに用意されているプロジェクトです．ハードウェア設計が面倒なときに，このプロジェクトを使えば，一般的なマイコンと同じように使えます．

図7に示すのは，Pre-populated schematicを選択したときに表示される画面です．シリアル・ポートやタイマなどがあらかじめ用意されています．必要に応じてコンポーネントを追加・削除したり，独自の機能を追加したりしてカスタマイズできます．

▶ワークスペース，プロジェクト設定

ワークスペースの作成場所やプロジェクト名を決めます．図8に示す画面で，ワークスペース名や作成場所，プロジェクト名などを決めます．それぞれ次のとおりとします．

● ワークスペース名：Tutorial
● ワークスペース作成先：C:¥PSoc4SProj
● プロジェクト名：LEDBLINK

図9に示すのは，作成されたワークスペース用フォルダの中です．フォルダの作成場所は次のとおりです．
C:¥PSoC4SProj¥Tutorial

このフォルダの下に，LEDBLINKというプロジェクト用フォルダが作成されます．

PSoCは，デザイン1つにつき，1つのプロジェクトを作成します．1つのワークスペースの中には，複数のプロジェクトが作れます．PSoCを複数使ったシステムであれば，それぞれのPSoCのプログラムが1つのプロジェクトになります．これらのプロジェクトを1つのワークスペースにまとめておけば管理しやすくなります．

● 手順3-2：使用するデバイスの設定

図10に示すのは，PSoC Creatorのワークスペース・エクスプローラです．起動すると左上に表示されます．初期状態では，ステップ2-1で指定したデバイス・ファミリの中で適当な製品が選ばれているので，実際にTSoCに搭載されているデバイスCY8C4146LQI-S433に変更します．

図11(a)に示すとおり，ワークスペース・エクスプローラ内の［Project 'LEDBLINK'］を選択した状態で，メニュー・バーの［Project］-［Device Selector］を選択すると，図11(b)のようにデバイス・セレクタが起動します．

デバイス・セレクタは，内部I/Oの構成やパッケージ種別など，Web上の製品一覧表のようにフィルタをかけて製品を選べます．CY8C4146LQI-S433は，図11(b)のように上から1/3くらいのところにあります．似ている型番が多いので，よく見比べて間違えないようにしてください．パッケージ(40-QFN)などでフィルタをかけて絞り込むと探しやすいかもしれません．選択すると，図11(c)のようにデバイス名が設定したものに変更されます．

図12に示すのは，PSoC Creatorのデザイン画面です．中央部に表示されているのが，ハードウェア設計のメインである回路図を描くスケマチック・デザイン

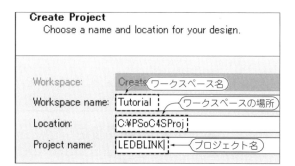

図8　プロジェクトの作成④：ワークスペースとプロジェクト名の設定
図のとおり設定する

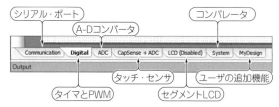

図7　あらかじめ用意されたハードウェアを利用するときに使うPre-populated schematicの画面
LCDはディセーブルされているが，右クリックして「Enable Page」にすると使えるようになる

図9　プロジェクトの作成⑤：ワークスペース用フォルダの中身
プロジェクト用フォルダとプロジェクト・ファイル本体が作成される

図10　PSoC Creator初回起動時のワークスペース・エクスプローラの表示
この時点ではまだ正しいデバイスが選択されていない

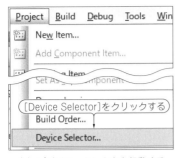

（a）デバイス・セレクタを起動する

図11　使用デバイスの変更方法

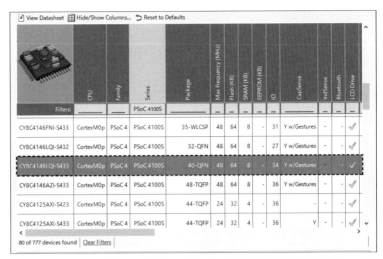

（b）使用するデバイスを選択する（TSoCの場合はCY8C4946LQI-S433）

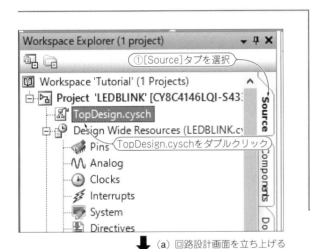

（a）回路設計画面を立ち上げる

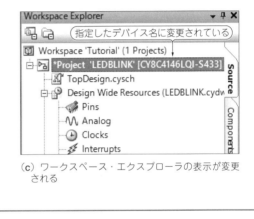

（c）ワークスペース・エクスプローラの表示が変更
　　される

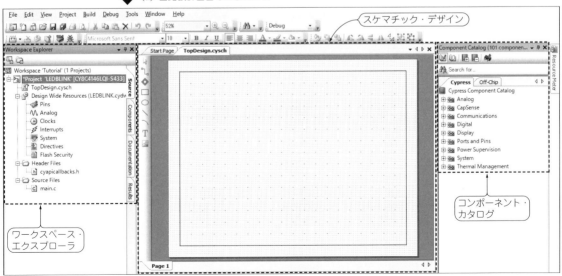

（b）立ち上がった回路設計画面

図12　PSoC Creator のデザイン画面

画面です．違う画面が表示されているときは，ワークスペース・エクスプローラの［Source］タブを選択して，［TopDesign.cysch］をダブルクリックします．

ステップ4：ハードウェア設計

次に，ハードウェア設計（PSoC内部の回路作成）を行います．

画面右側のコンポーネント・カタログから使いたいコンポーネント（機能ブロック）を選んで配置・配線します．**PSoC Creatorによるハードウェア設計は，コンポーネントが主役です．**

普通のマイコンでは，チップ内部のハードウェアを強く意識しながらプログラムを組んでいきます．例えばA-Dコンバータを使うときには，初期化や入力ピンなどをレジスタを見ながら設定したり，I/Oピンのレジスタがアナログ入力になるようにしたり…ということをユーザ・プログラム内に記述するのが普通です．

これに対してPSoCは，ユーザが使う機能やライブラリ・ソフトウェアがコンポーネントとして1つにまとまっています．そのため，**GUI**（Graphical User Interface）で初期設定したり，あたかも回路図のように**相互接続したりできるので，関連性が分かりやすいです．**

ユーザは，生成されたライブラリ（API）をプログラムで呼び出すだけで，コンポーネントが利用できます．チップ内部レジスタは，その存在すら意識せずに設計できます．

ハードウェアをともなわない単なるソフトウェア・ライブラリも，コンポーネントとして扱えます．本稿で使うBootloadableコンポーネントは，ソフトウェア・ライブラリをコンポーネント化したものです．

● 手順4-1：コンポーネントを配置する

図13に示すように，スケマチック・デザイン画面にPWMコンポーネントを配置します．

①コンポーネント・カタログの［Cypress］タブを選択
②［Digital］-［Functions］の下にある［PWM（TCPWM mode）］を選択する
③画面中央（スケマチック・デザイン）へドラッグ＆ドロップ

配置した後も簡単に移動できるので，適当に置いても大丈夫です．今回は配置するものが少ないので，画面の中央くらいに置いておけばよいでしょう．

小さい四角形の付いたヒゲのようなものがいくつか出ていますが，これは入出力用の端子（ターミナル）です．通常は右側に出力端子，左側に入力端子が描いてあります．

コンポーネントの名称は，初期状態だと自動的に付加されますが，好きな名称に変更できます．今回はデザインがシンプルなのでPWM_1のままにしていますが，中身が複雑になったときは分かりやすい名前に変えます．

● 手順4-2：コンポーネントの初期値を設定する
▶設定画面を開く

配置したコンポーネントの初期値を設定します．

図14に示すのは，スケマチック・デザイン画面に配置したコンポーネントを右クリックしたときに表示されるポップアップ・メニューです．［Configure］を選択すると，図15に示すようなコンポーネントの設定画面が開きます．スケマチック・デザイン画面に配置したコンポーネントをダブルクリックしても，同じ画面が開きます．

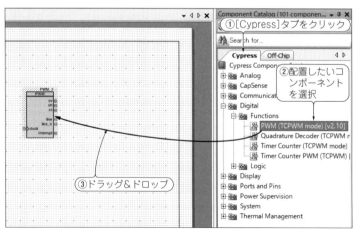

図13 コンポーネントの配置方法
ここでは例としてPWMコンポーネントを配置する

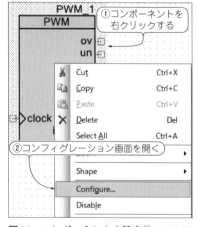

図14 コンポーネントの設定①：コンフィグレーション画面を立ち上げる
配置したコンポーネントを右クリックして，［Configure］を選択する

▶項目を選んで設定する

　PWMコンポーネントで使う内部モジュールは，タイマやカウンタなどと共通なので，ほかのモードと共通の設定画面が表示され，PWMが選択された状態になっています.

　図16に示すのは，［PWM］タブを選択すると表示される設定画面です.今回は，PWMの基準クロックに1kHzの信号を入力するので，周期を1000（単位はクロック数）にします.ONデューティは75％にして，1/4期間は消灯，3/4期間は点灯する状態にします.

　PWMコンポーネントのカウンタは，0からスタートし，周期値（Periodで設定した値）に到達すると0に戻ります.図16のように999を設定すると0→1→2→…→999→0→1→2…とカウントするので，実際の周期は設定した値＋1になります.

　比較値（Compareで設定した値）によってPWM出力のデューティ比が決まります.カウント値がCompare値未満ならLレベルを出力します.カウント値がCompare値以上になると出力はHレベルに変化します.

　今回は，0 ～ 249のときはLレベル，250 ～ 999のときはHレベルを出力します.

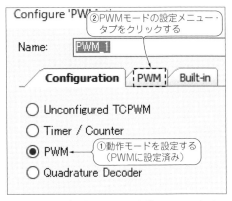

図15　コンポーネントの設定②：PWM/タイマ/カウンタ共通の設定画面

▶設定に応じた初期化プログラムが自動生成される

　PSoC Creatorは，ここで設定した状態になるような初期化プログラムを自動で生成します.ユーザ・プログラムのmain()関数まで処理が進んだ段階で，すでに設定どおりの状態で動作する準備ができています.

　コンポーネントは，ユーザが動作開始のAPIを呼び出すタイミングで動き始めます.勝手に動き出すことはありません.

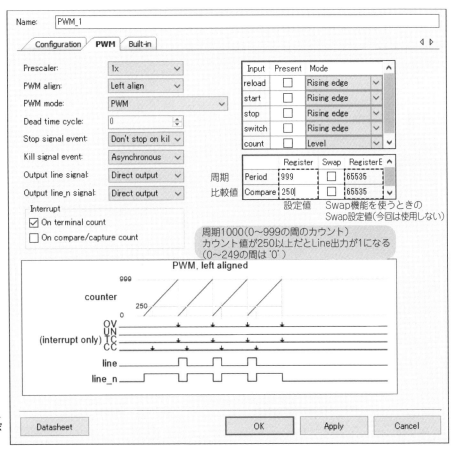

図16　コンポーネントの設定③：PWMコンポーネントの設定画面

普通のマイコン・プログラミングのように，ユーザ・プログラムの中で設定を変更することもできますが，ふつうはこの段階で決めておきます．

● 手順4-3：PWM用クロックの配置と接続

PWMコンポーネントには，動作用の基準クロックを入力する端子があります．外部信号を基準クロックとして使うこともできますが，ここではPSoC内部の発信回路を使って1kHzのクロック信号を生成します．

PWMの周期を1000にしたので，1kHzを入力すれば，出力は1Hz(1秒周期)になります．LEDは，0.25秒間消灯し，0.75秒間点灯します．

▶クロック・コンポーネントを配置する

図17に示すように，コンポーネント・カタログの[System]カテゴリにあるクロック・コンポーネントをスケマチック・デザイン画面に配置します．

図18に，クロック・コンポーネントの設定画面を示します．クロックの周波数は1kHzに設定します．

これで1kHzのクロック源ができました．

▶PWMコンポーネントと接続する

次に，クロック・コンポーネントの出力端子とPWMコンポーネントの入力端子を接続します．

図19のようにデザイン画面左端にある上から2番目の[WireTool]アイコンをクリックすると，マウス・カーソルが「+」形になり，配線を引けるようになります．クロック・コンポーネントの端子上にカーソルを持っていくと「X」形になるので，ここで左クリックします．マウスを移動させると配線が伸びていくので，PWMコンポーネントのclock端子までカーソルを持って行き，「X」形になったら再び左クリックします．

配線を伸ばしている途中で左クリックすると，その場所で90°曲げられます．配線に失敗したときは，[Delete]キーや[ESC]キーで取り消せます．

一度配置した配線を消去するときは，左クリックで線を選択して[Delete]キーを押すか，右クリックして表示されるポップアップ・メニューで[Delete]を選択します．

マウスの左ボタンを押ししたままドラッグすると，範囲を指定したり，移動したりできます．コピーや切り取りも可能で，一般的な描画アプリケーションと同じような感覚で操作できます．

● 手順4-4：出力端子の配置と接続

▶ピン・コンポーネントと物理的なピン配置の関係

出力端子のOutput Pinを配置して，PSoCの外部に信号が出せるようにします．ここではピン・コンポー

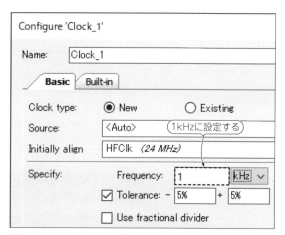

図18 クロック・コンポーネントの設定
ここでは周波数を1kHzに設定する

（a）コンポーネント，カタログで選択する

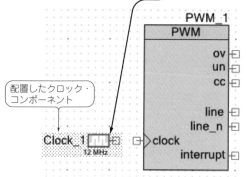

（b）スケマチック・デザイン画面に配置する

図17 クロック・コンポーネントの配置方法

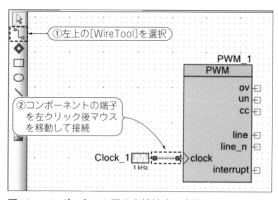

図19 コンポーネント同士を接続する方法
一般的な描画アプリケーションと同じような感覚で操作できる

ネントを配置するだけにします．実際の物理的なピンへの割り付け方法は後述の手順4-6で説明します．

直接，物理的なピンへの設定を行わず，ピン・コンポーネントを設定に使うしくみの場合，ユーザはピン・コンポーネントのライブラリを使うので，物理的なピンの配置を変更しても，ユーザ・プログラムを変更する必要がありません．物理的なピンの配置とユーザ・プログラムの差分は，ピン・コンポーネントが吸収します．

出力端子のピン・コンポーネントは，大きく分けて次の2通りの使い方があります．

● コンポーネントの出力信号を外部に出力する
● CPUから端子に1や0を書き込む

ここでは，出力端子を2つ用意して，1本はPWMコンポーネントのline出力に直結し，もう1本はCPU出力に設定します．CPUの出力は，TSoCのLEDにつながっているピンに設定します．

▶ピン・コンポーネントを配置する

図20(a)のように，コンポーネント・カタログから［Ports and Pins］カテゴリにある［Digital Output Pin］を選択してピン・コンポーネントを配置します．図20(b)に示すのは，ピン・コンポーネントを2つ配置したようすです．

1つ目のピン・コンポーネント(Pin_1)は，PWM出力ピンにします．図21(a)のようにピン名をPWMOUTに変更し，図21(b)のとおりプロパティを設定したら，PWMコンポーネントのline出力と結線します．

2つ目のピン・コンポーネントは，LED出力ピンにします．図22(a)のようにピン名をLEDOUTに変更し，ピンのプロパティを図22(b)のとおり設定します．

LED出力ピンは，内部コンポーネントとの接続はないので，［HW connection］のチェックをはずしておきます．

図23に示すのは，それぞれの作業が完了した後のデザイン画面です．

● **手順4-5：Bootloadableコンポーネントの配置と設定**

Bootloadableコンポーネントを配置して，USB-UART変換アダプタ経由でプログラムを書き込めるようにします．PSoC専用の書き込み器(MiniProg3やKitProg)を使う場合は，この手順は不要です．

Bootloadableコンポーネントは，コンポーネント・カタログの［System］カテゴリにあります．よく似た名称の「Bootloader」というコンポーネントもあるので，間違えないよう慎重に選択してください．図24に示すのは，配置後のBootloadableコンポーネントです．

図25に示すのはBootloadableコンポーネントの設

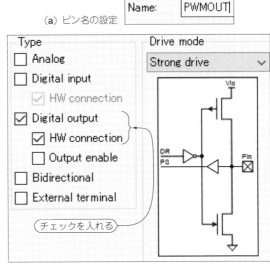

(a) ピン名の設定

(b) ピン・プロパティの設定

図21 ピン・コンポーネントの設定①：PWM出力ピンの設定

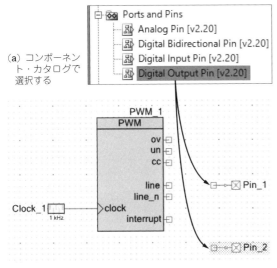

(a) コンポーネント・カタログで選択する

(b) スケマチック・デザイン画面に配置する

図20 ピン・コンポーネントの配置方法

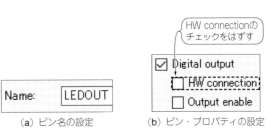

(a) ピン名の設定　　(b) ピン・プロパティの設定

図22 ピン・コンポーネントの設定②：LED出力ピンの設定

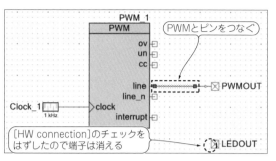

図23 出力端子の配置と接続が終わった後のようす

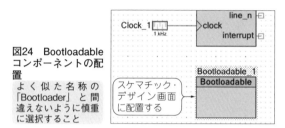

図24 Bootloadable コンポーネントの配置

よく似た名称の「Bootloader」と間違えないように慎重に選択すること

(a) ピン割り付け画面を表示させる

図26 ピン・コンポーネントを物理的なピンへ割り付ける

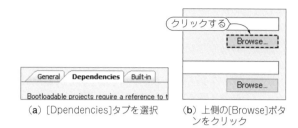

(a) [Dpendencies]タブを選択　　(b) 上側の[Browse]ボタンをクリック

(c) ブートローダのプロジェクトの下の.hexファイルを指定

図25 Bootloadable コンポーネントの設定

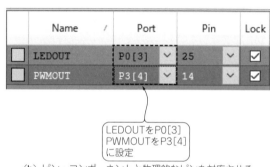

(b) ピン・コンポーネントと物理的なピンを対応させる

定内容です．[Dependencies] タブを選択した後，上側の [Browse] ボタンをクリックして，ブートローダのHEXファイルを指定します．ファイルは，プロジェクト・フォルダ内の次の場所にあります．

```
CQ4S01_Bootloader.cydsn¥CortexM0p¥ARM
_GCC_493¥Debug¥CQ4S01.Bootloader.hex
```

● 手順4-6：物理的なピンの割り付け

　ピン・コンポーネントを実際のチップ端子に割り付けます．この割り付けを行わない場合にはPSoC Creatorにお任せという意味になり，ビルド時にPSoC Creatorが内部配線をしやすい場所に適当に割り付けます．

　今回のように基板がすでに出来上がっているときは基板の仕様にあわせてピンを割り付けますが，開発段階などでピン配置が未定なときは，ピンを指定せずにPSoC Creatorに任せでピン配置を決めておいて，基板設計に反映させるようにすると良いでしょう．

　図26のように，左側の Workspace Exploer ウインドウの「Design Wide Resources」の下にある「Pins」をダブルクリックすると，図のようなピン配置設定画面が開きます．

　右側の画面の「Port」をクリックしてLEDOUTをP0 [3]，PWMOUTをP3 [4] に設定します．中央にはチップのピン・レイアウトと使用状況が示されます．

ステップ5：ソフトウェア作成

ソフトウェアの作成・書き込みは，次の3ステップで進めます．

(1)アプリケーション生成を行う(APIなどが自動生成される)
(2)ユーザ・プログラムを記述
(3)ビルド

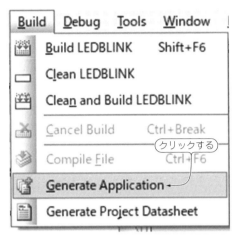

図27　アプリケーションの生成①：Buildタブの Genrate Applicationを選択する
「Top Design.cysch」をダブルクリックするか，タブで選択するとデザイン画面に戻る

● **手順5-1：アプリケーションを生成**(Generate Application)

　PSoC Creatorはビルド時にハードウェア設計を見て，チップのコンフィグレーション・データや，I/O類を使うためのAPI(ライブラリ)を自動生成します．メニュー・バーのこの作業を「Generate Application (アプリケーション生成)」と呼んでいます．新規にプロジェクトを作成した時だけでなく，コンポーネントの追加や削除，設定や配線の変更などを行った後もGenerate Applicationが必要です(※)．

　図27のように［Build］-［Generate Application］を選択します．

　このステップは生成するファイルの数も多く，処理も複雑なため，少し時間がかかりますが気長に待ちましょう．

　図28のように，「Build Succeeded」(ビルド成功)という表示が出れば，処理が正常に終了しています．

　画面右側のWorkspace Explorerの「Generated_Sources」には，自動生成されたファイル名が並んでいます．ごく一部を除いてすべてC言語のソースコードです．もちろん，中身を読むこともできます．

──────────
※：単にビルドしなおしたとき，必要な場合にはGenerate Applicationが自動的に実行される．

● **手順5-2：ソースコードの記述**

　ソースコードを記述します．左側のワークスペース・エクスプローラで「Souce」の下にあるmain.cをダブルクリックすると，プロジェクト作成時に自動生成されたmain.cが表示されます．

　ユーザアプリケーションはmain.cの中のmain()関数から開始します．

　一般的なマイコン開発の場合，使用するデバイスのレジスタを調べて使い方を把握する必要がありますが，PSoCの場合にはユーザがデバイスのレジスタを直接操作することはまずありません．ピンを直接操作するような，ハードウェアと密接に絡むような部分でさえ，PSoC Creatorが自動生成するライブラリを呼ぶだけで済みます．

　APIについての説明はデータシート(コンポーネントを右クリックして「Open Datasheet」)の中に書かれています．データシート中ではコンポーネント名は

```
void TCPWM_Start(void)
```

というように，なっていますが，この_(アンダースコア)の前の部分(この例はTCPWM)はドキュメント上の仮の名前ですので，実際に使用しているコンポーネント名と読み替えて利用します．この例であれば，

```
PWM_1_Start(void)
```

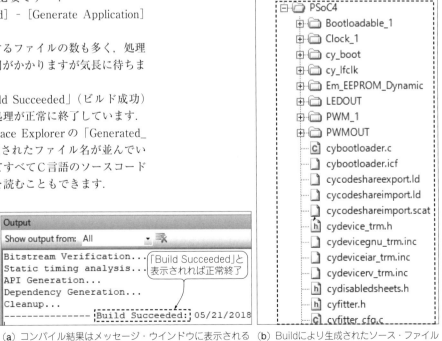

(a) コンパイル結果はメッセージ・ウインドウに表示される　(b) Buildにより生成されたソース・ファイル

図28　アプリケーションの生成②：Build終了時の画面

リスト1 PWMコンポーネントを使ったLチカ・プログラムのソース・コード

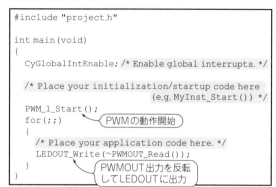

```
#include "project.h"

int main(void)
{
    CyGlobalIntEnable; /* Enable global interrupts. */

    /* Place your initialization/startup code here
                            (e.g. MyInst_Start()) */
    PWM_1_Start();
    for(;;)          PWMの動作開始
    {
        /* Place your application code here. */
        LEDOUT_Write(~PWMOUT_Read());
    }                  PWMOUT出力を反転
}                      してLEDOUTに出力
```

が今回のPWM用のAPI名になります.

今回のサンプルではPWMでPWMOUT端子にPWM信号を出力し，CPUでPWM出力を反転してLEDOUTに出力してみますので，具体的には次のようになります.

①PWM動作開始
　PWM_1_Start();
②PWMOUT端子の状態を読み取り，反転してLEDOUT端子に出力
　LEDOUT_Write(~PWMOUT_Read());
以下，②を繰り返します.

ソースコードをリスト1に示します. 図のようにAPIを呼ぶ行を2行追加するだけです.

PSoC Creatorには入力アシスト機能があり，図29のように途中まで入力していくと，候補となる関数名

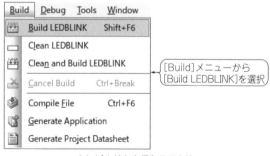

（a）ビルドを実行させる方法

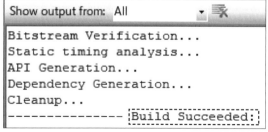

（b）正常にビルドが終了したときのメッセージ

図30 プログラムのビルドを実行する方法

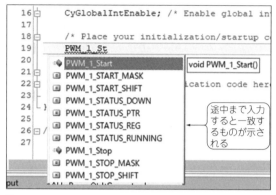

図29 PSoC Creatorには入力アシスト機能が付いている

や，その引数などが自動的に表示されます.

● 手順5-3：ビルド

図30のように，Buildメニューから「Build〈プロジェクト名〉」を選択してビルドします.

正常にビルドが終われば，図のように「Build Succeeded」というメッセージが表示されます. エラーが起きた時はタイプ・ミスなどが無いか確認します.

ステップ6：書き込み

書き込みはUART経由で行います. 制御信号などは使わず，単にシリアル通信ができれば良いだけですので，市販のUSBシリアル変換基板が利用できます.

図31のようにショート・プラグを接続し，USBシリアル変換アダプタと基板を接続します. ピン配置は，USBシリアル変換アダプタAE-FT234X(秋月電子通商)と同じです. 図に描いたLEDは，PWMOUT端子に接続しています. 基板上のLEDも点滅しますので，動作確認をするだけであれば省略してもかまいません.

ショート・プラグの状態は，リセット後すぐに行わ

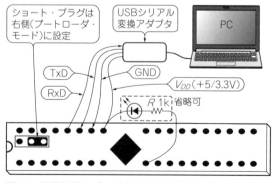

図31 付属基板にプログラムを書き込むときのパソコンと接続
ショート・プラグは右側に設定して付属基板をブートローダ・モードにしておく

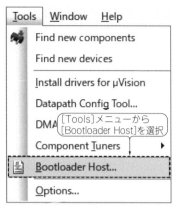

図32　プログラム書き込みアプリケーション Bootloader Host の起動方法

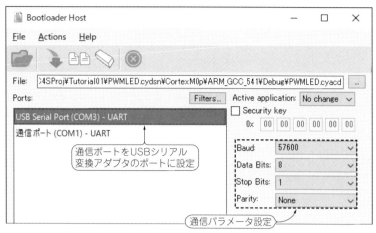

図33　プログラム書き込みアプリケーション Bootloader Host の設定

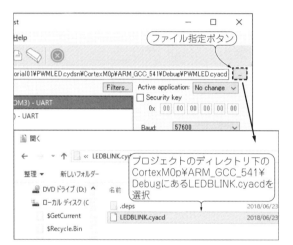

図34　付属基板へダウンロード(書き込み)するファイルの指定

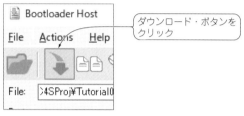

(a) ダウンロードの実行

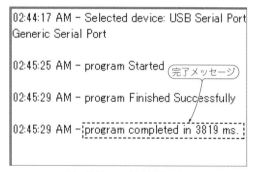

(b) ダウンロードの結果の表示

図35　付属基板へダウンロード(書き込み)の実行

れるため，電源を入れる前に設定しておいてください．

● 手順6-1：Bootloader Host の起動

接続できたら，パソコン上で書き込みプログラム(Bootloader Host)を起動します．図32のように，PSoC Creator 上で Tool メニューから［Bootloader Host］を選択します．

図33に示す画面で通信ポートとパラメータを設定します．次のように設定します．

- Baud(通信速度)：57600 bps
- Data Bits(データ・ビット長)：8ビット
- Stop Bit(ストップ・ビット長)：1ビット
- Parity(パリティ)：None(なし)

● 手順6-2：ダウンロード・ファイル(書き込みファイル)の指定

Bootloader Host画面の左上にあるファイル指定ボ

タンを押して，ダウンロード(ここでいうダウンロードは，インターネットからのファイルのダウンロードではなく，ビルドしたプログラムを付属基板へ書き込みするという意味)するファイル(拡張子はcyacd)を指定します(図34)．このファイルが生成されている場所は，

プロジェクトのディレクトリ
(LEDBLINK.cydsn)¥CortexM0p¥ARM_GCC_
541¥Debug

です．ここにLEDBLINK.cyacdファイルがあります．

● 手順6-3：ダウンロード

図35(a)のように，ダウンロード・ボタンをクリッ

PSoCの中と外を丸ごと設計！「Off-Chipコンポーネント」

　PSoC Creatorのデザイン画面上で，ちょっと便利な「Off-Chipコンポーネント」を紹介します．

　PSoCの外部には何らかの入出力が接続されます．一般的なマイコン設計では，設計はマイコン内部のみで，外部にどのようなものがつながっているのかは回路図などを見ないと分かりません．

　こうしたPSoC外部の接続関係までデザイン画面に入れてしまう機能が，Off-Chipコンポーネントです．

　Off-Chipコンポーネントを使ってみたのが，図Aです．Off-Chipコンポーネントはチップ内部の

コンフィグレーションなどに影響するものではありませんが，デザイン画面上では通常のコンポーネントや配線などと同じように扱われていて，**あたかも普通に配線をするのと同じようように接続することができます**．

　図Bのように，ピン・コンポーネントのコンフィグレーション画面で「External Terminal」にチェックを入れると，Off-Chipコンポーネントを接続するためのターミナルが表示されます．あとは通常の配線と同じようにつないでいけば，回路図が出来上がります．　　　　　　　　〈桑野　雅彦〉

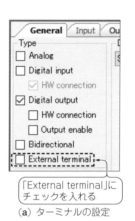

図A　外付け部品との接続を確認するのに便利なOff-Chipコンポーネントの使い方

（b）スケマチック・デザイン画面上での表示のようす

（a）ターミナルの設定

図B　Off-Chipコンポーネントを接続するためのターミナルを表示させる

クすると，プログラムのダウンロードが始まります．今回のサンプル程度であれば5秒もかからずに終わると思います．

　ダウンロードが正常に終了すると**図35（b）**のように「promgram complete」というメッセージが出て，ダウンロードしたプログラムが動作し始めます．外部に付けたLEDとボード上のLEDが交互に点滅するはずです．

　ショート・ピンを反対側に設定しておけば，以後は電源を入れればアプリケーションが起動します．ブー

トローダでダウンロードの待ち時間を入れているため，電源を入れてからアプリケーションが起動するまで2秒ほどかかります．慌てずに待ってください．

＊　　＊　　＊

　これでPSoCのチュートリアルを終わります．文字にすると少々ややこしいようですが，実際に動かしてみると，意外と簡単だと思います．

　設定は全部GUI，プログラムも自動生成されたAPIを呼ぶだけという手軽さを覚えてしまうと，他のマイコンを使うのが面倒くさいものに感じるでしょう．

第4章

OPアンプ，コンパレータ，A-D/D-Aコンバータでアナログ回路を作る

PSoCが内蔵するアナログ・コンポーネントを使ってみる

木目田　泰志 Yasushi Kimeta

OPアンプやコンパレータ，A-D/D-Aコンバータなど豊富なアナログ・コンポーネントが自由に使えるのはPSoCの大きな魅力です．

本稿では，PSoCのアナログ・コンポーネントの使い方について，付属基板で実験しながら解説します．

〈編集部〉

本稿では，PSoC 4100Sに内蔵されているアナログ・コンポーネントの使い方を解説します．

PSoCのOPアンプは単電源なので，使いづらい場面もありますが，A-Dコンバータの前処理回路や，高精度な時間計測など，マイコン単体では実現不可能なリアルタイムな処理が行える点が魅力です．

IoT(Internet of Things)の時代になり，フィールドにはセンサがあふれるようになりましたが，端末の省電力化にはアナログ技術の活用が必須です．

PSoCは，アナログ回路技術の学習や，新たなアイデアの高速プロトタイピングのデバイスとしておすすめです．

● 付属基板で試せるアナログ・コンポーネント

本書付属のPSoC基板に搭載されているPSoC 4100Sは，図1に示すようなアナログ・コンポーネントを搭載しています．

これらのアナログ・コンポーネントを組み合わせれば，アナログ回路が作成できます．

コンポーネントは，PSoC Creatorのコンポーネント・カタログの中から，使いたいものを選びます．各コンポーネントは，いくつかのパラメータが選べるようになっています．図2に示すのは，OPアンプのパラメータ設定画面です．応答速度やループ・ゲイン，スリープ時の動作条件など，用途に合わせて選べます．

図3に示すのは，PSoC 4100Sのアナログ・コンポーネント内部構成です．OPアンプ2個，コンパレータ2個，A-Dコンバータ1個，D-Aコンバータ2個が用意されていて，コンポーネント間を配線が走っています．この配線を切り替えることで，PSoC内部で自由にアナログ回路が生成できます．

● 付属基板でアナログ回路を作ってみる

図4に示すのは，PSoC Creatorで作成したアナロ

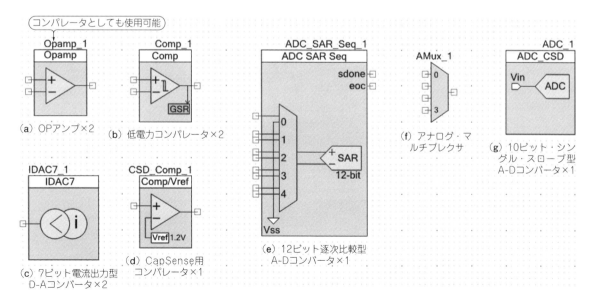

図1　本書付属のPSoC基板で使えるアナログ・コンポーネント

(a) OPアンプ×2
(b) 低電力コンパレータ×2
(c) 7ビット電流出力型D-Aコンバータ×2
(d) CapSense用コンパレータ×1
(e) 12ビット逐次比較型A-Dコンバータ×1
(f) アナログ・マルチプレクサ
(g) 10ビット・シングル・スロープ型A-Dコンバータ×1

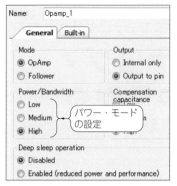

図2 アナログ・コンポーネントは用途に合わせてパラメータが変更できる

▶図4 PSoC 4100S内蔵OPアンプを使って実際にアナログ回路を動かしてみる
実験回路の基本構成

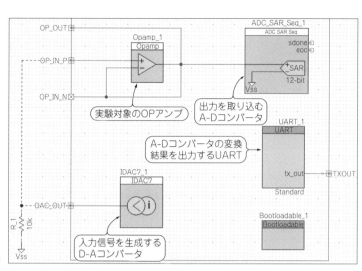

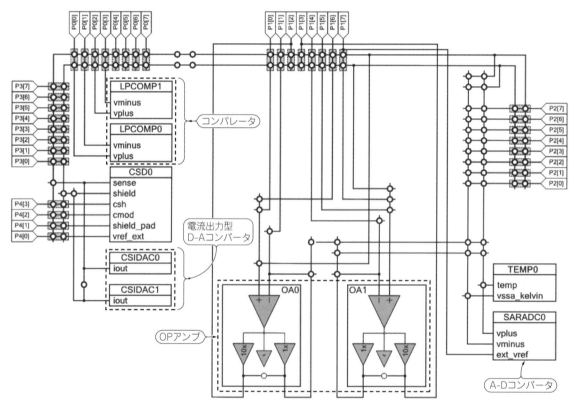

図3 PSoC 4100Sのアナログ・コンポーネントの内部構成
配線を切り替えることで自由にアナログ回路が構成できるようになっている

グ回路です．ここでは，OPアンプ・コンポーネントのOpamp_1を使います．

写真1のように外部に抵抗やコンデンサを接続することで，アナログ機能のプロトタイピングを行えるようにしました．

▶PSoC 4100S内蔵OPアンプのあらまし

表1に示すのは，PSoC 4100S内蔵OPアンプのデータシートです．Powerパラメータ(High/Medium/Low)の設定で特性を選べます．

Highモードにすると消費電流は増えますが，**入力＋と入力ーの誤差(オフセット)や温度変動(ドリフト)は少なくなり，高速動作も可能になります**．

Lowモードにすると消費電流は大幅に減りますが，**オフセットやドリフトは大きくなり，応答速度は遅く**

表1　PSoC 4100S が内蔵する OPアンプのデータシート(一部抜粋)

項　目	説　明	モード	Min	Typ	Max	単位
IDD_HI	OPアンプ消費電流	High	−	1000	1300	μA
IDD_MED	OPアンプ消費電流	Medium	−	320	500	μA
IDD_LOW	OPアンプ消費電流	Low	−	250	350	μA
IOUT_MAX_HI	OPアンプ出力電流	High	10	−	−	mA
IOUT_MAX_MID	OPアンプ出力電流	Medium	10	−	−	mA
IOUT_MAX_LO	OPアンプ出力電流	Low	−	5	−	mA
VOS	オフセット電圧	High	− 1	± 0.5	1	mV
VOS	オフセット電圧	Medium	−	± 1	−	mV
VOS	オフセット電圧	Low	−	± 2	−	mV
VOS_DR	オフセット電圧のドリフト	High	− 10	± 3	10	μV/C
VOS_DR	オフセット電圧のドリフト	Medium	−	± 10	−	μV/C
VOS_DR	オフセット電圧のドリフト	Low	−	± 10	−	μV/C

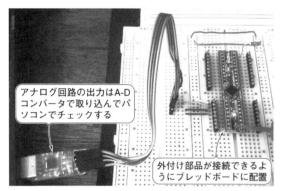

アナログ回路の出力はA-Dコンバータで取り込んでパソコンでチェックする

外付け部品が接続できるようにブレッドボードに配置

写真1　外部に抵抗やコンデンサを接続できるように TSoCはブレッドボードに挿しておく
実験時の装置構成

なります.

▶出力はA-Dコンバータで取り込む

回路の出力はA-Dコンバータに接続して，ディジタル・データとして読み取れるようにしました. 変換結果は，UART_1コンポーネントを介してUARTで外部に出力されます. 書き込み時にも使うUSBシリアル変換アダプタを使えば，パソコンでもデータが読み取れます.

▶入力信号はD-Aコンバータで生成する

IDAC7_1コンポーネントは，電流出力型D-Aコンバータです. 出力信号のパラメータを設定すれば，OPアンプの入力信号としても使えます. ここではIDAC7_1コンポーネントをファンクション・ジェネレータの代わりとして使います.

▶回路はパソコンで電子ブロックのように組んでいく

PSoC Creatorは，スケマチック・デザイン画面([TOP Design.cysch] タブ)でコンポーネント同士を接続するだけで，ハードウェアを設計し，機能を構成できます. PSoC 4100S内部の接続は，PSoC Creator内で最適化されます.

アナログ・センサが出力する微小信号をOPアンプ・コンポーネントでパワーアップ

図A(a)に示すのは，OPアンプの記号と入出力の関係式です.

2つの入力ピンと1つの出力ピンがあります. 入力+と入力−の電圧差をA倍に増幅して出力します. 図A(b)のように，理想的に入力ピンには，電流が流れこみません. 出力はいくらでも電流を供給できます.

実際は，そのような回路は作れないので，入力電流の少ないものや，応答速度の速いもの，増幅ゲインが大きいものなど，用途によって使い分けます.

OPアンプは，このまま使うわけではありません. 増幅機能を生かして，フィードバックをかけて使うことにより，必要な信号を得られるようにします.

〈木目田　泰志〉

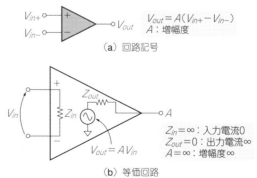

$V_{out} = A(V_{in+} - V_{in-})$
A：増幅度
(a) 回路記号

$V_{out} = AV_{in}$

$Z_{in} = \infty$：入力電流0
$Z_{out} = 0$：出力電流∞
$A = \infty$：増幅度∞
(b) 等価回路

図A　OPアンプの入出力の関係

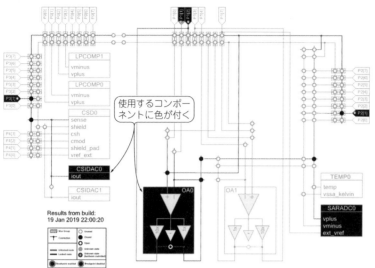

◀図5　実験時のアナログ・コンポーネント配線

◀**図5　実験時のアナログ・コンポーネント配線**
内部の細かい接続はPSoC Creator内で自動的に行われる

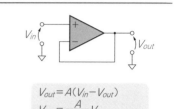

$$V_{out} = A(V_{in} - V_{out})$$
$$V_{out} = \frac{A}{1+A} V_{in}$$
Aは1より十分大きいので
$$V_{out} = V_{in}$$

図6　バッファ回路…入力信号の電流に左右されずに電圧値を正確に捕捉する
電流が流れ込むことによる電圧降下を防ぐ

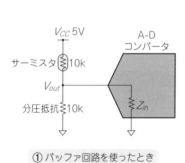

① バッファ回路を使ったとき
$Z_{in}=∞$：$V_{out}=2.5V$
② バッファ回路がないとき
$Z_{in}=100kΩ$とすると
分圧抵抗が9.1kΩとなり
$V_{out}=2.38V$

図7　バッファ回路が活躍する例…サーミスタによる温度検出

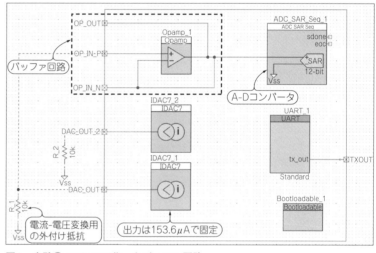

図8　実験①：PSoCで作ったバッファ回路
入力信号はIDACで生成し，出力電圧はADCで監視する

スケマチック・デザイン画面でハードウェアを設計した後，画面左側の［Design Wide Resources］をクリックし，［Analog］タブをクリックすると，**図5**のように内部の接続配線を確認できます．

実験①：バッファ回路

● こんな回路

図6に示すのは，入力の－側と出力を接続したバッファ回路の例です．

入力の＋側にV_{in}が加わると，－側との差がA倍されてV_{out}から出力されます．すると入力の－側の電圧が上がり，入力＋と入力－の差がなくなるようにV_{out}が出力されます．結果的に$V_{in}=V_{out}$になります．

OPアンプには入力電流が流れ込まないので，この回路を使えば電圧のみを検出できます．

例えば，**図7**のように抵抗式のサーミスタ温度センサの電圧を測定しているときで考えてみましょう．サーミスタは，出力電圧そのものが温度情報になるのですが，測定側に電流が流れ込むとすると，その分誤差になります．バッファ回路を使えば，電流が流れ込まないので，正確な電圧値が特定できます．具体的には，A-Dコンバータの前段にバッファ回路を挿入します．

● PSoCで動かす方法

図8に示すのは，PSoCで作成したバッファ回路です．

OPアンプの＋入力と出力はPSoC内部で接続しています．IDAC7_1から電流を出力し，外部に接続した抵抗R_1で電流-電圧変換を行い，テスト用の電圧信号としてOPアンプに入力します．

リスト1　実験①のソースコード（main.c）
OPアンプやIDAC，ADCを動かすコマンドを記述している

```
#include "project.h"
#include <stdlib.h>

int main(void)
{
  CyGlobalIntEnable; /* Enable global interrupts. */

  /* Place your initialization/startup code here
(e.g. MyInst_Start()) */

  uint32 adc1_ct = 1000000;
  uint32 dac1 = 0;
  uint32 dac1_ct = 100;
  uint16 ai0=0;
  char aistr[]="        ";
  char *aiout;
  aiout = aistr;

  Opamp_1_Start();  // Module start
  IDAC7_1_Start();
  IDAC7_2_Start();
  UART_1_Start();
```
```
  ADC_SAR_Seq_1_Start();    // ADC start
  ADC_SAR_Seq_1_IRQ_Enable();
  ADC_SAR_Seq_1_StartConvert();

  for(;;)    // main loop
  {
    adc1_ct--;
    if (adc1_ct == 0){    // UART TX program
      ai0 = ADC_SAR_Seq_1_GetResult16(0);
      utoa(ai0,aiout,10);
      UART_1_UartPutString(aiout);
      UART_1_UartPutString("\r\n");
      adc1_ct = 1000000;
    }
    /* Place your application code here. */

  }
}
/* [] END OF FILE */
```

各コンポーネントをスタートさせるコマンド

A-Dコンバータの変換結果をパソコンに転送する

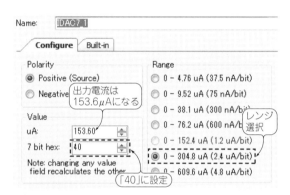

Name:　IDAC7_1

Configure　Built-in

Polarity
- ● Positive (Source)
- ○ Negative

出力電流は153.6μAになる

Value
uA:　153.60
7 bit hex:　40

「40」に設定

Note: changing any value field recalculates the other

Range
- ○ 0 - 4.76 uA (37.5 nA/bit)
- ○ 0 - 9.52 uA (75 nA/bit)
- ○ 0 - 38.1 uA (300 nA/bit)
- ○ 0 - 76.2 uA (600 nA/bit)
- ○ 0 - 152.4 uA (1.2 uA/bit)
- ● 0 - 304.8 uA (2.4 uA/bit)
- ○ 0 - 609.6 uA (4.8 uA/bit)

レンジ選択

図9　実験①のIDACパラメータ設定
出力電流は153.6 μAで固定にする

▶ハードウェア設計

　IDAC7_1をダブルクリックすると，**図9**に示すようなIDACのパラメータ設定画面が表示されます．「Range」と「Value」を設定すれば，出力電圧が決まります．

　Rangeは［0 - 304.8uA］を選択し，Valueの「7 bit hex」を［40］にすると，出力電流は153.6 μAになります．ここでは，10kΩの外付け抵抗を使っているので，OPアンプに1.536Vが入力されます．

▶外付け回路の準備

　写真1に実験中の回路を示します．外付けに必要な部品，抵抗等を取り付けます．

▶プログラムの作成

　外付け回路の準備が終わったら，数行のプログラムを記述します．［Source Files］フォルダのmain.cに各コンポーネントを動作開始させるためのコマンドを記述します．**リスト1**に示すのは，コマンドを記述したmain.cのソースコードです．

図10　実験①のバッファ回路出力をパソコンで確認しているようす
入力と同じ1.53Vが表示されている

COM6 - Tera Term VT
ファイル(F)　編集(E)　設定
627
628
628
627
627

バッファ回路の出力をA-D変換した結果

　リスト1に示すとおり，Opamp_1_Start()，IDAC7_1_Start()のようにコマンドを記述していきます．これにより，電源投入と同時に各コンポーネントが動き出します．

　// main loopの部分（forループ）は，UART出力プログラムの記述です．A-Dコンバータの変換結果をUARTを介してパソコンのターミナルに送信します．

▶動かしてみる

　回路とプログラムをPSoCに書き込んで，実際に動作させてみます．

　図10に示すのは，パソコンのターミナル・ソフトウェア（ここではTera Termを使用）でUARTの出力を観察したときのようすです．カウント値「627」が出力されています．A-Dコンバータの分解能は12ビットなので，5V = 2048カウントです．627カウントだと1.53Vなので，正常に動作していることが確認できます．

実験②：非反転アンプ

● こんな回路

　図11に示すのは，非反転アンプの例です．2つの抵抗を図のように接続します．

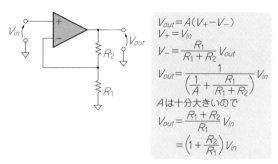

$$V_{out} = A(V_+ - V_-)$$
$$V_+ = V_{in}$$
$$V_- = \frac{R_1}{R_1 + R_2} V_{out}$$
$$V_{out} = \frac{1}{\left(\frac{1}{A} + \frac{R_1}{R_1 + R_2}\right)} V_{in}$$
Aは十分大きいので
$$V_{out} = \frac{R_1 + R_2}{R_1} V_{in}$$
$$= \left(1 + \frac{R_2}{R_1}\right) V_{in}$$

図11 非反転アンプ…任意の倍率で入力信号を増幅する
2つの抵抗を使って増幅率を設定できる

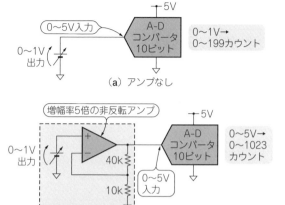

（a）アンプなし

増幅率5倍の非反転アンプ

（b）アンプあり

図12 非反転アンプが活躍する例…A-Dコンバータ前段の入力信号増幅
A-Dコンバータの入力電圧に合わせて信号を増幅し, 有効ビット数を増やす

＋側と－側の電圧が同じになるようにV_{out}にフィードバックがかかり, 出力されます. V_{out}は次式のとおりになり, 入力信号が増幅されます.

$$V_{out} = \left(1 + \frac{R_2}{R_1}\right) V_{in}$$

例えば, 図12(a)のように0～5Vを入力すると0～1023カウントに変換する10ビットA-Dコンバータで考えてみましょう. このA-Dコンバータに0～1V出力のセンサ信号を入力すると, 0～199カウントまでしか使えず, 分解能は8ビット以下になります. A-Dコンバータの性能を生かしきれません.

非反転アンプを使えば, A-Dコンバータの入力電圧に合わせて入力のセンサ信号を増幅できます. 図

12(b)のように$R_1 = 10\,\mathrm{k}\Omega$, $R_2 = 40\,\mathrm{k}\Omega$としてA-Dコンバータの前段に挿入すると, $V_{out} = 5 \times V_{in}$になります. センサ出力の0～1Vが0～5Vに増幅されるので, 10ビットA-Dコンバータの性能をフルに使えるようになります.

● **PSoCで動かす方法**
　図13に示すのは, PSoCで作成した非反転アンプです.

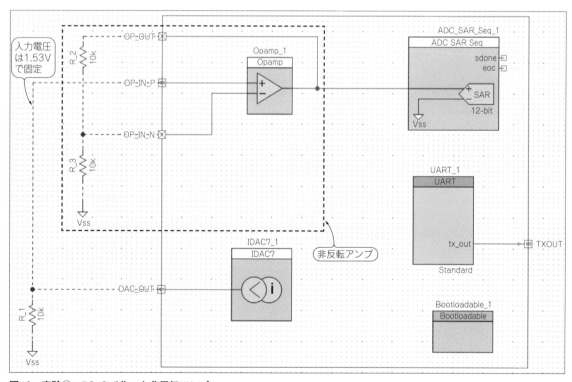

図13 実験②：PSoCで作った非反転アンプ

図14 実験②の非反転アンプ出力をパソコンで確認しているようす
入力電圧のほぼ2倍である3.05 Vが表示されている

リスト2 IDACから三角波を発生させるソースコード

```
 :
uint32 dac1 = 0;
uint32 dac1_ct = 100;
 :
for(;;)
{
 :
  dac1_ct--;
  if (dac1_ct == 0){
    IDAC7_1_SetValue(dac1);
    dac1 = dac1 + 1;
    if(dac1 > 127) dac1 = 0;
    dac1_ct = 100;
  }
 :
}
```

外部にR_1, R_2の2つの抵抗を接続します. 抵抗値はともに10 kΩなので, ゲインは2倍になるはずです.

バッファ回路と同様の手順でプログラムを用意し, PSoCに書き込んで実際に動作させてみます.

▶動かしてみた結果

図14のように, ターミナル・ソフトウェアで観察したカウント値は「1251」で3.05 Vでした.

非反転アンプにより, 1.53 Vの2倍になっていることを確認しました.

PSoCにはCPUが内蔵されているので, D - Aコンバータの出力電流は, プログラムにより動的に変更できます. これもPSoCのメリットの1つです. IDACから三角波を発生させるプログラムをリスト2に示します.

実験③：コンパレータ

● こんな回路

図15に示すのは, コンパレータの記号と入出力の

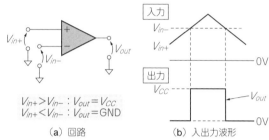

$V_{in+} > V_{in-} : V_{out} = V_{CC}$
$V_{in+} < V_{in-} : V_{out} = GND$

（a）回路 （b）入出力波形

図15 コンパレータ…2つの信号の電圧を比較する
比較結果はH/Lレベルで出力される

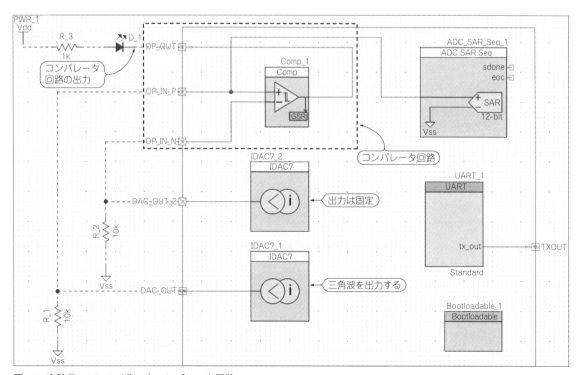

図17 実験③：PSoCで作ったコンパレータ回路

まだまだある！ PSoCで作れるOPアンプ回路のいろいろ
高電圧信号の分圧や微小時間の高精度測定まで

● 反転アンプ
▶1倍以下の倍率にも増幅できる

図Bに示すのは，反転アンプの例です．2つの抵抗を図のように接続します．

＋側と－側の電圧が同じになるように V_{out} にフィードバックがかかります．$V+$ は0Vなので，V_{in} から入力された信号は $I = V_{in}/R_1$ になります．OPアンプの入力には電流が流れ込まないので，$-I \times 2 = V_{out}$ になります．V_{out} は次式のとおりになり，入力信号が反転して増幅されます．

$$V_{out} = \left(-\frac{R_2}{R_1}\right) \times V_{in}$$

反転アンプのメリットは，非反転アンプでは不可能だった1以下の倍率でも増幅できる点です．これ

は，大きな電圧を分圧するときに有効です．

反転アンプのデメリットは，信号が180°反転されて出力されるため，負電源が必要となる点です．
▶PSoCで使うには

PSoCのOPアンプは単電源（0〜V_{DD}）なので，そのままでは反転アンプを構成できません．図Cのように＋側にバイアスを加えると，反転アンプの機能を構成できます．

反転アンプは，AC信号の増幅に向いています．

● 積分回路
▶パルス時間を高精度に測定できる

図Dに示すのは，反転アンプの帰還抵抗をコンデンサに置き換えた積分回路の例です．

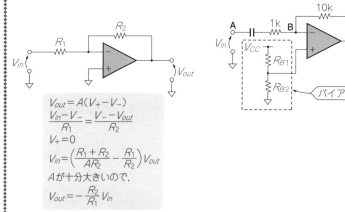

$V_{out} = A(V_+ - V_-)$

$\dfrac{V_{in} - V_-}{R_1} = \dfrac{V_- - V_{out}}{R_2}$

$V_+ = 0$

$V_{in} = \left(\dfrac{R_1 + R_2}{AR_2} - \dfrac{R_1}{R_2}\right) V_{out}$

A が十分大きいので，

$V_{out} = -\dfrac{R_2}{R_1} V_{in}$

図B　反転アンプ…増幅率は1倍以下にも設定できるが出力信号が180°反転する

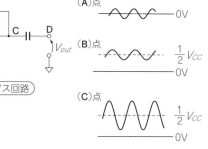

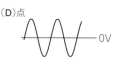

図C　反転アンプが活躍する例…AC増幅回路
PSoCのような単電源OPアンプで構成するときは＋側にバイアスを加える

関係です．

コンパレータは，V_+，V_- 入力の差でH/Lレベルを出力します．$V_{in+} > V_{in-}$ で $V_{out} = V_{DD}$，$V_{in+} < V_{in-}$ で $V_{out} = $ GNDになります．

信号がしきい値を超えたときや，アラームなどに使われます．図16のように，ヒステリシスを持たせるのが一般的で，しきい値近くの値が入力されたとき，ON/OFFが繰り返されないように設定できます．

● PSoCで動かす方法
図17に示すのは，PSoCで作成したコンパレータ回路です．

IDACコンポーネントを2つ使って，電圧の比較機

能を確認してみます．IDAC_1は三角波，IDAC7_2は固定電圧をそれぞれ出力します．コンパレータの出力は，LEDを外付けして確認します．

コンパレータでは，IDAC7_1から出力される三角波と，IDAC7_2の固定電圧が比較されます．その結果，図18のようにComp1からパルスが出力されます．IDAC7_2の電圧を変化させると，LEDが暗くなったり明るくなったりするようすを確認できます．

この回路を応用すれば，パルス発生をマイコンで検知して，IDAC7_2のしきい値を更新することでピーク・ホールド回路が作れます．アナログだけでは困難な回路が作れるところもPSoCの面白い所です．

V_{in}から流れてくる電流をチャージするので，電圧が上昇していきます．パルス時間を測る用途などに応用できます．パルスの加わる時間が長いほど，電圧値が高くなります．

ディジタル回路だと，サンプリング時間より細かい値の測定ができません．積分回路を用いることで，より精度よく検出できます．

▶PSoCで使うには

PSoCのOPアンプは単電源なので，図Eのように＋側にバイアスを加えると積分回路の機能を構成できます．

● 微分回路

図Fに示すのは，反転アンプの入力抵抗をコンデンサに置き換えた微分回路の例です．

微分回路は入力電圧の変化を出力します．図Gのようにパルス信号を入力すると，そのエッジ部分のみ電圧を出力します．

一般的なマイコンには，割り込み機能がありますが，微分回路を使えばアナログ回路で同様の機能を構成できます．　　　　　　　　　　〈木目田　泰志〉

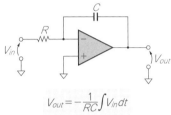

$$V_{out}=-\frac{1}{RC}\int V_{in}dt$$

図D　積分回路…高精度な時間測定が可能

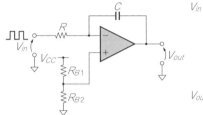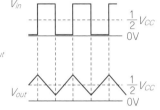

図E　積分回路が活躍する例…パルス時間の計測
PSoCのような単電源OPアンプで構成するときは＋側にバイアスを加える

$$V_{out}=-RC\frac{dV_{in}}{dt}$$

図F　微分回路…割り込みの機能をアナログ回路で構成できる

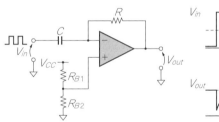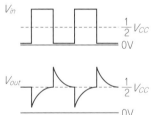

図G　微分回路が活躍する例…割り込みの生成
PSoCのような単電源OPアンプで構成するときは＋側にバイアスを加える

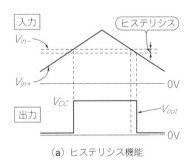

（a）ヒステリシス機能

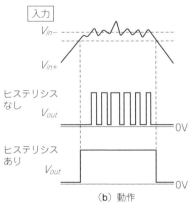

（b）動作

図16　コンパレータのヒステリシス機能の動作
しきい値あたりで電圧が揺らいでもON/OFFが繰り返されないようにする

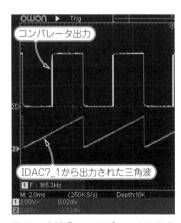

図18　実験③のコンパレータ入出力波形をオシロスコープで観測したようす

## 第5章

Smart I/Oを使って組み合わせ回路や順序回路を作る

PSoCが内蔵するプログラマブル・ディジタル回路を使ってみる

田中 範明 Noriaki Tanaka

　AND/ORゲートやフリップフロップなど，さまざまなロジックが自由に組めるのはPSoCの大きな魅力です．

　本書の付属基板に搭載されているPSoC 4100Sは，Smart I/Oと呼ばれるプログラマブル・ディジタル回路ブロックを内蔵しています．Smart I/Oを使えば，ディジタル・ノイズのフィルタリングや信号の加工，エッジ検出，カウンタなど，CPUの前後処理を行う回路が作れます．Smart I/Oには，コンパレータも接続できるので，CPUを介さずにアナログ電圧の比較結果をGPIOに出力できます．

　本稿では，Smart I/Oの使い方について，実験しながら解説します． 〈編集部〉

　Smart I/Oは，PSoC専用の開発環境「PSoC Creator」にコンポーネントとして用意されています．ほかのコンポーネントと同じようにデータシートに使い方が書いてあるのですが，GUI画面における設定方法の説明しかないので，具体的な使い方が分かりません．

　Smart I/Oの説明は，Technical Reference Manual（TRM）にも記述されています．本稿では，文献(1)の内容をもとにSmart I/Oの具体的な使い方を解説します．

こんなブロック

● 端子とペリフェラルの間でディジタル信号を加工する

　図1に示すのは，Smart I/Oの周辺ブロックです．Smart I/Oは，High Speed I/O Matrix（HSIOM）とI/O Portというブロックの間に配置されています．

　HSIOMは，内蔵ペリフェラルと信号をやりとりするブロックです．例えば，TCPWMのPWM信号やSerial Communication Block（SCB）のTX/RX信号などがHSIOMを介して接続されます．

　I/O Portは，入出力端子のバッファ部分に相当します．Smart I/OからI/O PortにGPIO信号を出力すると，入出力端子からディジタル電圧が出力されます．入出力端子の電圧は，GPIO入力信号としてSmart I/Oに伝達されます．入出力端子の入力/出力は別途設定によって決まります．

● できること

　図1の①～④の破線は，Smart I/O内部ブロックの信号の流れです．それぞれの働きは次のとおりです．

① 入出力端子同士をつなぐ（入出力信号間に直接働く自己完結型論理関数を実装する）

② ペリフェラル同士をつなぐ（HSIOMの信号間に直接働く自己完結型論理関数を実装する）

③ ペリフェラルの信号を加工してI/O Portに出力する

④ I/O Portの信号を加工してペリフェラルに入力する

　ここでは，これらの①～④の実装例と，フリップフロップを使った順序回路の応用事例を紹介します．

① 入出力端子同士をつなぐ

　Smart I/Oを使えば，I/O Portの入出力端子同士を直接接続できます．

　単純に接続するだけでなく，簡単な論理回路を介在させることもできます．

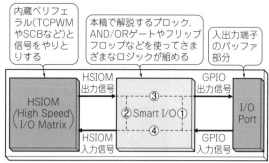

内蔵ペリフェラル（TCPWMやSCBなど）と信号をやりとりする

本稿で解説するブロック．AND/ORゲートやフリップフロップなどを使ってさまざまなロジックが組める

入出力端子のバッファ部分

PSoC 4100S（インフィニオン テクノロジーズ）

図1 Smart I/Oは端子とペリフェラルの間でディジタル信号を加工する
内蔵ペリフェラルと信号をやりとりするHigh Speed I/O Matrix（HSIOM）ブロックと，入出力端子のバッファに相当するI/O Portブロックの間に配置されている

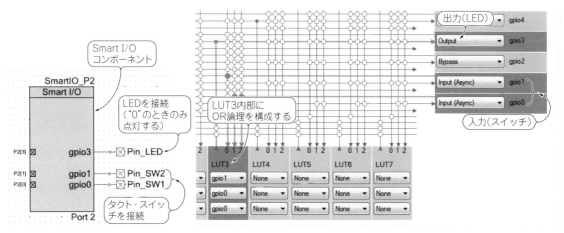

（a）スケマチック・デザイン画面　　　　　　　　　　　（b）Smart I/Oの内部接続

図2　例題1：ORゲート（プロジェクト名：AndLogic）

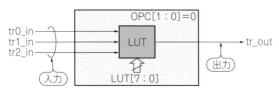

図3　Smart I/Oに内蔵されているLUT（Look‐Up Table）の構成
3入力1出力の小規模な回路．クロックとの非同期/同期のどちらでも動作する

■ 例題1：ORゲートを作る（プロジェクト名：AndLogic）

● 回路の作成

図2に示すのは，PSoC Creatorで作成した例です．

Smart I/Oコンポーネントを使って，2入力1出力の論回路を構成しています．ここでは，2つのスイッチの入力を1つのLED出力に伝達して，論理和（ORゲート）を構成しています．論理回路部には，Look‐Up Table（LUT）と呼ばれる回路を使っています．

Smart I/Oに内蔵されているLUTは，図3に示すような3入力1出力の小規模な回路です．ここでは，クロックを使わずに非同期で動作させています．

● Smart I/O内部の設定

図4に示すのは，LUTの設定画面です．3つの入力のいずれかが "1" だったときに，出力を "1" にするよう真理値表を設定しているので，このLUTはORゲートとして動きます．

2つの入力には，ON時に "0" を出力する負論理のスイッチを接続し，出力には，"0" のときに点灯する負論理のLEDを接続します．すると，2つのスイッチがONしたときのみLEDが点灯します．

このSmart I/OをスタートさせるAPIは次のとおり

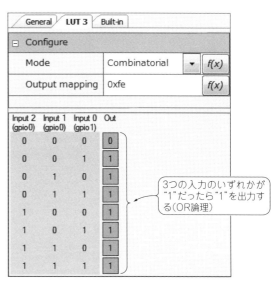

図4　Smart I/Oに内蔵されているLUTの設定画面
真理値表でLUTの振る舞いを設定できる．ここでは3つの入力のいずれかが "1" だったときに，"1" を出力するように設定した

です．main.cにこの記述を追加してください．

　SmartIO_P2_Start();

▶内部プルアップは使えない

入力にタクト・スイッチを使うときは，入力端子に内部プルアップ抵抗を付けるべきです．

ところが，この例で図5(a)のように内部プルアップ付きの入力ポートを使おうとすると，図5(b)に示す警告が表示されます．警告には，次のようなメッセージが表示されています．

「ハードウェアで配線された入力端子でハイインピーダンス以外のドライブ・モードを使うには，ポート・アダプタが必要です．しかし，このデバイスにはポート・アダプタがありません．」

（a）Pinコンポーネントの設定画面　　　　　　　　　　（b）エラー・メッセージ

図5　Smart I/Oへの入力端子は内部プルアップが使えない
ハイインピーダンス入力を使うしかない

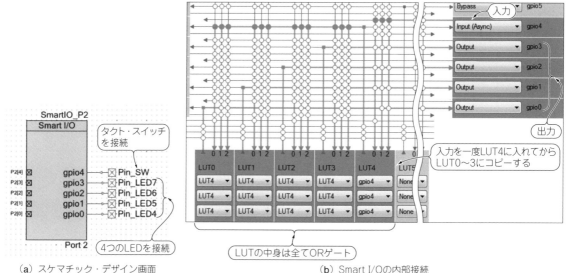

（a）スケマチック・デザイン画面　　　　　　　　　　（b）Smart I/Oの内部接続

図6　例題2：分配出力（プロジェクト名：Distributor）

PSoC 4100Sの場合，Smart I/Oと組み合わせられる入力端子は，ハイインピーダンス入力しかありません．タクト・スイッチを使うときは，プルアップ抵抗を外付けします．

外付け部品を増やしたくないとき，この制約はかなり大きいですが，執筆時点（2023年1月）では対策は見つかりませんでした．

■ 例題2：入力を複数出力に分配する （プロジェクト名：Distributor）

図6(a)に示すのは，入力信号を複数出力に分配する例です．タクト・スイッチ入力を4つのLED出力に分配しています．

図6(b)に示すのは，Smart I/Oの内部接続です．gpio4の入力を一度LUT4に入れてそのまま出力し，LUT0～3にコピーします．LUT0～3の出力をgpio0

表1　Smart I/Oの各端子に割り当てられる信号線

端子名	アナログ	スマートI/O	機能1	機能2
P2_0	sarmux[0]	Smart Io[0] .io[0]	tcpwm.line[4]：0	csd.comp
P2_1	sarmux[1]	Smart Io[0] .io[1]	tcpwm.line_compl[4]：0	－
P2_2	sarmux[2]	Smart Io[0] .io[2]	－	－
P2_3	sarmux[3]	Smart Io[0] .io[3]	－	－
P2_4	sarmux[4]	Smart Io[0] .io[4]	tcpwm.line[0]：1	－
P2_5	sarmux[5]	Smart Io[0] .io[5]	tcpwm.line_compl[0]：1	－
P2_6	sarmux[6]	Smart Io[0] .io[6]	tcpwm.line[1]：1	－
P2_7	sarmux[7]	Smart Io[0] .io[7]	tcpwm.line_compl[1]：1	－

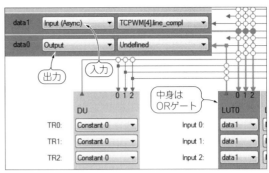

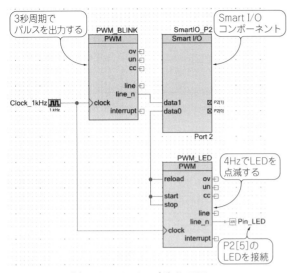

（a）スケマチック・デザイン画面

図7 例題3：2つのPWMコンポーネントを連動させる（プロジェクト名：IntermittentBlink）

（b）Smart I/Oの内部接続

～3にそれぞれ接続します．LUTの内部設定は**図4**と同じです．

この例では，LEDの点灯を制御していますが，入力から出力まで完全に非同期動作なので，クロックの分配にも使えます．

② ペリフェラル同士をつなぐ

Smart I/Oを介して，HSIOMの入出力同士を直接接続できます．つまり，Smart I/Oを使えば内部ペリフェラル同士が接続できるようになります．

PSoC 3やPSoC 5LPでは，内部ペリフェラル同士を接続したり，その間に論理回路を入れたりすることが普通に行えました．これは，PSoC 3やPSoC 5LPが豊富な配線チャネルを持っているためですが，PSoC 4はリソースが大幅に削減されたため，ペリフェラル同士を接続できません．

Smart I/Oを使えば，PSoC 4でもペリフェラル同士を接続できるようになります．

● 例題3：2つのペリフェラルを連動させる（プロジェクト名：IntermittentBlink）

● 回路の作成

図7に示すのは，ペリフェラル同士を接続した例です．3秒周期で動作するPWM_BLINKコンポーネントを使って，4 HzでLEDを点滅するPWM_LEDコンポーネントを間欠動作させます．Smart I/Oの内部では，data1入力をそのままdata0に出力しています．

● Smart I/O内部の設定

data1は，入力信号にTCPWM［4］.line_complを指定しています．これにより，PSoC Creatorは，data1にTCPWM［4］のline_n出力が接続されると認識し，PWM_BLINKはTCPWM［4］に割り当てられます．

data0は，Undefinedになっているので，一見するとどこに接続されるのか分かりません．PWM_LEDのline_nがPin_LEDに接続されているので，自動的にTCPWM［0］.tr_in［4］に接続されます．この例では，双方ともUndefinedのままでもPSoC Creatorが自動で判別してくれましたが，できる限り自分で指定しておいた方が後で悩まずに済むでしょう．

▶HSIOMの接続先が限定されている

Smart I/Oの各data端子に割り当てられる信号線は，**表1**に示すとおり限定されています．

PWMコンポーネント同士を連結するだけでも，割り当てを試行錯誤する必要がありました．

● PWMコンポーネントの設定

▶1本の信号線でも制御できる

この例題では，PWMを制御するために，1本の信号線をstart, stop, reloadの3つに入力しています．これだけでPWMが制御できるのは，TCPWMコンポーネントのトリガ入力条件を変更できるからです．

図8に示すのは，PWMコンポーネントの設定画面です．トリガ入力に対して，Present（有効）のチェック・ボックスとモード設定のプルダウン・リストが並

機能3	機能4	機能5
tcpwm.tr_in［4］	scb［1］.i2c_scl：1	scb［1］.spi_mosi：2
tcpwm.tr_in［5］	scb［1］.i2c_sda：1	scb［1］.spi_miso：2
–	–	scb［1］.spi_clk：2
–	–	scb［1］.spi_select0：2
–	–	scb［1］.spi_select1：1
–	–	scb［1］.spi_select2：1
–	–	scb［1］.spi_select3：1
–	lpcomp.comp［0］：1	scb［2］.spi_mosi

Input	Present	Mode	
reload	☑	Falling edge	▼
start	☑	Falling edge	▼
stop	☑	Rising edge	▼
switch	☐	Rising edge	▼
count	☐	Level	▼

トリガ条件とアクションを設定できる

図8 例題3：PWMコンポーネントの設定画面
トリガ入力条件を設定することで，1本の信号線でも制御できる

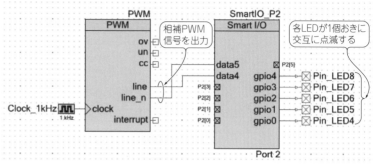

(a) スケマチック・デザイン画面

(b) Smart I/Oの内部接続

図9 例題4：複数のLEDを交互に点滅させる（プロジェクト名：AlternateBlink）

んでいます．Presentにチェックを入れると，PWMコンポーネントに該当する入力端子が現れます．モード設定では，立ち上がり（Rising edge），立ち下がり（Falling edge），両エッジ（Either edge），レベル（Level）から入力トリガ条件を選べます．

▶立ち下がりで動作開始，立ち上がりで停止

この例では，reloadとstartを「Falling edge」に設定しているので，入力信号が立ち下がるとPWMコンポーネントが動作を開始します．stopは，「Rising edge」に設定しているので，入力信号が立ち上がるとPWMコンポーネントが停止します．

③ ペリフェラルから端子に信号を出力する

Smart I/Oを介して，HSIOMの出力とI/O Portの出力端子を接続できます．これは，ペリフェラルの出力信号をSmart I/Oで加工してから出力できるということです．

■ 例題4：複数のLEDを交互に点滅させる（プロジェクト名：AlternateBlink）

● 回路の作成

図9に示すのは，PWMコンポーネントで相補出力信号を生成して，5個のLEDに分配する例です．

PWMコンポーネントの出力とSmart I/Oの入力をつなぐ配線が交差しています．これは，Smart I/Oに入力できる信号線に制限があるためです．

● Smart I/O内部の設定

図9（b）のdata4，5の信号は，LUT0～3には直接入力できません．そのため，一度LUT4，5を経由してから分配LUT0～3に分配しています．LUTの内部は図4と同じOR論理です．

data4の信号は，gpio0，gpio2，gpio4の3つに分配されています．data5の信号は，gpio1，gpio3の2つに分配されています．

④ 端子の入力をペリフェラルに伝える

Smart I/Oを介して，I/O Portの入力端子とHSIOMを接続できます．これは，入力端子の信号をSmart I/Oで加工してからペリフェラルに入力できるということです．

■ 例題5：2つのスイッチでPWMを制御する（プロジェクト名：DoubleKey）

図10に示すのは，2つのタクト・スイッチを両方

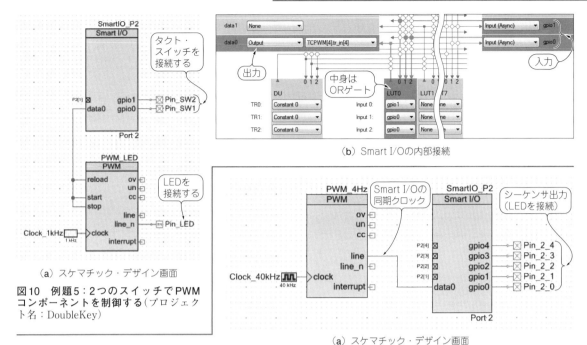

（a）スケマチック・デザイン画面

図10　例題5：2つのスイッチでPWM
コンポーネントを制御する（プロジェク
ト名：DoubleKey）

（b）Smart I/Oの内部接続

（a）スケマチック・デザイン画面

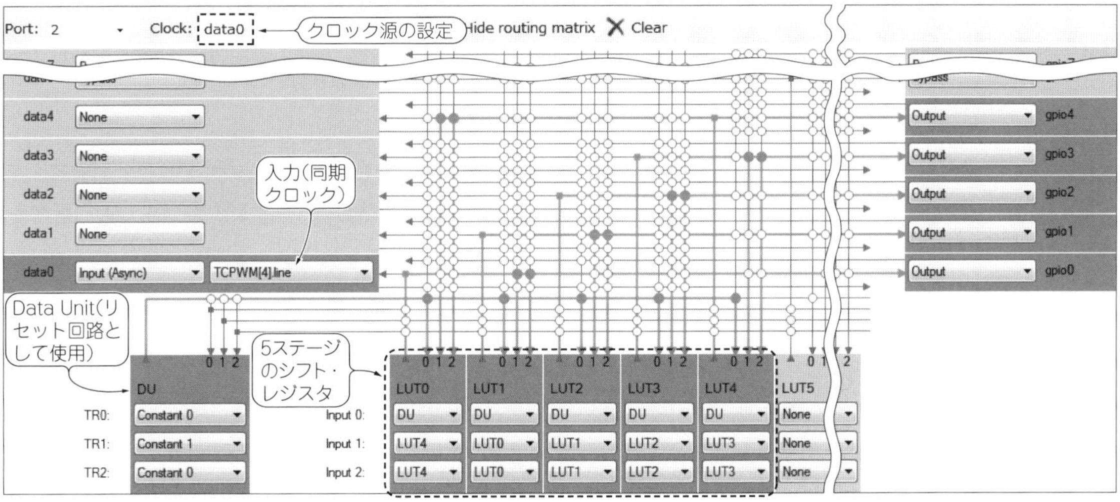

（b）Smart I/Oの内部接続

図11　例題6：フリップフロップを使ったシーケンサ（プロジェクト名：Sequencer）

ONしたときだけLEDを点滅させる例です．

　4 HzでLEDを点滅するPWM_LEDコンポーネント
は，前述の例3と同じですが，2つのタクト・スイッ
チで操作する点が異なります．

　LUT0の内部は，**図4**と同じORゲートです．

⑤ 順序回路として使う

■ 例題6：シーケンサを作る
　　　　（プロジェクト名：Sequencer）

● 回路の作成

　Smart I/OのLUTは，フリップフロップを内蔵し
ているので，順序回路としても使えます．

　図11に示すのは，Pin_2_0からPin_2_4に接続され
たLEDを順番に点灯させるシーケンサの例です．

Configure		
Mode	Registered output ▾	f(x)
Output mapping	0x78	f(x)

図12　LUTをフリップフロップとして動作させる方法
「Mode」を「Registered output」に設定する

General / **Data Unit** / LUT 0 / LUT 1 /	
Opcode	Count Down Wrap
DATA0	Count U... ―［今回使う機能］
	Count Down
Register Value	Count Up Wrap
Size	**Count Down Wrap**
	Count Up/Down
	Count Up/Down Wrap
	Rotate Right
	Shift Right
	DATA0 & DATA1
	Majority 3
	Match DATA1

図13　Data Unitの設定画面
11種類ある機能の中の1つ「Count Down Wrap」機能を使う

General / **Data Unit** / LUT 0 / LUT 1	
Opcode	C...（カウントダウンの初期値）
DATA0	DU Reg
Register Value	0x5
Size	8
	Clock = data0

図14　DU Registerの設定
0x05に設定して，カウントダウンの初期値として使う

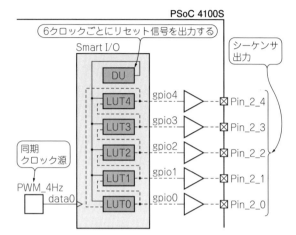

図15　例題6の信号経路
LUT5～7までの3ビットで8クロック周期の信号を生成して，LUT0～LUT4までの出力を決める

Smart I/Oの同期クロック源は，PWMコンポーネントの出力やgpio入力，data入力から選択できます．ここでは，実際の動きを目で観測できるように，4HzのPWM出力を使います．クロック信号は，外部に出力してLEDと接続します．

● **Smart I/O内部の設定**

図11(b)のように，Smart I/Oの設定画面で，クロック源をdata0に設定します．これで4HzのPWM出力がクロック源になります．

次に図12のようにLUTのタブを開いて，「Mode」を「Registered output」に設定します．これでLUTの出力にフリップフロップが配置されます．Output mappingの値は，LUT0のみ0x7Cで，他は0xFEに設定します．

▶Data Unitを使ってリセット回路を構成する

LUTのリセットにはData Unit(DU)というブロックを使いました．DUブロックには，ちょっとした機能が内蔵されています．初期状態だとグレーアウトされていますが，入出力の設定を変更すると緑色になって使えるようになります．

図13に示すのは，Smart I/Oの「Data Unit」タブを開いた画面です．DUの機能は11種類あり，「Opcode」というリスト・ボックスで選択できます．

DUの中身は，8ビットのデータ・パスで構成されています．ただし，入出力の信号が限られているので，あまり複雑な処理はできません．ここでは，「Count Down Wrap」機能を使います．

Count Down Wrapは，事前に設定した初期値からカウントダウンを始め，カウンタが"0"になるとTR_out出力をアサートします．その後，カウンタには初期値がセットされ，再びカウントダウンを始めます．

Count Down Wrapには，カウンタのリセット入力TR0とイネーブル入力TR1が備えられています．ここでは，TR0に"0"，TR1に"1"を入力して，カウンタが常時動作するようにしています．

初期値は，data0から入力します．data0は，HSIOMやGPIOの入力，もしくはDU Register（DU Reg）と呼ばれるDUの内蔵レジスタでも設定できます．ここでは，図14のようにDU Regの値を0x05に設定して初期値としました．これで6クロック周期でTR_out出力がアサートされます．

▶内部の信号経路

図15に示すのは，Smart I/O内部の信号経路を示すブロック図です．LUT0～4は，シフト・レジスタを構成しています．5ステージのシフト・レジスタが一周した6クロック目でDUによりリセットされ，最初の状態からシフトを続けます．

◆参考文献◆

(1) PSoC 4100S and PSoC 4100S Plus：PSoC 4 Architecture TRM, Document No. 002-10621 Rev.＊G, Infineon Technologies.

第6章

数千円で入手できるメーカ純正デバッガ「KitProg」の
接続からHello worldまで

付属基板のデバッグ環境を構築する方法

田中 基夫 Motoo Tanaka

デバッグとは，主に開発中のシステムにおいて動作が期待と異なるときに，その原因を特定して修正を施す一連の考察と作業を指します．極めて単純なシステムか，実際には使われないシステムを除いて，システム開発時のデバッグ作業は避けては通れないものだと思います．

1947年9月9日にHarvard Mark IIに不具合を引き起こした蛾（バグ）を皮切りして，コンピュータ技術者とバグの縁が切れたことはないと思います[1]．

本稿のねらい

● 付属基板だけではPSoC Creatorのデバッガ機能が使えない

本書の付属基板TSoCは，極めてストイックなハードウェア構成で，外部にUSB-UART変換アダプタと電源を接続するだけで，PSoCの開発を行えます．

そのため，プログラムの書き込みはシリアル経由で行う必要があり，プロジェクトは常にブートローダブル（Bootloadable）モジュールとしてビルドする必要があります．また，この構成だけでは，PSoC Creatorのデバッグ機能を使えませんでした．実際には，LEDやUART経由のprint文（デバッグ文）を使うなど，工夫次第でデバッグは可能ですが，PSoC Creatorに備わっているデバッガ機能は使えません．

● 数千円で付属基板のデバッガ環境を整える

かつてデバッガは非常に高価なものが普通でした．最近では，Arm Cortex-M系のデバイスに含まれているSWD（Single Wire Debug）の機能を使った安価なデバッガが入手しやすくなりました．

写真1に示すインフィニオン テクノロジーズ（旧サイプレス セミコンダクタ）社のPrototyping Kitと呼ばれる評価基板には，基板を分割することによってスタンドアロンのデバッガとして機能するKitProgが付属しています．価格は1,000～2,000円と安価です．

本稿では，TSoCにKitProgを接続することによって，比較的安価にPSoC Creatorのデバッグ機能を使えるようにします．また，第7章ではデバッガを初めて使う人に向けて，入門的な使用方法を紹介します．

環境構築

● ステップ1：ハードウェアの準備

▶手順1：KitProgの入手

最初に，KitProgが付属しているPSoCのPrototyping Kitを入手します．筆者は写真1のCY8CKIT-043 Prototyping KitやCY8CKIT-059 Prototyping Kitなどを使用した経験があります．

▶手順2：KitProgを切り離す

写真1（b）のようにKitProgを切り離します．

▶手順3：KitProgにピン・ソケットをはんだ付け

切り離したKitProgは，ジャンパ・ワイヤを付けやすいように，写真2のようにピン・ソケットをはんだ付けしておきます．

▶手順4：TSoCにピン・ヘッダをはんだ付け

写真3のように，TSoCにピン・ヘッダをはんだ付けします．はんだ付けが済んだら，写真4のようにブ

（a）評価基板の外観

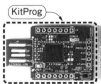

（b）KitProgを切り離した様子

写真1　PSoCの評価基板Prototyping Kit（CY8CKIT-043 Prototyping Kit，インフィニオン テクノロジーズ）
付属するデバッガKitProgを接続すれば，TSoCでもPSoC Creatorのデバッグ機能が使えるようになる

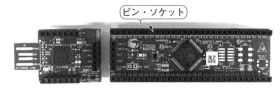

写真2　デバッガKitProgにピン・ソケットをはんだ付けした様子
ジャンパ・ワイヤを付けやすくする

写真3 付属基板TSoCにピン・ヘッダをはんだ付けした様子

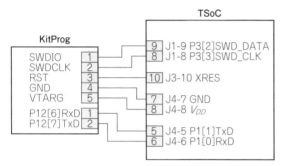

図1 TSoCとKitProgの配線
ジャンパ・ワイヤを使って接続する

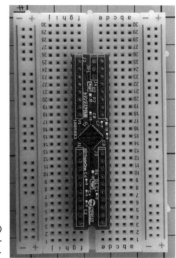

写真4 写真3のTSoCをブレッドボードに挿し込んだ様子

レッドボードに挿し込みます.

▶手順5：KitProgとTSoCを接続する

図1の通り，KitProgとTSoCの乗ったブレッドボードをジャンパ・ワイヤで接続します．接続後の様子を写真5に示します．

● ステップ2：ソフトウェアの準備
▶手順1：PSoC Creatorのインストール

PSoC Creatorをダウンロードして，PCにインストールします．次のURLからPSoC Creatorのインストーラを入手します．[Download] ボタンを選択してダウンロードします．

```
https://www.infineon.com/cms/en/
design-support/tools/sdk/psoc-
software/psoc-creator/
```

▶手順2：PSoC Programmerのインストール

PSoC Programmerをダウンロードして，PCにインストールします．次のURLからPSoC Programmerのインストーラを入手します．

```
https://softwaretools.infineon.com/
tools/com.ifx.tb.tool.psocprogrammer
```

▶手順3：Tera Termのインストール

Tera Termをダウンロードして，PCにインストールします．次のURLからTera Termのインストーラを入手します．

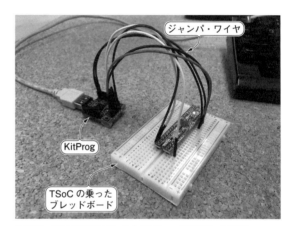

写真5 図1の通りTSoCとKitProgを接続した様子

```
https://ja.osdn.net/projects/ttssh2/
releases/
```

● ステップ3：シリアル通信（Tera Term）の設定
▶手順1：端末の設定

Tera Termを起動して，メニュー・バーから [設定] - [端末] を選択すると，「Tera Term：端末の設定」ウィンドウが表示されます．設定内容を図2の通りに変更します．具体的には，改行コードの受信を [AUTO] に設定（改行コードが \n でも \r\n でも対応できるようになる）し，ローカルエコーにチェックを入れます（マイコン側で入力をエコーする必要がなくなる）．

ディスプレイのサイズに余裕がある場合は，ここで端末サイズを80×24よりも大きくしておいても良いでしょう．

▶手順2：シリアル・ポートの設定

メニュー・バーから [設定] - [シリアルポート] を選択すると，「Tera Term：端末の設定」ウィンドウ

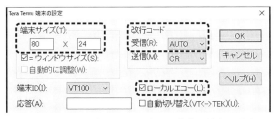

図2　シリアル通信（Tera Term）の設定①…端末の設定

図4　KitProgファームウェア更新①…PSoC Programmerを起動する
Port Selection に ［KitProg/…］ が表示されていることを確認する

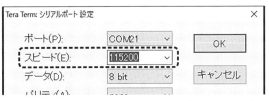

図3　シリアル通信（Tera Term）の設定②…シリアルポートの設定

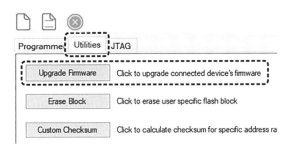

図5　KitProgファームウェア更新②…KitProgを選択してファームウェアを更新する

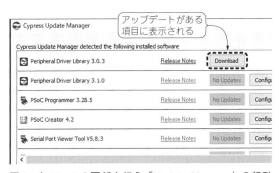

図6　各ツールの更新を行う「Update Manager」の起動画面

が表示されます．設定内容を図3の通りに変更します．具体的には，スピードを［115200］に設定します．ポートは接続するハードウェアやポートの位置で変化するので，この時点ではあまり気にする必要はありません．

▶手順3：設定の保存

一通りの設定が済んだら，メニュー・バーの［設定］-［設定の保存］を選択します．

デフォルトは，TERATERM.INIというファイルに設定が保存されます．この名称で保存しておくと，次回起動時に初期値として設定内容が反映されます．

もし初期値を変更したくない場合は，他の名前で保存しておきます．

● ステップ4：KitProgのファームウェアを更新する

KitProgとPCを接続します．その状態でPSoC Programmerを起動します．ちなみに，このときTSoCは接続していなくても問題ありません．

PSoC Programmerを起動すると，図4の画面が表示されます．Port Selectionに［KitProg/…］が表示されているはずなので，それを選択してから「Utilities」タブを選択し，［Upgrade Firmware］ボタンを選択します（図5）．

ファームウェア更新中は，Resultsの枠に進行状態が表示されます．Succeededと結果が表示されたら更新は終了です．最後にPSoC Programmerを終了しておきます．

● ステップ5：各ツールの更新確認

PSoC Creatorを起動して，メニュー・バーから［Help］-［Update Manager］を選択します．図6に示す「Update Manager」が起動すると，Updateがある項目にDownloadというボタンが表示されます．

基本的には，全てダウンロードしてインストールしておくことをお勧めします．

Hello Worldで動作確認

ここまでの作業が終了したら，正常に機能するかを確かめるために，簡単なプロジェクトを作成して動作を確かめます．

● ステップ1：プロジェクト作成

PSoC Creatorのメニュー・バーから［File］-［New］-［Project…］を選択します．すると，Create Projectのウィザードが起動します．最初のページでプロジェクト・タイプを選択します．今回は図7のようにDesign projectで，「Target device」を選択します．

筆者の環境ではすでにTSoCに搭載されているデバイスが表示されていますが，初期状態では表示されません．ここでは表示されていないとして説明を進めて

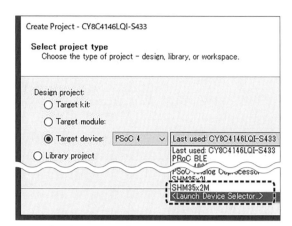

図8 プロジェクト作成②…Target deviceの選択
それぞれのプルダウン・メニューから [PSoC 4] と [<Launch Device Selector...>] を選択する

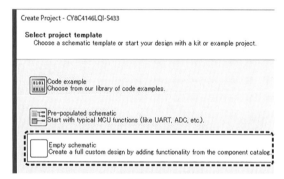

図7 プロジェクト作成①…プロジェクト・タイプの選択
ここでは，Design project で，「Target device」を選択

いきます.

▶手順1：ターゲット・デバイスの選択

まず，Target deviceのすぐ右にあるプルダウン・メニューから [PSoC 4] を選択します. 次に，その右にあるプルダウン・メニューから，一番下にある [<Launch Device Selector...>] を選択します（図8）. すると図9(a)に示すDevice Selectorが起動します.

Device Selectorで選択できるデバイスは膨大な数になるので，フィルタを設定して少しずつ絞っていきます. まず，「Series」のタブをクリックして図9(b)

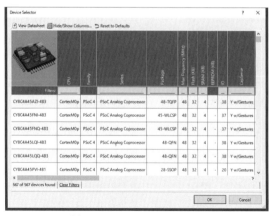

図10 プロジェクトの作成④…プロジェクト・テンプレートの選択
ここでは，[Empty schematic] を選択する

の選択肢を表示します. 初期状態では全てのシリーズが選択されていますが，最上部にある「Select All」をチェックすると，全シリーズの選択が解除されるので，「PSoC 4100S」だけにチェックを入れます. すると選択肢が4100Sシリーズだけになるので，目的としているCY8C4146LQI-S433も比較的見つけやすくなります. CY8C4146LQI-S433を選択したら [OK] をクリックします.

これでSelect project typeのTarget deviceに目的のデバイスが表示されたので，[Next >] を選択します.

▶手順2：プロジェクト・テンプレートの選択

次に，「Select project template」のウィンドウが表示されます. ここでは図10のように一番下に表示されている [Empty schematic] を選択して [Next >] を選択します.

▶手順3：プロジェクト・ファイルの設定

最後に生成するプロジェクトのパス名，ワークスペース名，プロジェクト名を指定します（図11）. それぞれ自由な名称や場所でよいのですが，パス名および

図9 プロジェクトの作成③…Device Selectorによるターゲット・デバイスの選択

(a) Device Selector の表示画面

(b) シリーズを「PSoC 4100S」に絞る

各名称には，英数字とアンダースコアのみを使ってください．スペースや全角文字などの非ASCII文字を含まないようにしてください．

　今回の例では，次のように指定します．

- Workspace name：DEBUG_TEST
- Location：C:¥Cypress¥TSoC
- Project name：test01_hello_world

※Locationで指定するフォルダはあらかじめ作成してあるフォルダを使用している

　入力が済んだら，[Finish]を選択します．図12に示す通り，PSoC CreatorのWorkbenchに新しいプロジェクトが作成されます．

● ステップ2：コンポーネントの配置
▶手順1：縮尺を設定して見やすくする

　図12の中央に表示されている回路図エディタTopDesign.cyschですが，全体を表示するためにかなり小さな縮尺で表示されています．これでは作業が困難なので，回路図エディタの縮尺を調整します．

　TopDesign.cyschのエリアをクリックして選択し，拡大・縮小率のプルダウン・メニューを100%にしておきます．すると回路図エディタが拡大され，中央のエリアに収まらなくなったので，右側と下側にスクロール・バーが表示されるようになります．

▶手順2：コンポーネントを置く

　ここではシリアル通信のコンポーネントを配置してみます．

図11　プロジェクトの作成⑤…プロジェクト・ファイルの各種設定

Workspace:	Create new workspace
Workspace name:	DEBUG_TEST
Location:	C:¥Cypress¥TSoC
Project name:	test01_hello_world

　まず右側のComponent Catalogの「Cypress」タブから[Cypress Component Catalog]-[Communications]-[UART(SCB mode)]を選択します（図13）．コンポーネントを選択すると，下のエリアにコンポーネントのシンボルが表示されます．このエリアの左上にある「Open datasheet」というリンクをクリックすると，選択中のコンポーネントのデータシートが表示され，詳細な機能やAPIの名称，使い方を調べることができます．

　コンポーネントを配置するには，表示されているシンボルを回路図エディタへドラッグ&ドロップします（図14）．配置されたコンポーネントの右側にアンダースコアと番号が付記されます．

▶手順3：コンポーネントの設定

　回路図エディタに配置したUART_1をダブルクリックして，コンフィグ・ダイアログを開きます（図15）．Baud rate(bps)の設定が115200であることを確認し，コンポーネント名を変更します．ここでは「UART_1」から「UART」に変更します．

　設定完了後，[OK]をクリックしてコンフィグ・ダイアログを閉じます．回路図中のシンボルの名称が変更されていることが確認できます．

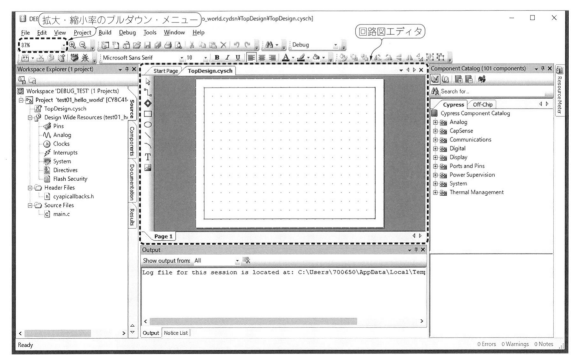

図12　プロジェクトの作成⑥…新しいプロジェクトを作成後の画面

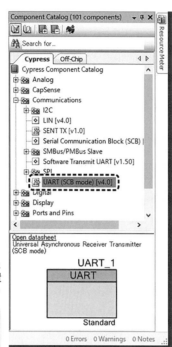

図13 コンポーネントの配置①…配置するコンポーネントを選択する
ここではシリアル通信のコンポーネントUART（SCB mode）を配置する

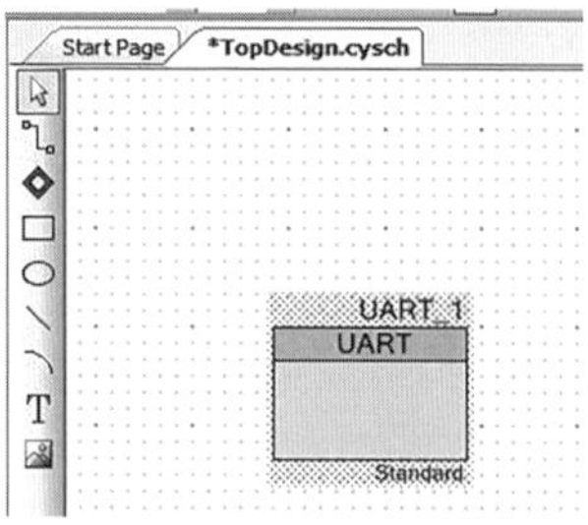

図14 コンポーネントの配置②…回路図エディタへドラッグ＆ドロップする
配置されたコンポーネントの右側にアンダースコアと番号が付記される

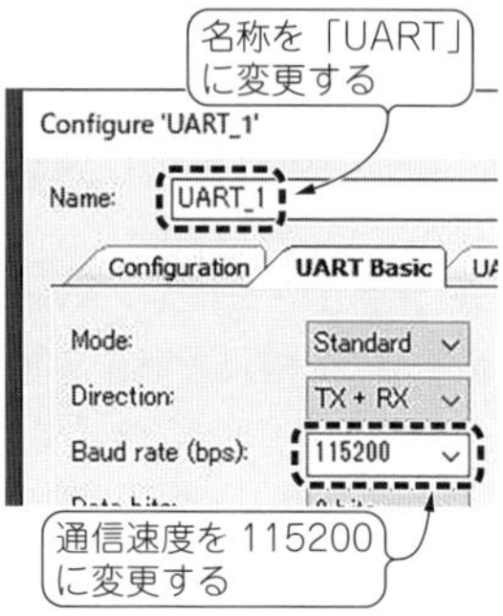

図15 コンポーネントの配置③…コンポーネントの設定
回路図エディタ上のシンボルをダブルクリックするとコンフィグ・ダイアログが開く

▶手順4：コンポーネントで使うピンの指定

コンポーネントで使用するピンを指定します．左側にあるWorkspace Explorerの［Project］-［Design Wide Resources］-［Pins］をダブルクリックすると，ピン設定の画面に遷移します［図16(a)］．

右側が図16(b)のように，ピン設定のパースペクティブになります．ピンはピン名の右にあるPortまたはPinのプルダウン・メニューから，対応するピンを選択できます．基本的に緑色の候補がベストで灰色が次点という感じです．今回は，TSoCの仕様に合わせてUART-rxにP1[0]，UART_txにP1[1]を選択します．

▶手順5：アプリケーションのフレームワーク生成

ここまでの設定に基づいて，アプリケーションのフレームワーク（ドライバや起動ルーチン）を生成します．メニュー・バーから［Build］-［Generate Application］を選択して，アプリケーションのフレームワークを生成します．図17(a)に示すgenerate applicationのショートカット・アイコンをクリックすることでも同様に生成できます．

すると，図17(b)のようにWorkspace Explorerの［Source Files］の下に，これまでなかった［Generated_Source］というフォルダが生成され，その内部にコンポーネントのドライバなどが生成されています．

▶手順6：プログラムの作成

最後にユーザがmain.cなどにプログラムを記述すれば，プロジェクトの作成は完了です．Workspace Explorerの［Source Files］内にある［main.c］をダブルクリックすると，中央のワーク・エリアにmain.cのエディタが表示され，編集可能になります．

今回は，UARTコンポーネントを使えるようにするため，図18のようにmain.cに次の2行を追加します．

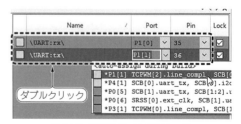

図16 コンポーネントの配置④…使うピンの設定　　（a）ピン設定の画面に遷移する方法　　（b）ピン設定のパースペクティブ

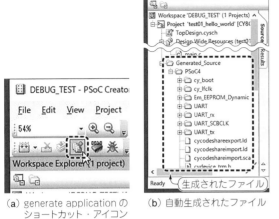

(a) generate application の
　ショートカット・アイコン

(b) 自動生成されたファイル

図17　コンポーネントの配置⑤…アプリケーションのフレームワーク生成

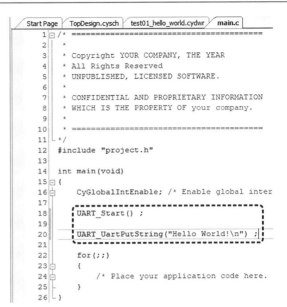

```
 1 □/* =====================================
 2   *
 3   * Copyright YOUR COMPANY, THE YEAR
 4   * All Rights Reserved
 5   * UNPUBLISHED, LICENSED SOFTWARE.
 6   *
 7   * CONFIDENTIAL AND PROPRIETARY INFORMATION
 8   * WHICH IS THE PROPERTY OF your company.
 9   *
10   * =====================================
11  └*/
12    #include "project.h"
13
14    int main(void)
15 □{
16      CyGlobalIntEnable; /* Enable global inter
17
18      UART_Start() ;
19
20      UART_UartPutString("Hello World!\n") ;
21
22      for(;;)
23 □    {
24 □        /* Place your application code here.
25        }
26  └}
```

図18　コンポーネントの配置⑥…プログラムの作成
[Source Files] 内にある [main.c] をダブルクリックすると表示される

(a) デバッグのショート
　カット・アイコン

(b) 現在プログラムが
　停止している位置

図19　実機で動かしてみる①…デバッグの実行

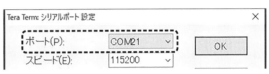

図20　実機で動かしてみる②…Tera Termのシリアル設定
ポートをKitProgのシリアル・インターフェースに割り当てられているCOMポートに設定する（図の例はCOM21に割り当てられている場合）

```
UART_Start() ;
UART_UartPutString("Hello World\n") ;
```

● ステップ3：実機で動かしてみる
▶手順1：デバッグの実行

　プロジェクトの作成が完了したので，実際にTSoCでプログラムを動かしてみます．メニュー・バーから [Debug] - [Debug] を選択します．図19(a)に示すショートカット・アイコンをクリックすることでも同様に実行できます．

　プログラムがビルド（コンパイル）され，問題がなければそのままTSoCに書き込まれて，main()関数の先頭からデバッグできる状態になります．図19(b)のように，ワークエリアの左側に表示される黄色い矢印の指している行が，現在プログラムが停止している場所です．

▶手順2：シリアル通信の実行

　次にTera Termを起動して，KitProgのシリアル・

インターフェースに接続します．

　Tera Termを起動したら，メニュー・バーから [設定] - [シリアルポート(E)…] を選択します．Tera Termのシリアル設定ダイアログ中のポートから，KitProgのポートを選択して [OK] をクリックします（図20）．

　設定終了後，PSoC Creatorに戻って，図21(a)に示すショートカット・アイコンStep Overを選択します．図21(b)に示すように，黄色い矢印が次の実行行UART_Start();に移動しました．再びStep Overを選択すると，UART_UartPutString()を含む行に移動します．ここでStep Overを選択すると，図22のようにTera Term 上に「Hello World!」と表示されます．

▶手順3：デバッグの終了

　Tera Term上の表示が確認できたなら，動作確認は終了なので，デバッグを終了します．PSoC Creatorのメニュー・バーから [Debug] - [Stop Debugging] を選択すればデバッグを終了できます．図23に示すショートカット・アイコンStop Debuggingをクリックすることでも同様に終了できます．

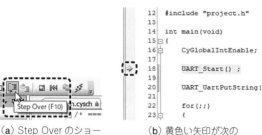

```
12  #include "project.h"
13
14  int main(void)
15 □{
16      CyGlobalIntEnable;
17
18      UART_Start() ;
19
20      UART_UartPutString(
21
22      for(;;)
23 □    {
```

Step Over (F10)

(a) Step Over のショー　　　(b) 黄色い矢印が次の
　　トカット・アイコン　　　　実行行に移動した

図21　実機で動かしてみる③…プログラムをステップ実行する

図22　実機で動かしてみる④…Tera Term上に「Hello World!」と表示された

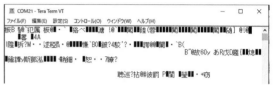

図23　実機で動かしてみる⑤…デバッグの終了
ショートカット・アイコンStop Debugging

図24　ターミナルに出力される意味不明な文字
プログラムの書き込み時にUARTのピンが一時的に不安定な動作を行うのが原因

PSoC Creator向け 開発効率化ノウハウ

　次の第1部　第7章では，デバッガの具体的な使用方法を紹介しますが，その前に実際にプログラムを作成して動かすための簡単な処理をあらかじめ用意しておきます．

　プロジェクトにターミナル出力用のUARTコンポーネントを使っている場合，プログラム書き込み時にUARTのピンが一時的に不安定な動作を行います．その結果，図24のようにターミナルに意味不明な文字を大量に出力することがあります．

　通常であればこの現象が出た場合，プログラムがUART_Start()まで進んだ所で，Tera Termのメニュー・バーから［編集］-［バッファのクリア］を行った後，［コントロール］-［端末リセット］を行って状態を復旧しますが，毎回この操作を行うのは手間がかかります．

　ここでは，プログラムから同等の処理を行うcls()という関数を用意します．

● 手順1：プロジェクトの準備

　新規にプロジェクトを作成し直すのも面倒なので，ここでは先ほど作成したHello Worldによる動作確認のプロジェクト test01_hello_world を複製して利用します．

▶(1)プロジェクトのコピー

　図25(a)のように，Workspace Explorer内の既存のプロジェクトを選択した状態で右クリックして，表示されるポップアップ・メニューから［Copy］を選択します．

▶(2)プロジェクトのペースト

　図25(b)のように，Workspace Explorerの空白部分で右クリックで表示されるポップアップ・メニューから［Paste］を選択します．すると，Workspace Explorer内にtest01_hello_world_Copyという新しいプロジェクトが生成されます．

▶(3)プロジェクト名の変更

　図25(c)のように，このプロジェクトを選択した状態で右クリックし，表示されるポップアップ・メニューから［Rename］を選択してプロジェクトの名称を変更します．今回は，test02_hello_world2に変更しました．

　元のプロジェクトにコンパイル結果などが含まれている場合，図25(d)のように，それらの名称も変更するかどうかの質問ダイアログが表示されます．右上にあるチェック・ボタンをクリックして，全項目を選択します．その後，［Rename］ボタンをクリックしてください．

　これでtest02_hello_world2というプロジェクトが生成されました．

● 手順2：main.cを開く

　test02_hello_world2プロジェクトにあるmain.cをダブルクリックして，編集画面を開きます．

　開いたmain.c以外に，複数のグレーアウトされたタブがあると思いますが，これは先のプロジェクトで開いたものです．誤って編集などしてしまうと，意図しないプロジェクトの変更を行うことになります．それを回避するために，main.cのタブ上で右クリックして，表示されるポップアップ・メニューから［Close All But This］を選択します．これでワークエリアには現在のプロジェクトのmain.cだけが表示されている状態になります．

(a) プロジェクトのコピー

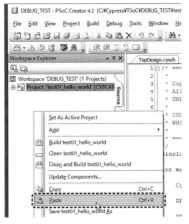

(b) プロジェクトのペースト

(c) プロジェクト名の変更

(d) コンパイル結果などのファイル名変更に関する
　　質問ダイアログ

**図25　ターミナルの意味不明文字対策①…プロジェクト
の準備**
Hello Worldによる動作確認のプロジェクトDEBUG_TESTを
複製して利用する

● **手順3：`main.c`の作成**

新しい`main.c`の内容を**リスト1**に示します.

▶ **(1) include文の追加**

先頭の`#include "project.h"`の後に, 次の
行を追加しました. これは後で`snprintf()`などを
使うためです.

```
#include "stdio.h"
```

▶ **(2) 配列の宣言**

次にプログラム全体でプリント用バッファとして使
う配列を宣言します.

```
char str[STR_LEN+1] ;
```

その前の行で, バッファのサイズを定義します.

```
#define STR_LEN 64
```

`str`の宣言で`STR_LEN + 1`としているのは, 最
悪`STR_LEN`文字の文字列になっても最後にターミネ
ータのNULLを入れられるようにしたためです.

▶ **(3) 文字列出力関数の定義**

次に, プログラム全体を通して使う文字列出力関数
`print()`を定義しています.

```
void print(char *str)
{
    UART_UartPutString(str) ;
}
```

`PutString()`関数は, コンポーネント名称を先
頭に持つので, コンポーネントのタイプによって関数

名が変わることがあります. これに伴い, プログラム
全体を修正するのは手間がかかるので, 1カ所で管
理することで, デバイスやコンポーネント名変更に伴
うプログラム修正が最小限で済むようにしています.

▶ **(4) コンポーネントの初期化**

次に, 各コンポーネントの初期化を行います. 単純
なプログラムの場合はそれほど問題にならないのです
が, ある程度コンポーネントが増えた規模の大きいプ
ログラムでは初期化をまとめて行う関数を用意した方
が保守性が向上すると思います. 筆者は, `init_
hardware()`という関数でそれを行っています.

```
void init_hardware(void)
{
    CyGlobalIntEnabled;
    UART_Start() ;
}
```

▶ **(5) ターミナルの意味不明文字対策関数cls()**

ターミナルに意味不明文字が出たときの復旧を行う
`cls()`関数は, VT100のエスケープ・シーケンスを
使って, 次の2つの命令を出力します.

● 端末のリセット ESC+'c'
● 画面クリア　ESC+"[2J"

各命令の間に100 msの遅延を入れています.

```
void cls(void)
{
    print("\033c") ; /* reset */
    CyDelay(100) ;
    print("\033[2J") ;
    CyDelay(100) ;
}
```

▶ **(6) プログラム名とビルド日時の表示**

プログラムをいくつも作成するようになると, 現在
マイコンに書き込まれているプログラムが何なのか分
からなくなることがあります.

リスト1 ターミナルの意味不明文字対策②…main.cの作成
リスト1 ターミナルの意味不明文字対策②…main.cの作成
意味不明文字の対策のほかに，コンポーネント名称が付く関数の処理方法や，コンポーネントの初期化，プログラム管理などの効率化を図っている

```c
#include "project.h"
#include "stdio.h"

#define STR_LEN 64
char str[STR_LEN+1] ; /* print buffer */
void print(char *str)
{
    UART_UartPutString(str) ;
}

void init_hardware(void)
{
    CyGlobalIntEnable; /* Enable global
                              interrupts. */

    UART_Start() ;
}

void cls(void)
{
    print("\033c") ; /* reset */
    CyDelay(100) ;
    print("\033[2J") ; /* clear screen */
    CyDelay(100) ;
}
```

```c
void splash(char *title)
{
    cls() ;
    if (title && *title) {
        print(title) ;
    }
    snprintf(str, STR_LEN, " (%s %s)\n",
                        __DATE__, __TIME__) ;
    print(str) ;
}

int main(void)
{
    init_hardware() ;

    splash("Test02") ;

    print("Hello World!\n") ;

    for(;;)
    {
        /* The rest is silence */
    }
}
```

これを回避するために，筆者はsplash()という関数を用意して，プログラム名とコンパイルされた日時を表示するようにしています．

```c
void splash(char *title)
{
    cls() ;
    if (title && *title) {
        print(title) ;
    }
    snprintf(str, STR_LEN, " (%s
%s)\n", __DATE__, __TIME__) ;
    print(str) ;
}
```

筆者は以前，sprintf()を多用していたのですが，セキュリティの観点からは安全ではないので，あらかじめ書き込まれる文字の最大数を指定できるsnprintf()を使いました．

▶(7)main()関数の作成

(1)～(6)までの準備が整えば，main()関数は次のように作成できます．

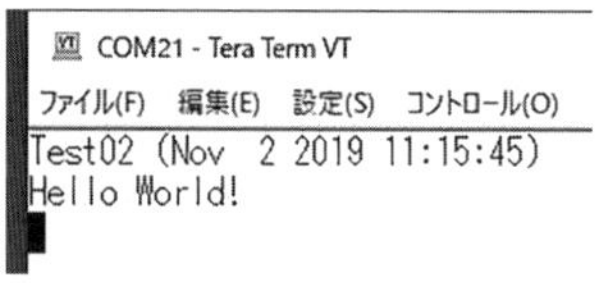

図26 ターミナルの意味不明文字対策③…リスト1のプログラム実行時のTera Term表示
意味不明文字の出力はクリアされ，プログラム名とコンパイル日時表示の後にHello World!と表示されるようになった

```c
int main(void)
{
    init_hardware() ;
    splash("Test02") ;
    print("Hello World\n") ;
    for (;;) { }
}
```

main.cを保存してからビルド＆デバッグを行うと，Tera Termに**図26**のように表示されます．

◆参考文献◆

(1) September 9 : First Instance of Actual Computer Bug Being Found | This Day in History | Computer History Museum, Computer History Museum.
https://www.computerhistory.org/tdih/september/9/

デバッガの基本操作からプログラムの解析・問題箇所の特定まで

第7章　付属基板とKitProgで始める マイコン・デバッグ入門

田中 基夫 Motoo Tanaka

プログラムのデバッグを強力に サポートする便利ツール「デバッガ」

● プログラムのデバッグ…本来の意図に沿った記述に修正すること

本章では，デバッガの使用方法を紹介します．デバッガは，ソフトウェアのデバッグを支援するツールの1つです．

そもそもデバッグとは何なのでしょうか．マイコンは，電源が投入されてパワー・オン・リセット(POR：内部ハードウェアの初期化)が終了すると，メモリ上に用意されているプログラムを実行開始します．もし，プログラムのどこかにプログラマの意図とは異なる結果になる命令があると，当然プログラムの動作も期待していたものとは違う結果になります．その意図と異なる結果になる命令を見つけて，本来の意図に沿った記述に修正することを一般的に「プログラムをデバッグする」と呼んでいます．

そもそも本来の意図(アルゴリズム)が誤っている場合は，プログラムの記述が完璧でも期待していた動作とは異なる挙動を示します．そのほかに，ハードウェアの不具合に対するデバッグや，開発環境の不具合に対するデバッグなどもありますが，本章では対象としません．

● デバッガの機能

ソフトウェアのデバッグを支援するデバッガは，次に示すような機能を備えています．その他の機能は，機種によって異なります．

▶プログラムの動作に関わるもの

(1)ブレークポイント

あらかじめ指定したアドレスおよび命令で，プログラムを一時停止する．多くのデバッガでは，システムの初期化が終わり，main()に入ったところでプログラムを停止(ブレーク)する設定になっている

(2)ステップ実行

プログラムを少しずつ実行する機能．動作関連ではステップ，ステップ・オーバ，ステップ・イン，ステップ・アウトなどの機能が用意されていることが多い

▶プログラムのデータに関わるもの

(3)変数，メモリ，レジスタ，スタックの表示

(4)変数，メモリ，レジスタの内容の変更

デバッガを使ってみる

デバッガの機能を理解するために実際に動かしてみましょう．

● 手順1…プロジェクトのコピー

作業のベースとなるtest02_hellow_world2(前章で作成)というプロジェクトをコピー&ペーストして，図1に示すようにtest03_sum10というプロジェクトを作成します．

● 手順2…プログラムの作成

プロジェクト名以外に，main.cの最後にあるmain()関数にも変更を加えます．リスト1の通り変更します．

このプログラムでは1～10までの数を足して表示します．この計算の期待値は55です．最後の部分で結果が55になっていれば「OK」と表示し，そうでない場合には「What?」と表示します．

● 手順3…デバッガを起動する

デバッガを起動すると，カーソルがmain()の先

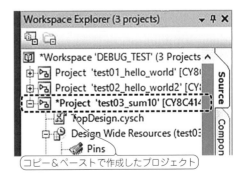

コピー&ペーストで作成したプロジェクト

図1　デバッガを動かしてみる①…プロジェクトの作成
第6章で作成したプロジェクトをコピー&ペーストして作成する

リスト1 デバッガを動かしてみる②…プログラムの作成
1〜10までの数を足して表示する. 期待値は55で, その通りになっていれば「OK」, それ以外の場合は「What?」と表示する

```c
#include "project.h"
#include "stdio.h"

#define STR_LEN 64
char str[STR_LEN+1] ; /* print buffer */
void print(char *str)
{
    UART_UartPutString(str) ;
}

void init_hardware(void)
{
    CyGlobalIntEnable; /* Enable global
        interrupts. */

    UART_Start() ;
}

void cls(void)
{
    print("\033c") ; /* reset */
    CyDelay(100) ;
    print("\033[2J") ; /* clear screen */
    CyDelay(100) ;
}

void splash(char *title)
{
    cls() ;
    if (title && *title) {
        print(title) ;
    }
    snprintf(str, STR_LEN, " (%s %s)\n",
                        __DATE__, __TIME__) ;
    print(str) ;
}

int main(void)
{
    int i ;
    int sum = 0 ;

    init_hardware() ;

    splash("Test03 Sum") ;

    print("Adding 1 to 10\n") ;

    for (i = 1 ; i <= 10 ; i++ ) {
        sum += i ;
        snprintf(str, STR_LEN, "i = %2d sum =
                        %2d\n", i, sum) ;
        print(str) ;
    }

    sprintf(str, "sum = %2d ", sum) ;
    print(str) ;
    print("expected value is 55 ") ;
    if (sum == 55) {
        print("OK\n") ;
    } else {
        print("What?\n") ;
    }

    for(;;)
    {
        /* The rest is silence */
    }
}
```

図2 デバッガを動かしてみる③…Resumeアイコンをクリックしてプログラムを動かす

図4 デバッガを動かしてみる⑤…Resetアイコンをクリックしてプログラムをリセットする

図3 デバッガを動かしてみる④…リスト1のプログラムを実行したときのUART出力

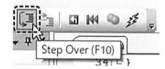

図5 デバッガを動かしてみる⑥…Step Overアイコンをクリックしてプログラムをステップ実行する

図6 デバッガを動かしてみる⑦…Step Intoアイコンをクリックして関数の中の挙動を見る

頭に来ます. 問題がないようであれば, どのような挙動を示すのかを見るために, **図2**のResumeアイコンをクリックします.

すると, **図3**のようにTera Termには計算の途中経過が表示され, 総和は55となり, 「OK」と表示されます.

● 手順4…デバッガで1つずつ動かす

デバッガの使い方を見るために, **図4**に示すResetアイコンをクリックして, プログラムをリセットします.

次に, **図5**に示すStep Overアイコンをクリックします. するとデバッガの黄色いカーソルがinit_hardware()の行で止まります. 関数の中の挙動を見るために, **図6**に示すStep Intoアイコンをクリックします.

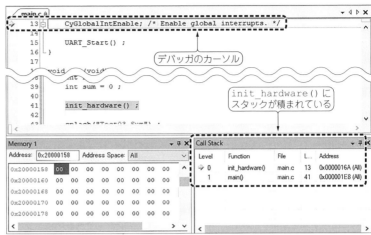

図7　デバッガを動かしてみる⑧…Call Stackエリアではスタックが積まれた様子が見れる
main()からinit_hardware()へスタックが積まれている

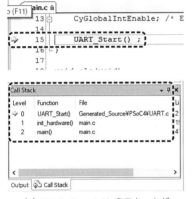

（a）UART_Start()のスタックが積まれた様子

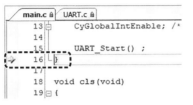

（b）UART_Start()の実行が終わるとスタックが減る

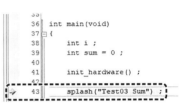

（c）init_hardware()の実行が終わるとスタックが減る

図8　デバッガを動かしてみる⑨…プログラムを実行していくとスタックが増減する

デバッガのカーソルがinit_hardware()関数の内部で止まります．ここでワークエリアの右上にあるCall Stackというエリアを見ると，**図7**のようにmain()からinit_hardware()へスタックが積まれた様子が確認できます．

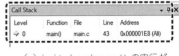

図9　デバッガを動かしてみる⑩…UART出力が実行された

● 手順5…スタックを見て関数内部を確認する

もう一度Step Overアイコンをクリックすると，カーソルはUART_Start()の行に止まります．Step Intoアイコンを使って，さらに深く潜ってみましょう．

デバッガのカーソルはGenerated_Sourceフォルダ内にあるUART.cの内部に移っています．ここで再度，Call Stackを見ると，**図8(a)**のようにスタックにUART_Start()が積まれて3段積みになっているのが確認できます．

通常，ドライバの中はユーザがデバッグする必要もないので，この関数から抜け出すStep Outアイコンをクリックします．

するとデバッガのカーソルは，init_hardware

()の中のUART_Start()の次の行（実際はUART_Start()関数の最後）で止まります．

再びCall Stackを見ると，**図8(b)**のようにUART_Start()が減って2段積みに戻っています．Step Overアイコンをクリックすると，デバッガのカーソルはmain()内のsplash()の行で止まります．Call Stackは**図8(c)**のようにmain()だけの1段に戻ります．

Step Overすると，Tera Termの画面がクリアされて，**図9**のようにプログラムのタイトルとビルド時間が表示されます．次のprint()文をStep Overすると，2行目の説明が表示されます．

ここでStep Overすると，forループに入ると思い

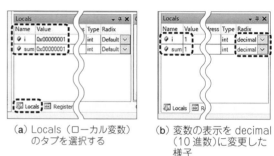

```
47 ☐   for (i = 1 ; i <= 10 ; i++ )
48        sum += i ;
49        snprintf(str, STR_LEN, "i =
50        print (str) ;
51   }
52
53   sprintf(str, "sum = %2d ", sum)
54   print (str) ;
```

```
     for (i = 1 ; i <= 10 ; i++) {
48        sum += i ;
49        snprintf(str, STR_LEN, "i =
50        print (str) ;
51   }
52
```

```
47 ☐   for (i = 1 ; i <= 10 ; i++) {
48        sum += i ;
49        snprintf(str, STR_LEN,
50        print (str) ;
51   }
52
53   sprintf(str, "sum = %2d ", s
54   print (str) ;
```

(a) for ループに入った段階での表示　　　(b) sum += i ; の行での表示　　　(c) snprintf() の行での表示

図11　デバッガを動かしてみる⑫…Registers のタブでレジスタ内部の値を見てみる
赤く表示されている値は，ステップ実行によって更新されたもの

```
35
36   int main(void)
37 ☐ {
38        int i ;
39        int sum = 0 ;          ← デバッガのカーソル
40
41        init_hardware() ;
42
43        splash("Test03 Sum") ;
44
45        print("Adding 1 to 10\n") ;
46
47        for (i = 1 ; i <= 10 ; i++) {
48            sum += i ;
49            snprintf(str, STR_LEN, "i =
50            print (str) ;
51        }
```

図10　デバッガを動かしてみる⑪…実行される順番は必ずしもプログラムの通りではない
print() 文を Step Over した後は，変数 sum の宣言に飛ぶ

Name	Value		Type	Radix
i	0x00000001		int	Default
sum	0x00000001		int	Default

Locals | Register

(a) Locals（ローカル変数）のタブを選択する

Name	Value	ress	Type	Radix
i	1		int	decimal
sum	1		int	decimal

Locals | R

(b) 変数の表示を decimal（10 進数）に変更した様子

図12　デバッガを動かしてみる⑬…データ表示エリアでローカル変数の内容を確認する

きや，**図10**のように for ループのブロック内で使用されている変数 sum の宣言に飛びます．ここでも Step Over アイコンをクリックすると，ようやく for ループにたどり着きます．

● **手順6…レジスタの内容を確認する**

　図11(a)に示すワークエリアの左下にある Registers のタブを選択してみます．

　中で赤く表示されているのは，今回のステップで更新された値です．r4 が 0x00000000 で赤くなっていることを覚えておいてください．

　Step Over をして sum += i ; の行にくると，今度は**図11(b)**のように r5 が 0x00000001 に更新されています．これは i の現在の値と一致しています．

　再び Step Over をして snprintf() の行に来ると，**図11(c)**のように r4 が更新されて 0x00000001 になっています．どうやら r4 は sum の値を格納しているようです．

● **手順7…ローカル変数の内容を確認する**

　図12(a)に示す，データ表示エリアの Locals（ローカル変数）のタブを選択してみます．i は黒く 0x00000001，sum は赤く 0x00000001 と表示されています．

　8 けたの16進数は読み取るのが大変なので，Radix のプルダウンから decimal（10進数）を選択します．**図12(b)**のように，両方の表示を10進数にすると少し見やすくなると思います．

● **手順8…データ領域の内容を確認する**

　再び Step Over をすると，カーソルが print(str) の行に到達します．ここで snprintf() で加工された str がどうなっているか見てみます．**図13(a)**に示すデータ表示領域で Memory 1 タブを選択して，Address: の欄に str と入力してみます．

　入力すると，str という文字列は自動的に 0x20000158 という実アドレスに変換され，そのアドレスからのメモリのダンプ・リストが表示されます．

　16進数だけだと分かりにくいですが，エリアを広げると**図13(b)**のように右側にアスキー・ダンプも表示されているので，snprintf() で加工された str

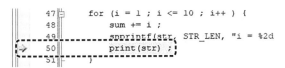

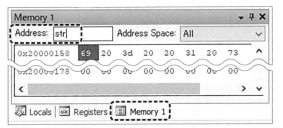

（a）Memory 1 タブを選択する

（b）エリアの右側にはアスキー・ダンプが表示されている

図13　デバッガを動かしてみる⑭…データ領域の内容を見てみる

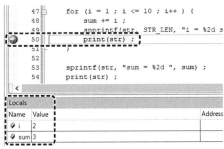

図14　デバッガを動かしてみる⑮…forループの1周目が終わるとその途中経過が表示される

（a）ブレークポイントを設定した様子

（b）Tera Term に 2 週目の途中経過が表示されている

図15　デバッガを動かしてみる⑯…ブレークポイントを設定する

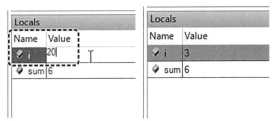

（a）iの値を 2→20 に変更してみる　（b）Step Over を行うと i の値が 3 に書き換えられた

図16　デバッガを動かしてみる⑰…データ表示エリアにあるローカル変数の内容を変更してみる

という文字配列であることが分かります.

　マウス・カーソルが指している場所が00になっているので，C言語の文字列としてはここで終了していますが，その後にはsplash()関数で書き込んだ日時の名残があります.再びStep Overを行うと，デバッガのカーソルはforループの先頭行に戻ります.Tera Termには，図14のように1周目の途中経過が表示されています.

● 手順9…ブレークポイントを使う
　次にブレークポイントを使ってみます.
▶ブレークポイントの設定
　行番号の左側にあるグレーの帯の上で，ブレークポイントを設定したい行の位置を選びます.試しにここでは，50行目にブレークポイントを設定してみます.するとその位置に，図15（a）のように赤い丸が現れます.
　この状態でResumeアイコンを選択すると，プログラムは一時的に連続的に実行されて，ブレークポイントの位置にデバッガのカーソルが止まります.このとき，データ表示エリアのLocalsではi = 2，sum = 3になっています.図15（b）のようにTera Termにも2周目の途中経過が表示されます.
▶ローカル変数の内容を変更してみる
　次に，この状態でLocalsのiの右側にあるValue欄を選択して，図16（a）のように値を20に変えたらどうなるでしょうか.Step Overを行うと，デバッガのカ

ーソルはforループの先頭に戻り，図16（b）のようにiも3に書き換えられています.
　再びStep Overを行うと，iは4に書き換えられます.ここでも懲りずに図17（a）のようにiのValueに20を入れてみます.Resumeを選択すると，デバッガのカーソルはprint()文の行で止まり，図17（b）のようにi = 20，sum = 26になりました.先ほどの書き換えは反映されたようです.
　Registersを見ると，図17（c）のようになっていることが確認できます.

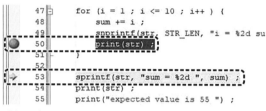

(a) i の値を 4→20
に変更してみる

(b) Resume を選択
するとi = 20,
sum = 26 に
なり書き換えが
反映された

(c) Registers を見ると実際に書き
換わっていることが確認できる

(d) 書き換えた結果がシリアル出力に
反映されている

```
47    for (i = 1 ; i <= 10 ; i++ ) {
48        sum += i ;
49        sprintf(str, STR_LEN, "i = %2d su
50        print(str) ;
51    }
52
53    sprintf(str, "sum = %2d ", sum) ;
54    print(str)
55    print("expected value is 55 ") ;
```

(e) i が 10 より大きくなったので for ループから抜け出した

図17 デバッガを動かしてみる⑱…ローカル変数の内容を変更して Resume を選択してみる

r4 = 0x0000001A (= 26)
r5 = 0x00000014 (= 20)

ここで Step Over を行うと，**図17(d)** のように Tera Term では4周目の途中経過が突然20と26に変化しています．再び Step Over を行うと，i = 20 で for 文で記述されている i = 10 よりも大きいので，**図17(e)** のように for ループから抜け出して53行目の sprintf() に移っています．

毎回 Step Over するのも大変なので，次の if 文に新たなブレークポイントを設定します．Resume を選択すると，デバッガのカーソルは if 文の行で止まります．ここで再び Step Over を行っていくと，プログラムを最後まで実行できます．最後まで実行すると，Tera Term の出力に「What?」が表示されます．

*

今回のプログラムは数十行しかないので，あまりありがたみは感じませんが，数千行ある大きなプログラムの場合，動作確認が終わっている部分はその直後にブレーク文を置くことで膨大な回数の Step Over を回避できます．

● **手順10…ブレークポイントを残したまま無効にする**

次に Reset をクリックして，プログラムを最初から再び走らせてみます．

すると，再び全てのブレークポイントで実行が止まることになります．面倒なのでブレークポイントを消したいけれど，次のデバッグで困らないか心配な場合もあると思います．

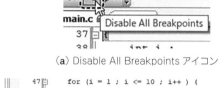

(a) Disable All Breakpoints アイコン

```
47    for (i = 1 ; i <= 10 ; i++ ) {
48        sum += i ;
49        sprintf(str, STR_LEN, "i = %2d sum = %2d\:
50        print(str) ;
51    }
52
53    sprintf(str, "sum = %2d ", sum) ;
54    print(str) ;
55    print("expected value is 55 ") ;
56    if (sum == 55) {
57        print("OK\n") ;
58    } else {
```

(b) ブレークポイントを無効化した様子

図18 デバッガを動かしてみる⑲…ブレークポイントは残したまま無効化できる

そのような場合は，**図18(a)** に示す Disable All Breakpoints というアイコンを選択するとブレークポイントを残したまま無効にできます．すると，**図18(b)** のように，今まで赤丸だったブレークポイントが中抜けの丸に変わります．

Resume を選択すると，Tera Term には正常な途中経過と総和が表示され，最後に OK が表示されます．

● **手順11…便利なブレークポイントの設定方法**

デバッガの基本的な操作は一通り紹介しましたが，もう1つ覚えておくと便利なブレークポイントの設定方法を紹介します．

再び test03_sum10 プロジェクトを起動して，デバッガを立ち上げます．次に，**図19(a)** のように sum += i の行にブレークポイントを設定します．

設定したブレークポイントの上でマウスを右クリックして，ポップアップ・メニューから [Condition…] を選択します．すると，**図19(b)** のような Breakpoint Condition というダイアログが表示されます．このダイアログでは，ブレークポイントで実行を停止する条件を設定できます．ここでは，i==5 と入力して [OK] を選択しました．これで，今まで赤丸で表示されていたブレークポイントの中に，白い＋マークが表示され

（a）ブレークポイントを設定する

```
COM21 - Tera Term VT
ファイル(F)  編集(E)  設定(S)  コントロール(O)  ウィンドウ(W)  ヘルプ(H)
Test03 (Nov  3 2019 12:00:27)
Adding 1 to 10
i =  1 sum =  1
i =  2 sum =  3
i =  3 sum =  6
i =  4 sum = 10
```

（c）停止したときの Tera Term 表示…4周回った表示になっている

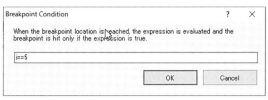

（b）Breakpoint Condition ダイアログで
実行を停止する条件を設定する

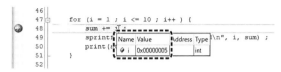

（d）停止したときの変数 i の内容を確認した様子

図19　デバッガを動かしてみる⑳…ブレークポイントの停止条件

ます．

　ここでResumeを選択すると，デバッガのカーソルはブレークポイントで停止します．しかし，Tera Termの出力を見ると，**図19(c)**のようにすでに4周回った表示になりました．

　カーソルをコードのiという変数のところに移動しておいて，少し置いておくと変数iの内容が表示されます．ここでは，**図19(d)**のように0x00000005になっています．設定した通りi == 5になったところでブレークポイントで停止したことが確認できます．

　　　　　　　　　　　＊

　このような条件付きブレークポイントを上手く使うと，変数がある特定の値にならない限り気にしなくて良い関数や，複雑なコードなどを，比較的容易にデバッグできます．

PIT（定期割り込みタイマ）を使用した仮想デバッグ

　ここでは，実際に不具合が起きているプログラムで問題を見つけていくプロセスを具体的な例を使って紹介します．

　例はかなり簡略化していますが，実際に筆者が割り込みを使ったプログラムを作成したときに引っかかった2つの原因を取り上げています．

● プロジェクトの作成と初期設定

　まず，test02_hello_world2のプロジェクトをコピー&ペーストして，test04_pitというプロジェクトを作成します．

　これまでは，UARTコンポーネントのみを使って進めてきましたが，今回はいくつかの新しいコンポーネントを追加します．

▶手順1…コンポーネントの配置

　右側のComponent Catalogから[Digital]-[Function]

-[Timer Counter(TCPWM mode)]を選択して回路図中に配置します．

　次に[System]-[Clock]を選択してTimerの左側に置きます．

　最後に[System]-[Interrupt]を選択してTimerのinterruptピンの右側に置きます．

　各コンポーネント配置後の様子を**図20**（次頁）に示します．

▶手順2…コンポーネント同士を配線する

　回路図エディタの左側ツール・バーの，上から2番目にあるWire Toolを使って，次の2カ所を配線します．

　• ClockとTimerのclockピン
　• InterruptとTimerのinterruptピン

　図21は1つ目の配線が終わった状態です．

▶手順3…各コンポーネントを設定する

　クロック・コンポーネントをダブルクリックして，コンフィグ・ウィンドウを開いて次の内容を設定します．設定した様子を**図22(a)**に示します．設定が完了したら[OK]を選択してください．

　• Name：Clock_10kHz
　• Frequency：10kHz

　次に，Interruptコンポーネントをダブルクリック

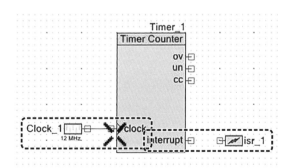

図21　プロジェクトの作成②…コンポーネント同士を配線する

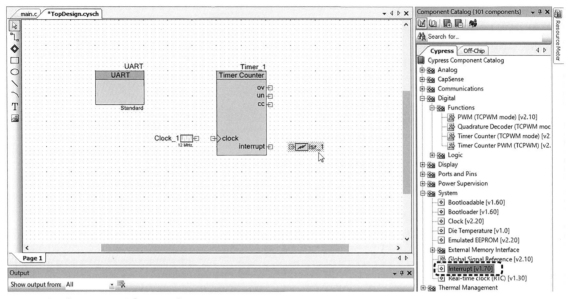

図20 プロジェクトの作成①…コンポーネントを配置する
Timer Counter (TCPWM mode), Clock, Interruptの各コンポーネントを配置する

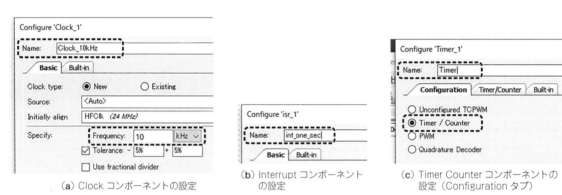

(a) Clock コンポーネントの設定

(b) Interrupt コンポーネント
の設定

(c) Timer Counter コンポーネントの
設定（Configuration タブ）

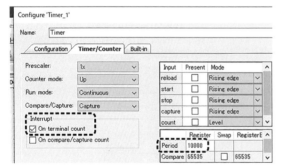

(d) Timer Counter コンポーネントの設定
（Timer/Counter タブ）

図22 プロジェクトの作成③…各コンポーネントを設定
する

して，コンフィグ・ウィンドウを開いて次の内容を設
定します．設定した様子を図22(b)に示します．設定
が完了したら［OK］をクリックします．

- Name：int_one_sec

次にTimer Counterコンポーネントをダブルクリ

ックして，コンフィグ・ウィンドウを開いて次の内容
を設定します．設定した様子を図22(c)，図22(d)に
示します．設定が完了したら［OK］をクリックします．

- Name：Timer
- Configuration タブを選択して「Timer/Counter」
  を選択
- Timer/Counter タブを選択して，Interruptの「On
  terminal count」にチェックを入れる
- Period：10000注1（10 kHzのクロックで1秒ごと
  に割り込みが発生する）

▶手順4…ピン・コンポーネントの配置と設定

［Ports and Pins］-［Digital Output Pin］を選択し
て，図23(a)のように回路図中に置きます．ダブルク
リックしてコンフィグ・ウィンドウを開いて次の内容
を設定します．設定した様子を図23(b)に示します．
設定が完了したら［OK］をクリックします．

注1：正確にはPeriodを9999に設定する必要がありました．

- Name：LED
- Type：Digital Output
- HW connectionのチェックを外す
- Drive mode：Strong drive
- Initial drive state：Low(0)

▶手順5…ピン配置の設定

Workspace Explorer の ［test04_pit］‐［Design Wide ResourceからPins］を選択してダブルクリックしてPinsのタブを開き，次のように設定します．設定した様子を図24に示します．

\UART:rx\ P1[0]
\UART:tx\ P1[1]
LED　　　　P0[3]

▶手順6…回路図の情報を反映する

プロジェクトに追加された回路図の情報を反映するために下記のどちらかの方法でアプリケーションを生成します．

(1)メニューから［Build］‐［Generate Application］を選択する

(2)ショートカット・アイコンのgenerate applicationを選択する

▶手順7…プログラムの変更

main.cをリスト2のように変更します．

● デバッグを開始する

プロジェクトをビルドしてデバッガを立ち上げます．

▶プログラムを実行してみる

ショートカット・アイコンのResumeを選択してプログラムの実行を開始します．

デバッガを起動してプログラムの実行を開始しても，Tera Termには図25のようにsplashのタイトルが表示されるだけで，それ以降は何も変化がありません．基板のユーザLEDにも変化は見られません．これがデバッグする前のプログラムの最も典型的な挙動です．それではプログラムは今どこにいる(どのコマンドを実行している)のでしょうか．

デバッガを使用中であれば，Halt Execution(ポーズのアイコン)を選択すると，プログラムは強制的に現在実行している命令が終わり次第，動作を停止します．

図26を見ると，どうやらforループにはたどり着いていて，pit_flagが立つのを待っているようです．Memory 1でpit_flagを参照しても，図27のように値は0のようです．pit_flagの値が1になるのは，割り込み処理が呼ばれたときに限られます．本来は1秒ごとに割り込みが発生するのですが，ここでは発生していないようです．

ここで筆者は，割り込みの開始処理を行っていなかったことに思い当たります．筆者にとっては，何度痛い目をみていてもやってしまうミスの1つです．

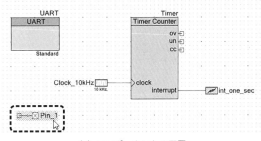

(a) コンポーネントの配置

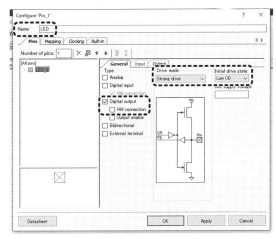

(b) コンポーネントの設定

図23　プロジェクトの作成④…ピン・コンポーネントの配置と設定

図24　プロジェクトの作成⑤…ピン配置の設定
LEDピンを新たに設定する

▶デバッガの実行結果を元にプログラムを修正

init_hardware()関数内に1秒割り込み用の割り込み開始関数を記述します．

int_one_sec_StartEx(one_sec_isr) ;

この文で，int_one_secという割り込みコンポーネントの処理が開始します．Startの後にExが付いているのは，割り込み発生時にシステムが提供するISR(Interrupt Service Routine)ではなく，one_sec_isrという自作関数にジャンプさせるという宣言です．

この処理を追加してから再度ビルドして，デバッガからプログラムを動かしたときのTera Term出力を確認すると，図28(a)のように表示されます．ビルド時間以外，何も改善していないように見えます．

ここで再度デバッガのHalt Execution(ポーズ)ボタンを選択します．プログラムは図28(b)のようにone

リスト2 プロジェクトの作成⑥…デバッグ例に使うプログラム

```c
#include "project.h"
#include "stdio.h"

volatile int pit_flag = 0 ;

#define STR_LEN 64
char str[STR_LEN+1] ; /* print buffer */
void print(char *str)
{
    UART_UartPutString(str) ;
}

CY_ISR(one_sec_isr)
{
//    Timer_ClearInterrupt(Timer_INTR_MASK_TC) ;
                        // Trap 2, clearing the flag
    pit_flag = 1 ;
}

void init_hardware(void)
{
    CyGlobalIntEnable; /* Enable global
                                interrupts. */

    UART_Start() ;

//    int_one_sec_StartEx(one_sec_isr) ;
                    // Trap 1, starting interrupt

    Timer_Start() ;
}

void cls(void)
{
    print("\033c") ; /* reset */
    CyDelay(100) ;
    print("\033[2J") ; /* clear screen */
    CyDelay(100) ;
}

void splash(char *title)
{
    cls() ;
    if (title && *title) {
        print(title) ;
    }
    snprintf(str, STR_LEN, " (%s %s)\n",
                    __DATE__, __TIME__) ;
    print(str) ;
}

int main(void)
{
    init_hardware() ;

    splash("test04 PIT") ;

    for(;;) {
        if (pit_flag) {
            if (LED_Read()) {
                LED_Write(0) ;
                print("-") ;
            } else {
                LED_Write(1) ;
                print("+") ;
            }
            pit_flag = 0 ;
        }
    }
}
```

COM21 - Tera Term VT
ファイル(F) 編集(E) 設定(S) コントロール(O) ウィンドウ(W) ヘルプ(H)
test04 PIT (Nov 2 2019 18:33:51)

図25 デバッグ①…プログラム実行後のTera Term表示
本体であればLEDが点滅し，それに合わせて－や＋が表示されるはずだが，何も表示されない

```
48   int main(void)
49 ┌ {
50       init_hardware() ;
51
52       splash("test04 PIT") ;
53
54 ┌     for(;;) {
55 ┌         if (pit_flag) {
56 ┌             if (LED_Read()) {
57                 LED_Write(0) ;
58                 print("-") ;
59 ┌             } else {
60                 LED_Write(1) ;
61                 print("+") ;
62             }
63             pit_flag = 0 ;
64         }
65     }
66 └ }
```

図26 デバッグ②…デバッグ開始後にHalt Executionでプログラムを強制的に停止した様子
pit_flagが立つのを待っている模様

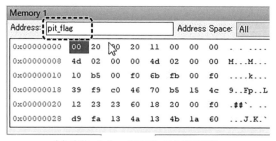

(a) 変数 pit_flag のアドレスを確認する

Memory 1
Address: 0x20000134　　　　　Address Space: All

0x20000134	00	00	00	00	01	00	00	00	....
0x2000013c	00	00	00	00	00	00	00	00	....
0x20000144	00	00	00	00	00	00	00	00	....
0x2000014c	00	00	00	00	00	00	00	00	....
0x20000154	01	00	00	00	00	00	00	00	....
0x2000015c	00	00	00	00	20	28	4e	6f	.... (No

(b) 該当するアドレスの値を確認した

図27 デバッグ③…変数pit_flagの値を確認する
本来は1秒ごとに割り込みが発生して**pit_flag**の値が1になるはずなのだが，0のままになっている

(a) Tera Term 表示

```
13    CY_ISR(one_sec_isr)
14  {
15    //    Timer ClearInterrupt
16        pit_flag = 1 ;
17  }
```

(b) プログラムの停止位置

図28　デバッグ④…割り込み開始関数を追加してプログラムを実行した結果

(a) Tera Term 表示

```
COM21 - Tera Term VT
ファイル(F)  編集(E)  設定(S)  コントロール(O)  ウィンドウ(W)  ヘルプ(H)
test04 PIT (Nov  2 2019 18:45:28)
+-+-+-+-+-+
```

図29　デバッグ⑤…割り込みフラグのクリア処理を追加した後のTera Term表示

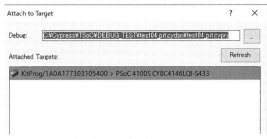

(a) ターゲット指定ダイアログ

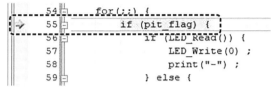

```
54    for(;;) {
55        if (pit_flag) {
56            if (LED_Read()) {
57                LED_Write(0) ;
58                print("-") ;
59            } else {
```

(b) プログラムの実行位置が表示される

図30　デバッグ⑥…アタッチ機能

_sec_isr関数の中まで実行されていました.

　Step Overを2回行うと, デバッガは再度現在の実行行を見失ってしまいます. やむなく再度Halt Executionを選択すると, デバッガは再びISRの中で止まりました.

　原因は, ISRの中で割り込みフラグをクリアしていなかったことです. ISRに入った最初の行に, 次の記述を追加します.

```
Timer_ClearInterrupt(Timer_INTR_
MASK_TC) ;
```

　再びビルドを行い, デバッガを起動してResumeを行うと, 図29のように, Tera TermのSplash表示後, LEDの状態が変わるたびに+/−の文字が表示されるようになります. 基板の上ではLEDが点滅します.

● アタッチ機能を使ってみる

　既にプログラムが動いている状態から, デバッガで実行位置を捉えるアタッチ機能の使い方を紹介します.

　最初はデバッガを起動せずに, KitProgのリセット・ボタンを押すなどして, プログラムを実行します. Tera Termには, 図29のように先のデバッグと同様の表示がされていると思います.

　既に正しく動作しているのですが, ここではこれが怪しい動きをしていてデバッガで状態を見たい場合を考えてみましょう.

　PSoC Creator のメニューから [Debug] − [Attach to Running Target...] を選択します. すると図30(a)のような, アタッチするターゲットを確認するダイアログが表示されます. ターゲットを指定して [OK]

をクリックします.

　しばらくすると, 図30(b)のようにデバッガが捉えたプログラムの実行位置が表示されます. これ以降は, 通常のデバッグ作業と同じように変数やメモリなどを参照しながらデバッグを進められます.

怪奇！消えるプログラム

● C言語でデバッグできる仕組み

　ここでは, 基本的なデバッガの使用方法の話よりも少し掘り下げた部分に関する話を紹介します.

　C言語で書かれたプログラムは, コンパイルするとアセンブラを経由して機械語に変換されます. CPUで実行されているのは, この機械語に変換されたものです. そのため, CPUが実行しているものと, 実際に書いたプログラムは必ずしも一対一の関係にはなっていません.

　デバッガは, プログラムがコンパイル中に残してくれた機械語が元の言語のソースコードのどのあたりに対応するかというヒントを元に, デバッグ時, あたかもC言語のプログラムの動作確認をしているように見せてくれているのです.

▶新しいプロジェクトを作成する

　今回はコピー&ペーストではなく, 新しいプロジェクトを作成します.

　PSoC Creator のメニュー・バーから, [File] − [New] − [Project...] を選択してください.

　プロジェクト・タイプはDesign Projectで, Target device は既に「PSoC 4 : Last used CY8C4146LQI-S433」が選択されていると思うので, そのまま [Next] ボタンを選択します.

リスト3　デバッグするC言語のプログラム

```c
#include "project.h"

uint8_t Foo(uint8_t a, uint8_t b)
{
    return( a + b ) ;
}

int main(void)
{
    uint8_t var1=1, var2=2, sum ;
    uint8_t check ;

    CyGlobalIntEnable;
        /* Enable global interrupts. */

    sum = Foo(var1, var2) ;

    for(;;)
    {
        /* Place your application code here. */
    }
}
```

```
    0x00000160 <main>:
        4: int main(void)
        5: {
        6:     uint8_t var1=1, var2=2, sum ;
        7:     uint8_t check ;
        8:
        9:     CyGlobalIntEnable; /* Enable global interrupts. */
    0x00000160 cpsie    i
→   0x00000162 b.n  162 <main+0x2>

    0x00000164 <AnalogSetDefault>:
        207: *
```

図32　リスト3のプログラムをアセンブラ表示した様子

プロジェクト・テンプレートは「Empty schematic」を選択して［Next］を選択します.

Create Projectのページでは，Locationは現在のままC:¥Cypress¥TSoC¥DEBUG_TESTとしてください．プロジェクト名は「test05_opt」として［Finish］を選択してください．すると，Workspace Explorerに新しいプロジェクトtest05_optが追加されます.

今回はコンポーネント無しで，メニュー・バーから［Build］‐［Generate Application］を選択します．すると，とりあえずアプリケーションがジェネレートされます.

▶main.cを記述する

リスト3のようにmain.cを記述します.

▶デバッガを起動する

デバッガを起動すると，図31(a)のようにmain()の最初の行にカーソルが来ます．Step Overを選択すると，図31(b)のようにデバッガはプログラムの進行を見失います．Halt Executionを選択すると，図31(c)

のように最初と同じ場所を指し示します．念のために，データ表示領域でLocalsタブを選択すると，ローカル変数が全くありません.

▶アセンブラを参照する

メニュー・バーから［Debug］‐［Windows］‐［Disassembly］を選択します．すると図32のようにアセンブラ記述が表示されます.

main()に割り当てられている実行命令は，次の2つしかありません.

(1)cpsie i

(2)b.n 162 <main+0x2>

(1)は割り込みの有効化なので，CyGlobalIntEnable ;に該当します．(2)は現在のアドレスへのジャンプなので，ここで無限ループになっているようです.

どうやらコンパイラは，プログラムの中で参照されることのないsumへの代入を行っている関数Fooを含めて関連している変数，関数は不要の物として消去してしまったようです.

試しに変数sumだけを次のように宣言したところ，各行のステップ実行を行うことも，関数Foo()の中にStep Intoすることもできるようになりました.

```c
volatile uint8_t sum ;
```

(a) 初期状態では1行目に
　　カーソルが来る

(b) Step Over するとプログラムの
　　進行を見失う

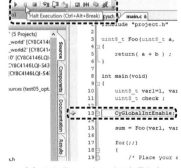

(c) Halt Execution すると最初と
　　同じ場所を指し示す

図31　リスト3のプログラムをデバッガで実行したときの様子

まとめ…デバッガを使うメリット

● 最も大きなメリットは「時間短縮」

デバッガを上手く使用すると，プログラムの問題箇所の特定および修正が短時間で行いやすくなります．

具体的にどのくらいの短縮になるのかと問われると，デバッグのようなある意味創造的な作業は定量的に測定するのが困難だと思います．しかし，新しいハードウェアの立ち上げなどでは，次のようなことが期待できます．

- 動いていない理由がハードウェアなのかソフトウェアなのかの切り分けを容易にしてくれる
- プログラムの一部が完成していなかったり，一部のハードウェアがなくても強引に変数を書き換えるなどをして動作確認が行える

例え動作しているハードウェアでも，アプリケーションの規模が大きく複雑になるにつれて，不具合発生時のデバッガの有効性は高くなります．ターゲット・デバイスのCPUがプロセッサ・タイプであれば，最悪バスの動きを測定器を使用して観測することも可能かもしれません．しかし，プログラム・メモリへのアドレス信号が外部に出てこないワンチップ・マイコンの場合は，デバッガがないと動いているのかいないのかすら判断が難しくなります．

● デバッガの有無によるデバッグ工程の違い

あえて定量的な例を示してみます．プログラムの進行がコード中のある行に到達しているかいないかを調べたいときに，デバッガがある場合とない場合の工程を見てみます．

(1)デバッガがある場合

デバッグを開始して当該行にブレークポイントを設定して実行を開始するだけです．これで，プログラムがブレークポイントに引っかかるか否かを見ることができます．

(2)デバッガがない場合

- 当該行の前に外部ピンをトグルするようなデバッグ用の命令を追加します．
- プログラムを再ビルドします．
- LEDかオシロスコープなどを使用して外部でピンを観測します．
- 確認が終了したら，この目的で追加したデバッグ用の行を削除するかコメントアウトして，再ビルドする必要があります．

この作業中に誤りが混入したり，変更による副作用によりプログラムの振る舞いが変わってしまう恐れもあります．

プログラムの実行時間を無視することができたとしても，(1)は数分以内に可能ですが，(2)は数十分以上の時間が掛かると思います．ざっくり1けた以上の差があるのではないかと推測します．

● 安価に入手できる

KitProgのように，安価なデバッガであれば，1,000〜2,000円で入手できます．

この程度の投資で，プログラマやシステム開発者にとって心強いデバッガをTSoCでも使用できるということは大変ありがたいことだと思います．

また，KitProgに付属する本体のマイコンにも，いろいろと使い道がありそうです[注2]．

注2：本体のマイコンを再度ジャンパでKitProgに接続して使用する場合にはUARTのTx/Rxも別途接続することが必要になることにご注意ください．一体のときにはパターン上は表示されていませんが基板の内側でこれらの信号もつながっています．

周辺回路は抵抗8本だけ！ M5Stackと組み合わせてWi-Fi接続

第1章 アナログ電流センサを直結！クラウド電力計

井田 健太 Kenta Ida

インターネットに接続されたモノどうしが互いにやりとりしながら勝手に動くIoT(Internet of Things)の普及により，センシング技術が注目を集めています．新たなセンサを1つ付けるだけで，IoT端末に魅力的な機能を付加できるからです．

本書で紹介するPSoCの魅力の1つは，豊富なアナログ・コンポーネントを備えていることです．ディジタル・センサだけでなく，高精度な計測が可能なアナログ・センサも直結できます．数個の外付け抵抗だけでアナログ・センサ回路を実現できます．

本稿では，付属基板とアナログ電流センサ(カレント・トランス)で，家の消費電力のデータを収集するIoT端末を製作しました(写真1，図1)．

収集したデータは，インターネット経由でクラウド・サーバに送信して，図2のようにグラフ表示します．　〈編集部〉

電力を測定してサーバにUP！

● 構成

部屋の電流を測定して，ブレーカが落ちそうになったら警告してくれる交流電流測定システムを付属基板を利用して製作しました．図1に本システムの構成を示します．

測定対象に流れる電流を，電流センサ(カレント・トランス)と付属基板を使って測定します．Wi-Fi通信機能を持つユニットであるM5Stackは，I²C経由で付属基板から測定したデータを読み取ります．

M5Stackは測定したデータを付属の液晶画面上に

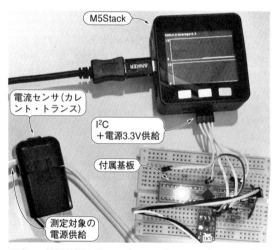

写真1　付属基板を使ってブレッドボード上で組んだIoT電力モニタ
暖房器具やパソコンの電源入力に取り付けると，その装置の消費電力を測定することができる

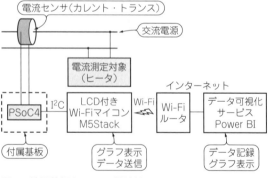

図1　付属基板とLCD＆電池付きWi-FiマイコンM5Stackを利用したIoT電力モニタの構成
電流センサとTSoCを使って測定した電流値はインターネット経由でMicrosoftのデータ解析プラットフォームであるPower BIに送信できる

図2　クラウド・サーバ(Power BI)に送信したセンサ・データをパソコンでグラフ表示しているようす

表1　本器の部品表

パラメータ	型　式	製　造	入手元	価格	説　明
3000：01：00	SR‑3704‑150N/14Z	サラ	秋月電子通商	980円	交流電流を測定するための分割型カレント・トランス
10Ω，1%	MF1/4CC10R0F	KOA	秋月電子通商	300円/100個	カレント・トランスの電流・電圧変換用抵抗
2.2kΩ，1%	MF1/4CC2201F	KOA	秋月電子通商	300円/100個	差動アンプのゲイン設定用抵抗
10kΩ，1%	MF1/4CC1002F	KOA	秋月電子通商	300円/100個	差動アンプのフィードバック抵抗
100kΩ，1%	MF1/4CC1003F	KOA	秋月電子通商	300円/100個	カレント・トランス入力のオフセット用
4.7kΩ，5%	–	–	秋月電子通商	100円/100個	I²Cのプルアップ用
–	EIC‑801	E‑CALL ENTERPRISE	秋月電子通商	370円	回路組み立て用のブレッドボード
–	AE‑FT234X	秋月電子通商	秋月電子通商	680円	付属基板への書き込み用
–	M5Stack Basic	M5Stack	スイッチサイエンス	6,545円	作成したI²Cモジュールのアプリケーション用

グラフ表示します．M5StackはWi‑Fi経由でルータに接続し，インターネット経由でMicrosoftのデータ解析プラットフォームであるPower BIに送信できます．

本器を製作するのに必要な部材を**表1**に示します．

● できること
▶① 商用電源を使用する交流電流の実効値測定
カレント・トランスを取り付けた配線を電源との間に入れると，対象に流れる電流の実効値を測定することができます．
▶② 測定した電流の現在値と履歴のグラフ表示
現在の測定値と，1秒ごと60秒間の履歴のグラフ表示します．1分ごと1時間の履歴のグラフ表示を手元のハードウェア上で行うことができます．
▶③ 外部サーバへの測定データの送信
外部のサーバにインターネット経由でデータを送信することができます．今回のデータ送信先としてはMicrosoftのPower BIを使用していますが，HTTP経由でJSONなどのフォーマットでデータを入力できるものであれば，簡単な修正で対応できます．

ハードウェアの製作

● [STEP1] 回路の検討
図3に示すのは，交流電流センサの回路です．
ブートローダ経由の書き込み用のAE‑FT234X（秋月電子通商）の3番ピンと付属基板のJ₄，6番ピン間の配線は，書き込みのときだけ接続し，書き込み完了後は取り外します．ブートローダ切り替えジャンパJP₁も書き込み完了後に1番と2番をショートにします．これは，JP₁の2番ピンはJ₄の2番ピンに接続されているため，2番と3番ピンをショートしてグラウンドに接続していると正常に動作しないためです．

交流センサ・モジュールのPSoC Creatorのブロッ

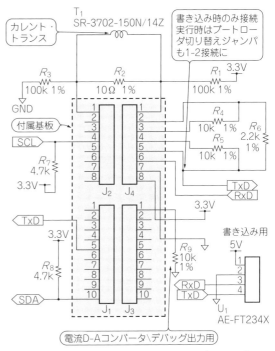

図3　8本の外付け抵抗と付属基板があれば，シンプルに電流センサを利用した交流電流測定回路が作れる

クを**図4**，各ピンの機能を**表2**に示します．
交流電流の測定にはカレント・トランスを利用します．

● [STEP2] PSoCのアナログ・ブロックとカレント・トランスとの接続する
カレント・トランスはトランスの一種で，電流の計測に使われます．電源回路に使用するトランスと異なる点は，1次側と2次側の巻き線比が1：数千となっており，1次側に流れる電流の数千分の一の電流が2次側に流れます．これにより1次側の電流を1次側から

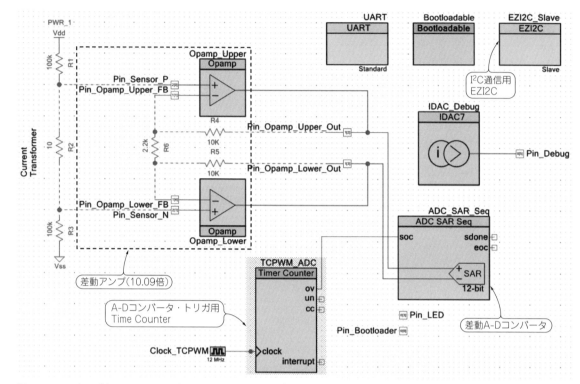

図4 PSoCチップ内にはOPアンプやA-Dコンバータなどのアナログ回路があり, 自由に組み立てることができる
製作した電力モニタのPSoC内のブロック図. はんだ付け不要で, 外付け部品は数個の抵抗だけ

絶縁された状態で測定することができます. 実際に電流を測定するときには, 2次側に負荷抵抗を接続し電流を電圧に変換します. 1次側と2次側の電流の比(変流比)は, センサの特性によって異なります.

　今回使用するカレント・トランスSR-3704-150N/14Z(サラ)の変流比は3000:1なので, 1次側に30 A流れると2次側に10 mAの電流が流れます.

　電圧変換に用いる抵抗の値が大きいほど電圧が大きくなり測定しやすくなりますが, カレント・トランスの仕様上, 使用可能な抵抗値の範囲が決まっています. 範囲外の抵抗を使用すると, 測定対象の電流と出力電圧の関係の線形性が失われます.

　SR-3704-150N/14Zでは, 10 Ω以下の抵抗を使用する必要があるので, 30 Aの1次側電流に対して100 mVの出力電圧になります.

　このままでは電圧が低く, A-Dコンバータでは, 扱いにくいので, PSoC内蔵のOPアンプで増幅しています.

　内蔵OPアンプは**図4**に示したブロックのとおり, カレント・トランスの2次側, 電圧変換用抵抗 R_2, オフセット用抵抗 R_1, R_3, フィードバック抵抗 R_4, R_5, ゲイン設定用抵抗 R_6 と外部で繋がっています. R_4, R_5 は10 kΩ, R_6 は2.2 kΩなので, 10.09倍 $[\fallingdotseq (R_4 \times 2 + R_6)/R_6 = (10\ \text{k}\Omega \times 2 + 2.2\ \text{k}\Omega)/2.2\ \text{k}\Omega]$ の差動ア

表2
本器で利用した PSoC の各ピンの機能

名　　前	ポート	番号
_SAR_Seq:Bypass\	P1 [7]	40
2C_Slave:scl\	P3 [0]	10
2C_Slave:sda\	P3 [1]	11
:rx\	P1 [0]	35
:tx\	P4 [1]	19
Pin_LED	P0 [3]	25
Pin_Opamp_Lower_FB	P1 [4]	39
Pin_Opamp_Lower_Out	P1 [3]	38
Pin_Opamp_Upper_FB	P1 [1]	36
Pin_Opamp_Upper_Out	P1 [2]	37
Pin_Sensor_N	P2 [1]	2
Pin_Sensor_P	P2 [0]	1

ンプとなっています.

　最終的にカレント・トランスの1次側電流とA-Dコンバータ入力電圧の関係は, 30 A/0.1 V × 10.09倍になります.

　カレント・トランスを扱うときの留意点は, 2次側の抵抗を必ず接続することです. 開放状態では2次側に高い電圧が発生するので危険です. 今回使用するカレント・トランスSR-3704-150N/14Zには, 開放状態になったときの対策として電圧クランプ回路が入っていますが, それでも極力開放状態で扱わないようにします.

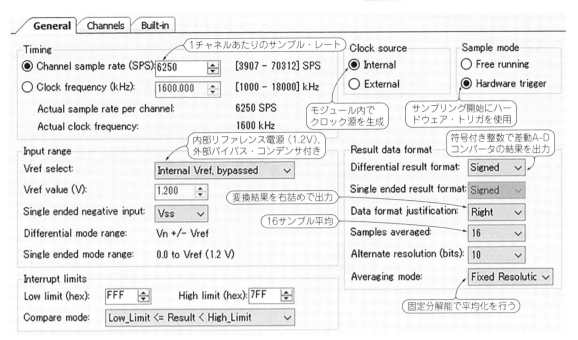

図5　A-Dコンバータ用モジュールの設定① ［General］タブではサンプル・レートや内部のリファレンス電源を設定する

● ［STEP3］ A-Dコンバータ用モジュールの設定

ADC_SAR_Seqは，複数チャネルのシーケンサ機能付きA-Dコンバータ（以下，ADC）用のモジュールです．

ADC_SAR_Seqの設定を図5と図6に示します．

PSoC 4100Sの場合，ADCのV_{ref}として，［Internal 1.024 volts］と［Internal 1.024 volts, bypassed］は使用できません．代わりに内蔵の1.2 Vのリファレンス電源を使用する［Internal Vref］と［Internal Vref, bypassed］が使用できます．末尾の「bypassed」が付いている設定は，P1［7］ピンにノイズ低減用のバイパス・コンデンサをつけるときに使用できます．付属基板では，P1［7］に1 μFのコンデンサが接続されているので，［Internal Vref, bypassed］の設定を使用します．

Reesult data formatグループのData format justification，Samples averaged，Averaging modeの設定により，ハードウェアによる16サンプル平均化を有効にしています．

Sample ModeグループではHardware Triggerを選択し，外部コンポーネントからのsocピンへのトリガ入力でA-D変換を開始します．

図6に示す「Channels」タブでは，Sequenced channelsを1に設定し，ADCの取り込みチャネル数を1つにします．Channel 0のAVG列にもチェックを入れ，Channel 0に対して前述のハードウェアによる平均化処理を有効にします．

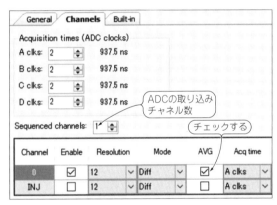

図6　A-Dコンバータ用モジュールの設定② 「Channels」タブではADCの取り込みチャネル数などを設定する

● ［STEP4］ Timer Counterの設定

A-Dコンバータの変換開始トリガ生成用に，Timer Counterモジュールを使用しています．モジュールのインスタンス名はTCPWM_ADCとしています．TCPWM_ADCの設定画面を図7に示します．

Timer Counterモジュールは，入力クロックに同期してカウンタをインクリメントし，Periodに指定した値にカウンタが到達すると，ovピンからトリガ信号を出力し，カウンタを0にリセットします．

TCPWM_ADCの入力クロックとしては12 MHzのクロックを入力し，Periodは3750としています．したがって，12/3750［MHz］= 3200より秒間3200回の周期でトリガ信号を出力します．3200（= 50 × 64）なので，関東の商用電源の周波数50 Hzの1周期中に

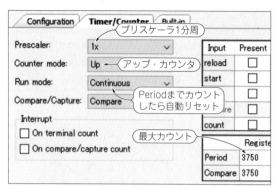

図7 A−Dコンバータの変換開始トリガ生成用にTimer Counterを利用する

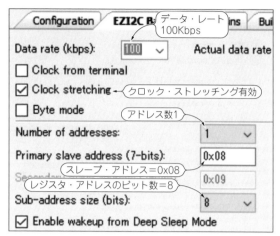

図9 付属基板とM5StackをI2Cで通信するためのEZI2Cモジュールの設定

（a）書き込みの場合

（b）読み出しの場合

S：スタート・コンディション，RS：リピーテッド・スタート・コンディション，P：ストップ・コンディション，
W：ライト・ビット，R：リード・ビット，A：アクノリッジ，N：ノット・アクノリッジ

図8 EZI2Cモジュールを利用すると，このプロトコルをシンプルに実装できる

64回サンプリングを行います．60 Hzの地域で使用する場合は，3840（＝60×64）なので，3125（12000000/3840）をPeriodに設定します．

● ［STEP5］EZI2Cの設定

マイコンとI2Cで通信するために，EZI2Cモジュールを使用します．

I2C接続のメモリ・デバイスやセンサ・デバイスでは，図8に示す，デバイス内アドレスを指定してデバイス内レジスタを読み書きするプロトコルが用いられます．デバイス内のレジスタに書き込むときは，レジスタのアドレスを出力した後，続けてレジスタに書き込むデータを出力します．

デバイス内のレジスタから読み出すときは，レジスタのアドレスを出力した後，デバイスが出力したレジスタのデータを読み取ります．読み出すときは，レジスタのアドレス出力とレジスタのデータ読み出しの間は，リピーテッド・スタート・コンディションを使って，I2Cバスを専有したままにします．

EZI2Cモジュールを使用すると，このプロトコルを簡単に実装することができます．

EZI2Cモジュールの設定を図9に示します．

図9に示すように，Primary slave address（7 bits）に指定したアドレスが，ホストからアクセスするときのデバイス・アドレスになります．Sub-address size（bits）が8ビットなので，レジスタ・アドレスとしては0〜255までの256バイトの空間を指定することができます．その他にもデータ・レートの設定などができますが，すべてデフォルト値のまま使用しています．

● ［STEP6］デバッグ用の電流D−Aコンバータの設定

メインの処理では使用していませんが，計算結果のデバッグ用に電流D−Aコンバータ（Current DAC）モジュールを設定します．図10に電流D−Aコンバータの設定画面を示します．

PSoCの電流D−Aコンバータは7ビットの分解能です．レジスタで設定した7ビットの入力値に比例して，「Range」パラメータで指定した範囲の電流を吐き出すまたは吸い込むことができます．今回は電圧変換用に10 kΩの抵抗を接続しているので，電圧変換後の範囲が電源電圧3.3 Vを超えない範囲で最大の，0〜304.8 μAを選択しています．よって，D−Aコンバータの入力値が127のときに3.048 Vの出力となります．

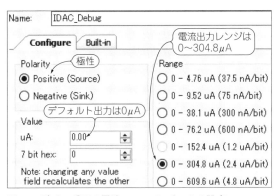

図10　デバッグ用の電流D-Aコンバータの設定
D-Aコンバータの入力値が127のときに，3.048Vの出力になる（電圧変換用に10kΩの抵抗を接続している）

表3　SCB_EzI2CSetBuffer1の引数
SCB_EzI2CSetBuffer1で指定した領域は，rwBoundaryで指定したオフセットによって，読み取り専用の領域と読み書き可能な領域に分けられる

名前	型	内　容
bufSize	uint32	外部からアクセスできる領域のバイト単位でのサイズ
rwBoundary	uint32	読み取り専用領域の開始オフセット．このオフセットより前の領域は読み書き可能．以降の場所は読み取り専用
buffer	volatile uint8 *	アクセス可能なメモリ領域のアドレス

表4　I2CExposedData構造体
構造体の変数のアドレスをSCB_EzI2CSetBuffer1に指定する

フィールド名	型	読み書き	内　容
status	uint8	読み書き可能	測定値が準備できているかどうか
reserved	uint8 [2]	読み取り専用	予約
signature	uint8	読み取り専用	デバイスと通信可能かどうかを調べるシグネチャ．固定で0xa5が返る
current_rms	float	読み取り専用	測定した電流のRMS
current_avg	float	読み取り専用	測定した電流の平均値

PSoCのソフトウェア
センサ・データの収集

● EZI2Cの使用

EZI2Cモジュールは，I²C経由でPSoC外部からPSoC内部のメモリ領域にアクセスする機能を提供します．アクセス先のメモリ領域は，モジュールの"SCB_EzI2CSetBuffer1" APIにより設定します．表3にSCB_EzI2CSetBuffer1の引数を示します．

SCB_EzI2CSetBuffer1で指定した領域は，rwBoundaryで指定したオフセットによって，読み取り専用の

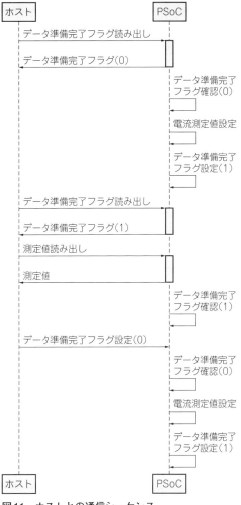

図11　ホストとの通信シーケンス

領域と読み書き可能な領域に分けられます．rwBoundaryを含まないrwBoundaryより前の領域は，読み書き可能な領域となります．

今回の交流電流センサ・モジュールでは，測定した交流電流値のRMSと平均値，測定値が準備できているかどうかのステータスを読み取り専用の値として公開します．これらの値は表4に示すようにI2CExposedData構造体としてまとめておき，この構造体の変数のアドレスをSCB_EzI2CSetBuffer1に指定しておきます．

I2CExposedData構造体の変数名をi2cExposedDataとするときのSCB_EzI2CSetBuffer1の呼び出しは，次のようになります．

```
EzI2CSetBuffer1(sizeof(i2cExposedDa
ta),offsetof(I2CExposedData, reser
ved), (volatile uint8*)&i2cExposed
Data);
```

EZI2Cモジュールは指定した領域の読み書き機能を

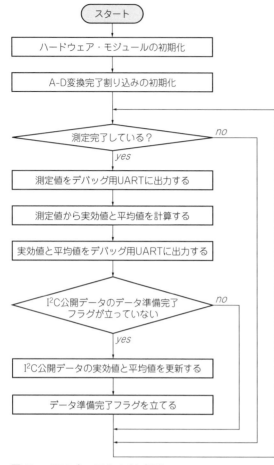

図12 ソフトウェアのメイン処理

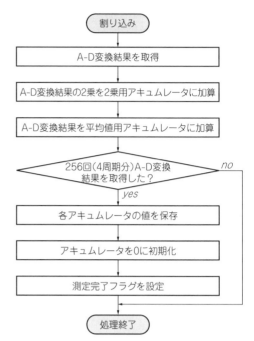

図13 A-D変換完了割り込みの処理

提供しますが，ホストとPSoCで値の読み書きの排他制御の機能は提供しません．複数バイトの値を読み書きする場合，ホストが途中まで読み書きした段階でPSoC側が読み取り中の値を変更したり，書き込み中の値を使用したりする可能性があります．そのため，何らかの方法で排他制御を行います．

今回はI2CExposedDataのstatusフィールドを用いて図11に示すように排他制御を行います．

PSoC側はstatusフィールドが0の場合のみcurrent_rmsとcurrent_avgフィールドの値の更新を行い，statusフィールドを1に設定します．ホスト側はstatusフィールドが1の場合のみcurrent_rmsとcurrent_avgフィールドの値を読み取り，statusフィールドに0を書き込みます．

● メインの処理

PSoC 4のCPU上で実行するソフトウェアの処理は，図12に示すメインの処理と図13に示すA-D変換完了割り込みの処理があります．リスト1にA-D変換割り込み処理のコード，リスト2にメイン処理のコー

ドを示します．

図12に示すとおり，A-D変換完了割り込みはA-D変換が完了するたびに実行されます．割り込み内では，A-D変換結果の値と2乗の積算を行います．256回積算処理を行ったときは，積算値を保存し測定完了フラグをセットします．Timer Counterの設定の項に記載した通り，A-D変換割り込みは電流波形1周期の間に64回発生するように設定しています．したがって1024回分のA-D変換結果を処理することは電流波形の4周期分を処理することに相当します．

メイン処理では，ハードウェア・モジュールの初期化処理とA-D変換完了割り込みの初期化を行います．

測定完了フラグが立っているときは，測定値の処理を行います．図13に示すA-D変換完了割り込みで測定した積算値からRMSと平均値を計算します．

M5Stackのソフトウェア グラフ表示＆クラウドにデータ送信

● M5Stackとは

M5StackはM5Stack社が製造しているプロトタイピング用のユニットです．CPUとしてESP32（Espressif Systems）を使用しており，Wi-FiやBluetoothによる無線通信機能を使用できます．ハードウェア・ボタンやカラー液晶ディスプレイ，リチウム・イオン蓄電池を内蔵しており，M5Stack単体で液晶ディスプレイや無線通信機能を用いたプロトタイプを簡単に作成することができます．工事設計認証を取得しているので，日本国内で問題なく無線通信を使用できます．

リスト1　A-D変換割り込み処理のコード

```
typedef struct {
  uint32 squared_sum;
  uint32 sum;
  int16 max;
  int16 min;
} ADCMeasuredValue;

static const uint16 ADC_SAMPLES_TO_MEASURE = 256;          // 測定回数
static volatile ADCMeasuredValue adc_work;                 // 測定用一時領域（アキュムレータ）
static volatile ADCMeasuredValue measured;                 // 測定結果
static volatile uint16 adc_count = 0;                      // 測定回数カウンタ
static volatile uint8 has_new_value = 0;                   // 測定完了フラグ

// AD変換完了割り込み
CY_ISR(ADC_SAR_Seq_ISR)
{
  uint32 int_status = ADC_SAR_Seq_SAR_INTR_REG;            // 割り込みステータスを保存
  int16 adc_result = ADC_SAR_Seq_GetResult16(0);          // AD変換結果取得

  adc_work.squared_sum += adc_result*adc_result;          // 二乗を積算
  adc_work.sum += adc_result < 0 ? -adc_result : adc_result;  // 絶対値を積算
  // 最大値・最小値を保存（デバッグ用）
  adc_work.max = adc_work.max < adc_result ? adc_result : adc_work.max;
  adc_work.min = adc_work.min > adc_result ? adc_result : adc_work.min;

  adc_count++;                                            // 測定回数をインクリメント
  if( adc_count == ADC_SAMPLES_TO_MEASURE ) {             // 規定回数分測定した？
    measured = adc_work;                                  // 測定した積算値を保存
    adc_work.squared_sum = 0;                             // アキュムレータをクリア
    adc_work.sum = 0;                                     // /
    adc_work.max = -32768;                                // /
    adc_work.min = 32767;                                 // /
    has_new_value = 1;                                    // 測定完了フラグをセット
    adc_count = 0;                                        // 測定回数をリセット
  }
  ADC_SAR_Seq_SAR_INTR_REG = int_status;                  // 割り込みステータスをクリア
  ADC_SAR_Seq_IRQ_ClearPending();                         // /
}
```

M5Stackのプログラミングは，通常のESP32同様にArduino IDEやMicroPythonにて行えます．今回はM5Stack公式のMicroPythonベースの開発環境であるUI Flowでホスト側のプログラムを作成します．

● プログラム

リスト3(p.96)にM5Stackのプログラムを示します．
MicroPythonでI²Cを使うには，machineモジュールのI²Cクラスを使用します．I²Cクラスは初期化時にSDAとSCLのピンの番号を受け取ります．M5StackのI²CのSDAとSCLはそれぞれ21番と22番ピンに対応しているので，sda = 21，scl = 22を指定します．

I²Cクラスのscanメソッドを呼び出すと，I²Cバス上のデバイスをスキャンしてそのアドレスの一覧を取得できます．

I²Cクラスのreadfrom_mem_intoメソッド，writeto_memメソッドは，PSoCのEZI2Cモジュールがサポートしているのと同じプロトコルでI²Cデバイス上のレジスタの値を読み書きします．

最後にセンサ・モジュールから取得した測定値を，長さ60のリング・バッファに格納します．グラフ描画処理では，リング・バッファの一番古いデータから順に読み出して，60秒間の電流変化のグラフを描画します．

1分間の平均値も同様にグラフに描画し，さらにPower BIにデータを送信します．

クラウド側の設定

● [STEP1] Power BIを使うために登録を行う

Power BIはMicrosoftのデータ可視化サービスです．可視化の機能だけでなく，データの蓄積機能もあります．Power BIには無料版，有償のPro版があります．ここでは無料版で使える機能を利用します．

Power BIは，Microsoftのクラウド・プラットフォームであるAzureや，PubNubなどのサービスからデータを入力するほかに，専用のURLにHTTPでデータを送信してデータを入力することもできます．今回は，M5Stack上のMicroPythonプログラムから測定したデータをHTTPで送信して，Power BIにデータを入力しています．

リスト2　ソフトウェアのメイン処理のコード

```
static const uint16 ADC_SAMPLES_TO_MEASURE = 256;
static const float ADC_RANGE_VOLTS = 1.2f * 2;          // ADCの電圧範囲 (差動なのでVrefの2倍)
static const int16 ADC_RANGE_COUNTS = 4096;             // ADCのカウント数
#define AMP_FEEDBACK_RESISTOR 10.0e3                    // フィードバック抵抗の値
#define AMP_GAIN_RESISTOR 2.2e3                         // ゲイン設定用抵抗の値
// 1次側電流と測定結果の電圧の比
static const float CT_CURRENT_PER_VOLTAGE = 300.0/((AMP_FEEDBACK_RESISTOR*2+AMP_GAIN_RESISTOR)/AMP_GAIN_
                                                                                         RESISTOR);


int main()
{
  // メインクロックを初期化
  CySysClkImoStart();

  // I2C公開データを初期化
  memset(&i2cExposedData, 0, sizeof(i2cExposedData));
  i2cExposedData.signature = 0xa5        // シグネチャを初期化
  // EZI2Cを初期化
  EZI2C_Slave_Start();
  EZI2C_Slave_EzI2CSetBuffer1(sizeof(i2cExposedData), offsetof(I2CExposedData, reserved), (volatile
                                                                        uint8*)&i2cExposedData);

  // UARTを初期化
  UART_Start();
  // 内蔵オペアンプを初期化
  Opamp_Upper_Start();
  Opamp_Lower_Start();
  // ADCを初期化
  ADC_SAR_Seq_Start();
  ADC_SAR_Seq_IRQ_StartEx(ADC_SAR_Seq_ISR);
  // Timer Counterを初期化
  TCPWM_ADC_Start();
  // 全体の割り込みを有効化
  CyGlobalIntEnable;

  // LED用ピンを初期化
  Pin_LED_SetDriveMode(Pin_LED_DM_STRONG);
  Pin_LED_Write(Pin_LED_0);

  uint8 led_value = 0;
  for(;;)
  {
    if( has_new_value ) {                  // 新しい測定値がある？
      has_new_value = 0;                   // 測定値フラグをクリア
      // デバッグ用出力
      put_hex32(measured.squared_sum);
      UART_SpiUartPutArray((uint8*)" ", 1);
      put_hex32(measured.sum);
      UART_SpiUartPutArray((uint8*)" ", 1);
      put_hex32(measured.max);
      UART_SpiUartPutArray((uint8*)" ", 1);
      put_hex32(measured.min);
      UART_SpiUartPutArray((uint8*)" ", 1);

      // RMSと平均値を計算
      float current_rms = sqrtf((float)measured.squared_sum/ADC_SAMPLES_TO_MEASURE)*ADC_RANGE_VOLTS/ADC_
                                                   RANGE_COUNTS*CT_CURRENT_PER_VOLTAGE;
      float current_average = measured.sum/ADC_SAMPLES_TO_MEASURE*ADC_RANGE_VOLTS/ADC_RANGE_COUNTS*CT_
                                                                    CURRENT_PER_VOLTAGE;

      // RMSと平均値をデバッグ用に出力
      // sprintfが%f(浮動小数点)の出力をサポートしていないので，整数部と小数部を個別に計算して出力する.
      uint32 current_rms_integral = current_rms;
      uint32 current_rms_fractional = (current_rms - current_rms_integral)*100;
      char buffer[128];
      sprintf(buffer, "Arms=%lu.%lu¥r¥n", current_rms_integral, current_rms_fractional);
      UART_UartPutString(buffer);

      // データ準備完了フラグがセットされていないならI2C公開データを更新する.
      if( (i2cExposedData.status & I2C_STATUS_DATA_READY) == 0 ) {
        i2cExposedData.current_rms = current_rms;
        i2cExposedData.current_avg = current_average;
        i2cExposedData.status |= I2C_STATUS_DATA_READY;
      }
      // LED出力をトグル
      Pin_LED_Write(led_value);
      led_value ^= 1;
    }
  }
}
```

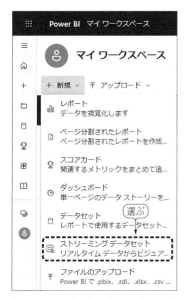

図14　ストリーミングデータセットを追加するには，まず［マイワークスペース］を選ぶ

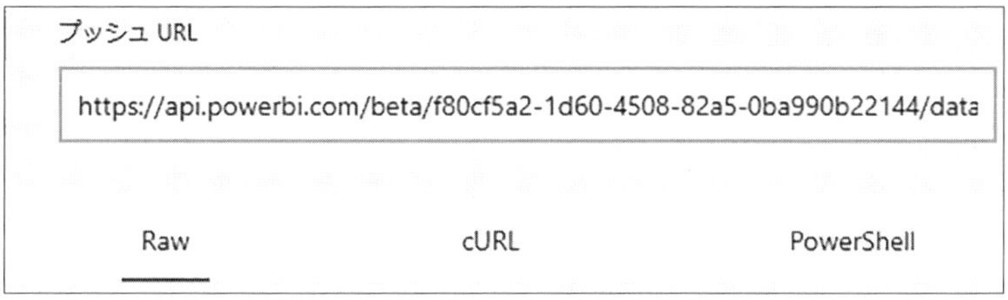

図15　Power BIにデータを送信するためのAPIのURLを確認する

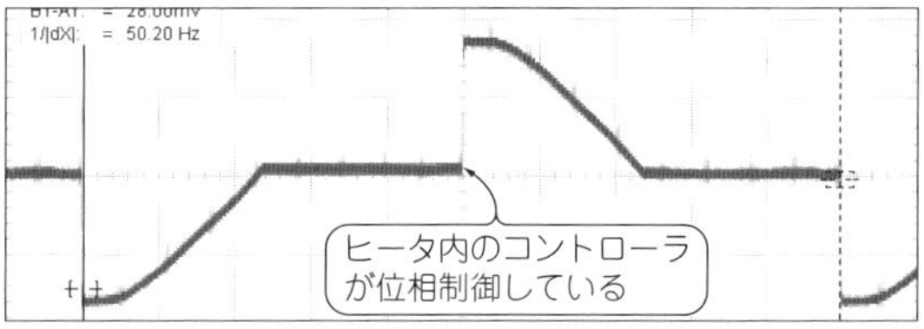

図16　ヒータ動作時のカレント・トランスの出力波形（出力最小）
出力が最小のときは正弦波の途中から電流が流れ始める

図17　ヒータ動作時のカレント・トランスの出力波形（出力最大）
出力を最大にすると，0°から流れ始めてる

Power BIに送信したデータは，Power BIのストレージに保存されます．これらのデータに対してフィルタ処理や集計処理を行った結果をグラフとして可視化できます．

また，「ダッシュボード」と呼ばれる画面には，「リアルタイム・データセット」と呼ばれる種類のデータセットの内容をリアルタイムで表示できます．今回使用した専用のURLにアクセスしてデータを送信する方法も，入力先を「リアルタイム・データセット」とすることができます．このため，M5Stackからデータが送信されてPower BIのサーバで処理されると，自動的にPower BI上のグラフが更新されます．

Power BIを使用するには登録が必要なので，次のサイトの公式ドキュメントにしたがって登録を済ませておきます．

```
https://docs.microsoft.com/ja-jp/
power-bi/service-self-service-
signup-for-power-bi
```

● ［STEP2］ストリーミングデータセットの追加
Power BI上でデータをを受け取るために，次の手順でPower BIのストリーミングデータセットを追加します．
(1) 図14に示すように［マイワークスペース］を選んで，右上の［＋新規］から［ストリーミングデータセット］を選ぶ
(2) 表示された新しいストリーミングデータセット画面で［API］を選んで［次へ］ボタンを押す
(3) データセット名に適当な名前を入力する

(4) ストリームからの値に［current］と［timestamp］を追加する．データ種別はそれぞれ［数値］と［日時］にする
(5) 図15に示すようにPower BIにデータを送信するためのAPIのURLを確認する

● ［STEP3］ダッシュボードの追加
ストリーミングデータセットの内容を可視化するために，ダッシュボードを追加します．
(1) マイワークスペースの右上の［＋新規］から［ダッシュボード］を選ぶ
(2) ダッシュボードの名前として適当な名前（例ではCurrentSensor）を入力する
(3) ダッシュボード画面上部の［編集］-［タイルの追加］をクリックする
(4) タイルに表示するデータセットとして，［カスタムストリーミングデータ］を選択して［次へ］をクリックし，先ほど追加したストリーミングデータセットを選んで［次へ］をクリックする
(5) タイルの可視化設定を行う．表示する項目として［current］を選ぶ
(6) タイルの名前を設定する
以上でPower BIの設定は完了です．

動かしてみる

交流電流センサ・モジュールの動作を確認します．ここでは，測定対象として市販のカーボン・ヒータ動作時の交流電流を**写真1**に示すように接続して測定します．

● モジュールは正しく動作する

ヒータ動作時のカレント・トランスの出力波形（R_2の端子間）の波形を**図16**と**図17**に示します．

測定対象のヒータは，その温度を制御するために電流を位相制御しているため，出力最小のときは正弦波の途中から電流が流れ始めています．出力を最大にすると，0°から流れ始めています．

出力最小時のカーソル範囲の電圧の実効値は16.1 mV

です．カレント・トランスの1次側電流と2次側電圧の比は30 A：100 mVなので，このときの1次側電流は，4.83 A（＝16.1×30/100）です．同様に，出力最大時の電圧の実効値は26.9 mVなので，このときの1次側電流は8.07 A（＝26.9×30/100）です．

この状態でモジュールのデバッグ用UARTから出力されたセンサの測定値を次に示します．

```
04b23fb0 0002bfb0 00000241 fffffdc5 Arms = 4.83
04ac78ae 0002ba26 00000242 fffffdc4 Arms = 4.82
（以下，省略）
```

測定結果は4.74〜4.86 A_{RMS}と，オシロスコープで測定した結果から計算した値とほぼ一致しています．

● M5Stackとの接続確認

M5Stackと電流センサ・モジュールをI^2Cで接続して，測定データのグラフ表示を行います．**図18**に示

リスト3　M5Stackのプログラム

```python
from m5stack import lcd
from machine import I2C
import struct
import time
import math
from array import array
from urequests import request, Response

powerbi = 'https://api.powerbi.com/beta/(省略)'  # Power BIのStreaming datasetのURL

i2c = I2C(sda=21, scl=22, freq=100000)

lcd.clear()
last_text = None
fw, fh = lcd.fontSize()

def repeat(item, count:int):
    for i in range(count):
        yield item

class SampleBuffer(object):
    # （省略）
# サンプリングした値を蓄えるリング・バッファ
minute_buffer = SampleBuffer(60)
hour_buffer = SampleBuffer(60)
minute_sum = 0
minute_count = 0

chart_max_value = 15
chart_height = 100
chart_width = 300
chart_margin = 20

# グラフを描画する.
def draw_chart(y:int, buffer:SampleBuffer):
    x = chart_margin
    yofs_prev = chart_height
    lcd.rect(0, y, 320, chart_height, color=lcd.BLACK, fillcolor=0x000020)
    lcd.rect(chart_margin, y, chart_width, chart_height, color=lcd.WHITE)
    lcd.line(chart_margin, y + chart_height//2, chart_margin + chart_width, y + chart_height//2, color=lcd.
                                                                                       DARKGREY)
    lcd.text(0, y + chart_height - fh, "0")
    lcd.text(0, y + 0, '{0:0.0f}'.format(chart_max_value))
    for value in buffer.read_all():
        yofs = (chart_max_value-value) * chart_height // chart_max_value
        lcd.line(int(x), int(yofs_prev + y), int(x+chart_width/60), int(yofs + y), color=lcd.GREEN)
        x += chart_width / 60
        yofs_prev = yofs

# Power BIにデータを送信する
def post_data_powerbi(data:float) -> bool:
    timestamp = '{0}-{1:02}-{2:02}T{3:02}:{4:02}:{5:02}Z'.format(*time.localtime()[0:6])
    json = '[{{"current":{0},"timestamp":"{1}"}}]'.format(data, timestamp)
    print(json)
    try:
        r = request('POST', powerbi, data=json, headers={'Content-Type':'application/json'})
                                                                                       # type:Response
        r.close()
        print('status_code: ')
        print(r.status_code)
```

すように正しく表示されます.

● Power BIの送信データ確認

　測定したデータの保存と集計を行えるように,
Microsoftのデータ可視化サービスであるPower BIに
データを送信します. 図2にPower BIの画面を示し
ます.

◆参考文献◆

(1) Cypress Semiconductor Corporation, PSoC 4 Sequencing
　　Successive Approximation ADC(ADC_SAR_Seq)
(2) Cypress Semiconductor Corporation, PSoC 4 Operational
　　Amplifier(Opamp)
(3) Cypress Semiconductor Corporation, PSoC 4 Serial
　　Communication Block(SCB)
(4) UI Flow, https://flow.m5stack.com/
(5) Power BIのリアルタイム ストリーミング, https://docs.
　　microsoft.com/ja-jp/power-bi/service-real-time-streaming

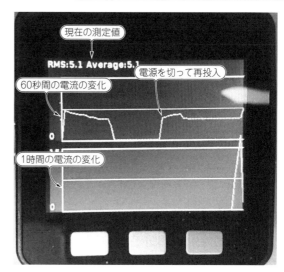

図18　M5Stackに測定した電流値をグラフ表示している
ようす

```
    print('\n')
    return r.status_code == 200
  except:
    return False

address = None
buffer = bytearray(8)
while True:
  # ステータス取得用バッファ (I2Cバッファの一部を間借り)
  status_buffer = memoryview(buffer)
  y = 0

  # I2Cバス上のTSoCボードを検出
  if address is None:
    addresses = i2c.scan()
    if len(addresses) > 0:
      address = addresses[0]

  # センサ・データ取得
  if address is not None:
    i2c.readfrom_mem_into(address, 0x00, status_buffer[0:1])
    while struct.unpack('<B', status_buffer[0:1]) == 0:
      i2c.readfrom_mem_into(address, 0x00, status_buffer[0:1])
      time.sleep(0.01)
    i2c.readfrom_mem_into(address, 0x04, buffer)
    i2c.writeto_mem(address, 0x00, b'\x00') # Notify that the master has read the sensor value.
    rms, avg = struct.unpack('<ff', buffer)
    t = 'RMS:{0:.1f} Average:{0:.1f}'.format(rms, avg)
  else:
    t = 'No sensors'
    rms = 0
    avg = 0


  if last_text is not None:
    lcd.textClear(0, y, last_text)
  lcd.text(0, y, t)
  last_text = t
  y += fh*3//2

  # サンプリング・バッファを更新
  rms = rms if not math.isnan(rms) else 0
  minute_buffer.put(rms)
  minute_sum += rms
  minute_count += 1
  if minute_count == 60:
    minute_count = 0
    hour_buffer.put(minute_sum/60)
    # Power BIにデータ送信
    post_data_powerbi(minute_sum/60)
    minute_sum = 0

  # グラフを描画
  minute_buffer.reset_read()
  draw_chart(y, minute_buffer)
  hour_buffer.reset_read()
  draw_chart(y + chart_height+fh//2, hour_buffer)
  # 1秒待つ
  time.sleep(1)
```

## 第2章

ジャイロ・センサから発生するドリフトを推定&キャンセル

棒を傾けても水平キープ！ カメラ・スタビライザ

宮園 恒平 Kohei Miyazono

2足歩行ロボットなどに代表される姿勢制御マシンは，サーボモータやセンサを多数用います．

一般的なマイコンは，PWMパルスを生成するタイマ・モジュールを数個しか内蔵していないので，サーボモータの数が多くなると対応できません．

ソフトウェア制御でPWMパルスを生成できますが，割り込み処理ではパルス幅がずれるため調整がたいへんです．これではロボット制御に注力できません．

PSoCはバリエーション豊かで汎用性の高いコンポーネントを備え，それらを自由にカスタマイズできる高い柔軟性を持っています．

TCPWMコンポーネントは，タイマ/カウンタ/PWMとして使えます．GUIで配置して初期設定をすると，自動生成されるAPIを呼び出すだけでPWMを生成できます．TCPWMコンポーネントは，ハードウェアで信号を生成するので，CPUに負荷をかけず，安定した高精度なパルスを生成できます．

PSoCを使えば，サーボモータ用PWM信号やセンサとの通信プログラムが短時間で作れます．本来のロボット制御の作り込みに集中でき，結果として生産性があがります．

本稿では，PSoC 4100SのTCPWMコンポーネントとSCBコンポーネントを使った1軸カメラ・スタビライザを製作しました．サーボモータの駆動やセンサとの通信プログラムは，コンポーネントで作ります．　　　　　　　　　〈編集部〉

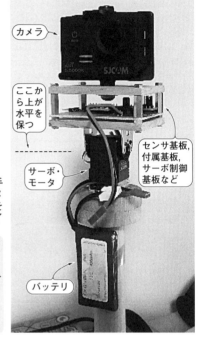

写真1　持ち手が傾いてもカメラ部分は水平を保つスタビライザを製作

メーカ製のように3軸を目指すと大変だが，1軸ならシンプル．搭載カメラはGoProクローンとして有名なSJ5000X Elite（SJCAM社）

（カメラ）

（ここから上が水平を保つ）

（サーボ・モータ）

（センサ基板，付属基板，サーボ制御基板など）

（バッテリ）

姿勢制御により カメラの向きを一定に保つ

● 付属基板を使って製作したカメラ・スタビライザ

写真1に示すのは本書付属基板を使って製作したカメラ・スタビライザです．

外見は自撮り棒のように見えますが，カメラ取付部がサーボになっており，持ち手部分に対するカメラの角度を変えられます．カメラの取付部の下には，後述する慣性計測ユニット（IMU：Inertial Measurement Unit）を含む制御ボードが組み込まれています．姿勢を検出してRCサーボの角度を制御することで，カメラの角度を一定に保ちます．

● 姿勢制御をカメラ・スタビライザで試す

カメラ・スタビライザとは，カメラの向きを一定に保つ装置です．GoProのようなアクション・カメラを使った動画撮影に使われます．手ぶれや撮影者の動きによらずカメラが一定の方向を向くように姿勢制御を行うことで，滑らかな映像が撮影できます．

ブラシレス・モータを使った3軸カメラ・スタビライザも市販されていますが，今回はピッチ方向（前後の傾き）の1軸を制御する，ロボット用サーボを使った角度制御が容易なシステムにします．

3軸の姿勢制御は，センサ出力と姿勢の対応が非線形となるため，行列やクオータニオン（四元数）を用いた複雑な計算が必要です．1軸にすると，角速度と姿勢角が簡単な比例関係になり，実装が容易です．

● 応用範囲の多い姿勢制御

本稿における「姿勢」とは，「3次元空間における物体の向き」を意味しています．

「制御」とは，「システムに入力を加えて対象となる

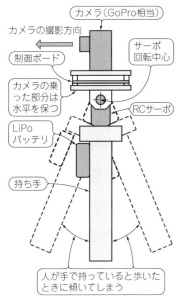

図1　カメラ・スタビライザの動作
持ち手部分が傾いても，RCサーボ・モータでカメラが載る部分を回転させ，撮影方向を一定に保つ

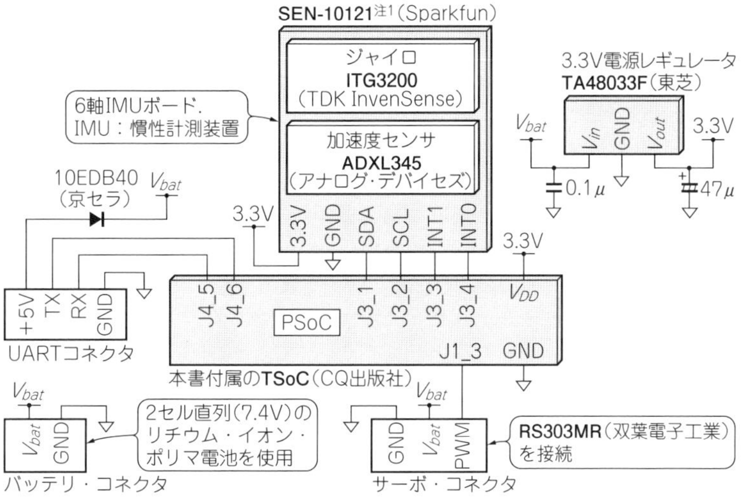

LiPo：リチウム・イオン・ポリマ

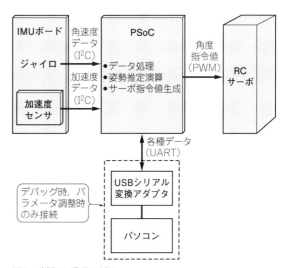

図2　製作した1軸カメラ・スタビライザの回路
付属基板，IMUボード，電源ICとコネクタで構成される

図3　制御の信号の流れ
センサの出力を取得して角度指令値を計算しサーボに送る．10 msごとに繰り返して連続的に制御する

物理量を目標値に一致させること」を意味します．つまり姿勢制御とは，空間における物体の向きを思いのままに操ることです．

　飛行機やヘリコプタは姿勢制御で行きたい方向に機体を傾けることで操縦を行っています．天気予報でおなじみの気象衛星は，姿勢制御によってカメラを撮影対象に向けたり，通信アンテナを地上局に向けたりします．

　本稿では，慣性センサを使って小型アクション・カメラの姿勢を検出し，ロボット用サーボでカメラの姿勢を目標値に一致させます．

　姿勢制御ができると，ドローンを空中で安定させたり，2足歩行ロボットやセグウェイのような乗り物を倒れないようにバランスを取ったりといった，さまざまな応用が期待できます．

ハードウェアの製作

● 全体の構成

　本器の構成を図1に，回路を図2に示します．制御ボードは本書付属基板，IMUボード，電源回路をユニバーサル基板にまとめたものです．

● 信号の流れ

　本器の制御フローを図3に示します．

　IMUは，角速度センサ（ジャイロ）と加速度センサからなります．カメラが固定されている基板の角速度

と加速度を検出し，そのデータをI^2CでPSoCに送ります．

　PSoCではそのデータを用いてカメラの姿勢を推定し，カメラを水平に保つために必要なRCサーボの出力軸の角度を計算します．

　角度指令値はPWM信号としてRCサーボに出力され，RCサーボは内部のコントローラでモータを駆動して，出力軸の角度を指令値に一致させます．

　上記のサイクルを一定周期で繰り返すことにより，カメラの向きを一定に保ちます．パラメータ調整やデバッグ時には，PSoCからUSBシリアル変換アダプタを経由してUARTでパソコンとデータ通信を行います．

▶制御周期は10 ms

　センサ・データのサンプリング，計算処理，サーボ

へのコマンド出力は，タイマ割り込みにより一定周期で行います．

今回は周期を10 ms（100 Hz）にしました．この制御周期は制御対象の動特性，センサやマイコンの性能を考慮して決定する必要があります．

センサによる計測では，理論的にはサンプリング周波数が，測定対象信号に含まれる最大周波数成分の2倍以上である必要があります．実際には2倍では波形再現が不十分なため，余裕を見て5倍以上を確保します．

制御周期が短すぎるとデータ・バスの帯域やマイコンの計算能力を圧迫し，センサのノイズも増えるため10 msにしました．

計測対象はカメラ・スタビライザの角速度と加速度です．サーボで動かす場合と人が手に持って動かす場合の両方が考えられますが，いずれも周波数成分は10 Hz以下と推定できます．したがって，サンプリング・レートは100 Hzあれば問題ないでしょう．100 Hzであれば，今回の作例では処理能力やノイズが問題となることはありません．

● キー・パーツ①…6軸IMU

姿勢制御で鍵となるパーツがIMUで，角速度センサ（ジャイロ）と加速度センサの組み合わせです．

角速度と加速度が分かれば，積分計算によって姿勢や位置が求まります．慣性計測は，古くから航空機や潜水艦の航法に利用されてきました．初期のIMUは機械式のジャイロを用いており，大型で非常に高価でした．近年はMEMS技術を用いた半導体センサの進歩が著しく，小型，軽量かつ低価格なIMUが多数登場しています．

ただし，MEMSセンサによるIMUは，精度の面で航空機に搭載されるような本格的なIMUには到底およびません．MEMSジャイロの長時間の出力における誤差を表すバイアス安定性は，**表1**に示すように，航空機に使用されるリング・レーザ・ジャイロの100倍以上悪い値です．MEMSジャイロ単体で高精度な慣性計測は期待できません．

しかし，後述のカルマン・フィルタによってジャイロと加速度センサの出力を組み合わせると誤差の累積が抑えられ，長時間の使用に耐える姿勢推定を行えます．

今回利用するIMUは，**写真2**に示す6 Degrees of Freedom IMU Digital Combo Board SEN-10121 [注1]（米国Sparkfun社）です．I²C接続の3軸ジャイロ（ITG3200）と3軸加速度センサ（ADXL345）が1枚のボードに載っています．ユニバーサル基板やブレッドボードで一般的な2.54 mmピッチ端子で接続できます．サイズは小さく，小型のドローンに搭載可能です．

このIMUボードの電源は3.3 Vです．通信インターフェースは加速度センサとジャイロともにI²Cです．ボード内で共通のバスに配線されており，I²Cのプルアップ抵抗も実装済です．したがって，付属基板やマイコン基板とは電源，GNDおよびI²Cポートの4本を接続するだけで使えます．

データ取得時にパルスを出力するINTピンがジャイロ，加速度センサそれぞれに備わっています．INTピンの信号をトリガとして割り込みを発生させることで，データが取得できます．

● キー・パーツ②…ロボット用サーボ

カメラの姿勢を変化させる動力として，**写真3**に示すロボット向けRCサーボRS303MR（双葉電子工業）を使用します．

RCサーボはラジコン向けとロボット向けの2種類あります．一般に**表2**に示す違いがあります．今回は駆動対象のカメラは比較的重量があるため，十分なトルクを有し，かつ出力軸の反対側にフリーホーンを取り付けて両軸で負荷を支えられるロボット用サーボを採用します．RS303MRはロボット用RCサーボの中では比較的安価で，PWMによる角度制御もできる使いやすい製品です．

ロボット用RCサーボは，シリアル通信により制御ゲインなどのパラメータを変更できます．例えば重いカメラを動かす場合は負荷の変動が大きくなるので，

注1：本書発売日時点で既に販売が終了している．同等の機能を持つSEN-18020（Sparkfun）で同じ内容を試せる．

表1 小型で安価なMEMSジャイロは航空宇宙用のジャイロより安定性が低い
角度を算出しようと測定値を積分すると誤差が大きくなる

種類	リング・レーザ・ジャイロ（航空宇宙機器向け）	MEMSジャイロ（スマホ向け）
バイアス安定性	0.001～0.01°/h	1～10°/h

写真2 使用したセンサ基板 SEN-10121 [注1]（Sparkfun）
慣性計測装置（IMU）として使えるように角速度センサと加速度センサの2つが搭載されている

写真3 使用したロボット用RCサーボRS303MR（双葉電子工業）
ロボットの関節用で，回転軸を両側で支持できる．内部ギアは壊れにくい金属製

安定に制御するためにゲインを下げて使用するなど，負荷の特性に合わせた柔軟な使い方ができます．

RS303と互換性がある低価格なRCサーボにRS304MDがあります．主な違いはギアの材質です．RS303MRは金属製ギア，RS304MDは樹脂製ギアです．金属ギアのRS303MRの方が若干高価ですが，摩擦が少なく耐久性も高いです．樹脂製ギアのサーボは大きな負荷がかかるとギアが欠けることがあります．今回のように重量のあるものを動かす場合や，外部から荷重がかかる場合は，金属ギアの選択が無難です．

● バッテリと電源回路

大電流を必要とするRCサーボを駆動するため，電源にラジコン用のリチウム・イオン・ポリマ(LiPo)バッテリを使用します．RS303MRは2セル直列(7.4 V)のLiPoバッテリに対応しています．

ラジコン用LiPoバッテリは内部抵抗が小さく大電流を取り出せます．RCサーボ駆動用の電源としては優秀ですが，スマートホンなどのバッテリと異なり安全回路が設けられていないので，ショートなどにより過電流が流れると発火の恐れがあります．

充電には専用充電器を使います．定格電流を守って

表2　カメラ乗せて動かすので重い負荷を支えやすいロボット用のRCサーボを使う

項　目	ラジコン用	ロボット用
制御方式	PWMのみ	PWM，シリアル通信
作動範囲	狭い(±90°以下)	広い(±120°以上)
両軸化	非対応	対応
制御パラメータ調整	非対応	対応
角度等のデータ取得	非対応	対応
製品ラインナップ	豊富	少ない
サイズ	超小型～大型	中型～大型
価格	安価(1,000円～)	高価(5,000円～)

(注)あくまでも一般的な傾向であり，高機能なラジコン用RCサーボもあります

使用するのはもちろんのことです．自作機器で使用する場合は，配線やコネクタの絶縁，基板上のルーティングにも注意し，可能な限りショートしにくい設計が必要です．

LiPoの公称電圧は1セルあたり3.7 Vです．実際の電圧は満充電で4.2 V程度，2セル直列では最大8.4 V程度です．今回の回路では，RCサーボにはLiPoバッテリから直接供給します．一方でPSoC基板とIMUボードへは，リニア・レギュレータを介して3.3 Vの電圧を供給します．

シンプルなコードで複雑な制御を書けるPSoC

● コンポーネントはソフトウェアから見るとAPIを呼ぶだけで使える

汎用性の高いコンポーネントを自由に利用できる柔軟性はPSoCシリーズの最大の利点です．

今回の例ではPSoC 4のTCPWMコンポーネントからPWM信号を出力してRCサーボを駆動しました．PSoC 4のTCPWMコンポーネントは4つまでしか使えません．上位機種のPSoC 5LPではUDB(Universal Digital Block)を用いてPWMコンポーネントを10個配置することも可能です．

PWMに限らずPSoCのコンポーネントはGUIで配置して初期設定をすれば，自動生成されるAPIを呼ぶだけです．コードが非常にすっきりして見やすくなることも大きな利点です．サーボとセンサを多数用いたラジコンやロボットを自作する場合，PSoCは有効な選択肢と言えます．

● 実際にPSoCを使って開発が楽になった

個人的な話で恐縮ですが，私は学生時代にラジコン飛行機の自動操縦装置をPSoC 5(当時はまだPSoC 5LPではなくPSoC 5でした)で自作したことがあります．それ以前はdsPICマイコンで同様のことを試しましたが，サーボの数に対してタイマ・コ

ンポーネントが足りません，苦肉の策としてソフトウェア制御でPWMパルスを生成するも，割り込みでパルス幅がずれて上手くいきませんでした．自動操縦以前にRCサーボを動かす段階で四苦八苦しました．

PSoCを使うと，RCサーボの駆動，センサや受信機との通信といった部分は，自動生成されるAPIを使って短時間で作成できます．本来の目的である自動操縦プログラムの作りこみに集中することができ，非常に生産性が上がりました．

● CPUが制御に専念できるのは理想に近い

制御装置は操作端やセンサから入力を受け取って内部で制御則の演算を行い，結果を制御対象に出力するという流れが一般的です．処理の効率や，コードの可読性を含めた開発サイドの生産性の面でも，頭脳であるCPUとソフトウェアは入出力に伴う「雑務」から解放し，制御演算に集中させることが理想的です．

PSoCはこれを可能にする特徴を備えており，ハードウェアの制御装置と相性が良いと言えます．今後ドローンやロボットの分野でPSoCが広く利用されることも十分あり得るのではないでしょうか．

〈宮園　恒平〉

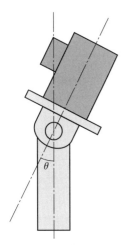

図4 制御対象のピッチ
角はカメラが上を向く方
向を正として定義する

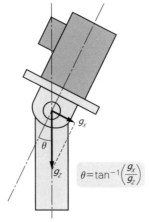

（a）重力方向の加速度を求め
れば姿勢角が出せる

$$\theta = \tan^{-1}\left(\frac{g_x}{g_z}\right)$$

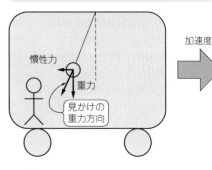

観測者自身が加速あるいは減速している場合，
加速度による慣性力が働くため，姿勢が一定で
あっても見かけ上の重力方向が変化する

慣性力　重力　見かけの重力方向　加速度

（b）水平方向の加速度で大きな
誤差が発生する

図6 加速度センサによるピッチ角の算出

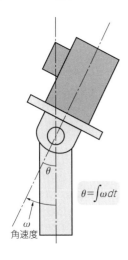

図5 角速度センサ（ジ
ャイロ）によるピッチ角
の算出

$$\theta = \int \omega dt$$

角速度を積分すると角度
が得られる．ただし，初期
化が必要なのと，MEMS
ジャイロでは誤差が大きい

デバッグ時に，バッテリを使わずPSoCとセンサを
動作できるように，USBシリアル変換アダプタから
5V電源を供給可能にします．USBシリアル変換アダ
プタの電源供給能力はRCサーボを駆動するには足り
ませんが，デバッグやセンサ・データの確認はバッテ
リ無しでできたほうが便利です．

アダプタから電源を供給するときは，過電流を防止
するためRCサーボを外しておきます．間違えてバッ
テリを接続してしまっても5Vを超える電圧が変換ア
ダプタ側にかからないように，変換アダプタ側の
＋5Vとバッテリ側＋7.4Vの間に整流用ダイオード
を入れています．

制御アルゴリズム

■ 制御対象となる姿勢の検出方法

● 姿勢の表現

姿勢，すなわち3次元空間における物体の向きは，
数学的には基準となる座標系から対象物に固定された
座標系への座標変換として定義されます．

今回は簡単のためピッチ軸，すなわち水平からの前
後の傾きのみを考えます．ピッチ角の定義は，図4に
示すように，基板が重力方向と垂直な状態を0°とし，
カメラが上を向く方向を正とした角度と定義します．
この角度をIMUのセンサ出力から計算するにはどう
すればよいでしょうか．IMUにはジャイロ（角速度セ
ンサ）と加速度センサが搭載されています．

● 方法①：ジャイロの出力を積分する

ジャイロは角速度，すなわち角度の変化率を出力す
るので，図5に示すように出力を積分すると姿勢角を
計算できます．

タイマ割り込みなどを用いて一定周期Δtで角速度ω
の値を取得し，$\omega \times \Delta t$を周期毎に加算することで，角
度が求まります．

ジャイロの出力値はあくまで角度の変化率であり，
角度の絶対値は分かりません．積分を開始する前の初
期値を別の方法で与える必要があります．水平な台の
上で初期化したり，加速度センサにより求めた角度を
使って初期化したりすることが考えられます．

しかし，ジャイロの出力の積分によって角度を求め
る方法には，次のような欠点があります．

▶欠点：誤差が時間とともに増大する

この方法の最大の欠点は，時間とともに角度の誤差が増大してしまうことです．MEMSジャイロは温度変化やドリフトによる誤差が大きいため，積分によりセンサの誤差が蓄積され，角度の積分値は実際の角度から大きくずれます．

積分時間が長くなるほどこの誤差は大きくなるため，ジャイロの積分のみで実用的な姿勢角を計算できるのは，せいぜい数分程度の短時間です．

● **方法②：加速度センサにより重力方向を求める**

角度を求めるもう1つの方法は，加速度センサが検出する重力加速度を用いる方法です．

図6に示すように，3軸加速度センサは水平方向，垂直方向の重力加速度の成分を別々に検出できるので，逆三角関数により姿勢角が求まります．しかし，この方法にも次のような欠点があります．

▶欠点：加減速による誤差が大きい

加速度センサは重力加速度と運動による加速度の合計を検出します．センサが静止している時は重力方向から姿勢角を正しく検出できますが，センサが動いていると運動による加速度を拾ってしまい，誤差が大きくなります．特に，運動が激しいドローンなどでは致命的です．

● **ジャイロと加速度の値を組み合わせて使う**

ジャイロのみでは積分による誤差の増大が，加速度センサでは運動の加速度によるノイズが問題となり，どちらも一長一短です．

そこで，ジャイロと加速度センサの2つのセンサから得られる情報を効率的に利用して，より精度の良い姿勢角推定を行います．カルマン・フィルタと呼ばれる状態推定手法を活用します．

複数のセンサをうまく組み合わせて計測精度を向上させる技術は，センサ・フュージョンと呼ばれます．計測や制御の中核となる技術の1つです．

自動車の自動運転においては，レーダやカメラを含む数十種類のセンサ情報を効率的に活用する技術が自動車メーカ各社で研究されています．

■ カルマン・フィルタによる姿勢角推定

● **カルマン・フィルタとは**

カルマン・フィルタとは，対象システムの時間変化を記述するモデルと，状態量に対する観測量を用いて，対象システムの状態を推定することで，時間変化する状態量を求める制御工学の手法の1つです．

理論は複雑なので本稿では割愛します．図7に示すように，モデルから計算される状態量の時間変化と，状態量の観測，両方に正規分布に従うノイズが含まれ

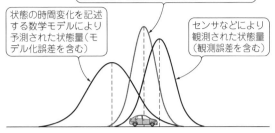

図7　カルマン・フィルタの考え方を表わす模式図
状態量の時間変化，観測量，両方に正規分布のノイズが含まれるとして，もっとも確からしい値を求める

るという仮定の下で，確率的に最も確からしい状態量を求めるのがカルマン・フィルタです．

以降では，カルマン・フィルタの考え方の概要と，姿勢推定における実装を見ていきます．

● **時間変化を表す状態方程式を立てる**

まず，対象の時間変化を状態方程式と呼ばれる形式で表現します．状態方程式とは簡単に言うと，時刻tでのシステムの状態変数とシステムへの入力を用いて，時刻$t+\Delta t$での状態変数を表現する式のことです．ここで状態変数とは，対象の時間変化を表現するために必要なパラメータを指します．

添字kは時刻tにおける値を，$k+1$は時刻$t+\Delta t$における値とし，時間刻みΔtは一定値とします．Δtは制御対象の応答性，センサの性能やマイコンの計算能力を考慮して設定します．今回は10 msとします．

今回の例では姿勢角θ [rad] とジャイロのバイアスb [rad/s]（角速度が0の時の出力，すなわち誤差）の2つを状態変数とします．また，ジャイロにより検出された角速度ωをシステムへの入力とします．

すると，姿勢角およびバイアスに対する状態方程式は以下の式で表されます．ここではバイアスは時間変化しないと仮定していますが，後述する観測更新の際に値が変化します．

$$\theta_{k+1} = \theta_k + (\omega_k - b_k)\Delta t$$
$$b_{k+1} = b_k \quad \cdots\cdots\cdots\cdots\cdots\cdots\cdots\cdots\cdots (1)$$

カルマン・フィルタを適用するため，上記の式を行列とベクトルを用いて表現します．状態変数は縦に並べてベクトルとして扱い，行列計算の形に書き直すと以下の式が得られます．下記が状態方程式の一般的な表現となります．

$$x_{k+1} = Ax_k + Bu_k$$
$$x_k = \begin{bmatrix} \theta_k \\ b_k \end{bmatrix}, u_k = \omega_k, A = \begin{bmatrix} 1 & -\Delta t \\ 0 & 1 \end{bmatrix}, B = \begin{bmatrix} \Delta t \\ 0 \end{bmatrix} \cdots (2)$$

● **状態変数に対する観測モデルを作る**

次に，状態変数に対する観測方程式を定義します．

観測とは，状態変数の値に直接つながる計測値を得ることです．ここで計測する値は，複数ある状態変数のうちの一部でも構いません．

先ほど決めた状態変数の1つは姿勢角ですから，ここで姿勢角の情報を直接得ることができる加速度センサが登場します．加速度センサの出力から計算した姿勢角z [rad] を用いて，以下の通り観測方程式を定義できます．カルマン・フィルタを適用するため，ここでも行列を使って表現します．

今回は姿勢の観測量として加速度センサによって検出した重力方向のみを用いました．ピッチのみの1軸としても問題ありませんが，重力方向は水平方向の向き（ヘディング）の情報を含まないので，3軸の姿勢制御では水平方向の誤差が大きくなることがあります．そのため，3軸の姿勢推定では，水平方向の観測量として地磁気センサを併用することで精度を高めることも可能です．

$$z_k = \theta_k = Hx_k$$
$$H = [1 \ 0] \cdots\cdots\cdots\cdots\cdots\cdots\cdots\cdots (3)$$

● 状態更新と観測更新

組み込みシステムによるカルマン・フィルタの実装では，状態更新と観測更新という2ステップの処理を行います．

状態更新は状態方程式に基づいて時刻tの状態変数を時刻$t + \Delta t$に更新する処理，すなわち今回の例ではジャイロ出力の積分を姿勢角に加算する処理に相当します．

一方で観測更新は，状態変数の観測結果に基づいて状態変数を「修正」する処理です．今回の例では加速度センサにより求めた重力方向を用いて姿勢角とジャイロのドリフトを修正します．

この「修正」の量をそれぞれの状態変数に対して求

めるのがカルマン・フィルタの計算になります．図8にそれぞれのステップの計算式を示します．

● 誤差の共分散

図8の式に登場したパラメータP_k, Q, Rは共分散行列と呼ばれ，誤差のばらつきを表します．

P_kは状態変数の誤差，Qは時間更新時に加わる誤差，Rは観測の誤差の分散を表しています．このうちPは図8に示されている式にしたがって状態変数と同時に時間更新され時々刻々変化します．一方で，QとRは一般に定数であり，通常は対角成分以外が0の行列です．

カルマン・フィルタは，状態の時間更新を表すモデルと，状態に対する観測の両方に誤差が含まれることを前提にします．Qがジャイロの積分時の誤差に，Rが加速度センサによる姿勢角検出の誤差に相当します．

したがって，QとRの値によってジャイロを元にした積分と加速度センサによる検出のどちらに重きを置くかが決まります．Qを小さく，Rを大きくすれば，ジャイロの積分よりも加速度センサの誤差を大きく見積もっていることになり，ジャイロの積分値を重視することになります．Qを大きく，Rを小さく設定すればその逆になります．

● パラメータ・チューニング

P_kの初期値P_0, Q, Rの値は，本来であればセンサの特性を計測したデータを用い，実際の使用状況を想定したシミュレーションと実機試験によって調整しながら決めることが理想的です．

センサの特性データを取得するには，正確な計測値が得られる状態で実験を行います．正確に一定速度で回転するレート・テーブルや，高い工作精度で製作された取付冶具などが必要です．

今回はインターネットで公開されている文献(1)に

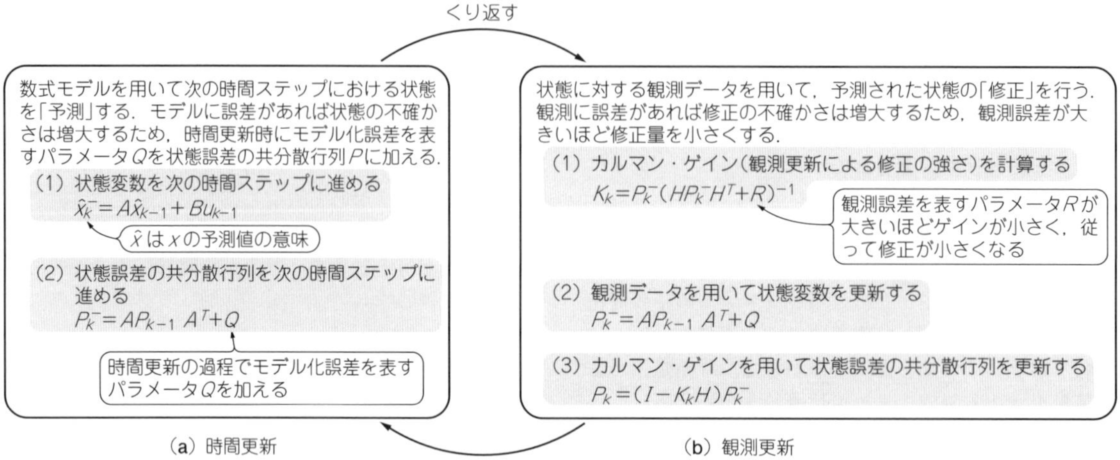

くり返す

数式モデルを用いて次の時間ステップにおける状態を「予測」する．モデルに誤差があれば状態の不確かさは増大するため，時間更新時にモデル化誤差を表すパラメータQを状態誤差の共分散行列Pに加える．

(1) 状態変数を次の時間ステップに進める
$$\hat{x}_k^- = A\hat{x}_{k-1} + Bu_{k-1}$$

$\hat{x}$はxの予測値の意味

(2) 状態誤差の共分散行列を次の時間ステップに進める
$$P_k^- = AP_{k-1}A^T + Q$$

時間更新の過程でモデル化誤差を表すパラメータQを加える

（a）時間更新

状態に対する観測データを用いて，予測された状態の「修正」を行う．観測に誤差があれば修正の不確かさは増大するため，観測誤差が大きいほど修正量を小さくする．

(1) カルマン・ゲイン（観測更新による修正の強さ）を計算する
$$K_k = P_k^-(HP_k^-H^T + R)^{-1}$$

観測誤差を表すパラメータRが大きいほどゲインが小さく，従って修正が小さくなる

(2) 観測データを用いて状態変数を更新する
$$P_k^- = AP_{k-1}A^T + Q$$

(3) カルマン・ゲインを用いて状態誤差の共分散行列を更新する
$$P_k = (I - K_kH)P_k^-$$

（b）観測更新

図8 状態更新と観測更新を繰り返して常にリアルタイムの推定値を得る
カルマン・フィルタの実装では，モデルによる状態の「予測」と観測による予測の「修正」を行うことで，状態量の推定値を得る

示されている値を参考にして，製作した実機を使った分度器などによる簡易的な計測から試行錯誤的に調整して，以下の値に決めました．

$$P_0 = \begin{bmatrix} 0 & 0 \\ 0 & 0 \end{bmatrix}, \ Q = \begin{bmatrix} 0.001 & 0 \\ 0 & 0.003 \end{bmatrix}, \ R = 0.7 \cdots\cdots (4)$$

● カルマン・フィルタを用いるメリット

カルマン・フィルタの利点として，第一にセンサを単独で用いるよりも精度の高い推定値が得られることが挙げられます．

もう1つの利点として，直接観測できないシステム内部の状態に関する情報が得られることが挙げられます．今回は2つ目の状態変数としてジャイロのドリフトを設定しました．作動中のジャイロのドリフトを直接計測することはできませんが，カルマン・フィルタにより姿勢角の積分誤差から間接的に推定された値を得られます．

直接センサを設置して計測することが困難なシステム内部の状態を知りたい場合にも，カルマン・フィルタは強力なツールです．

■ ロボット用RCサーボRS303MRの制御

RS303MRは一般的なRCサーボと同じ電源，GND，信号線の3線接続です．信号線はRCサーボで一般的なPWM制御と，シリアル送受信の両方に対応しています．

● PWM方式による角度指示

一般的なRCサーボと同様にPWM信号で角度制御が可能です．信号線に10 m〜20 ms周期の連続するパルスを送信します．パルスの幅が角度指令値です．

RCサーボは多数のメーカが販売しており，角度指令値とパルス幅の関係は，おおよそ似たり寄ったりなのですが，厳密には同じではありません．安価なRCサーボでは角度とパルス幅の関係は校正されておらず，同じ型番でも個体によりばらつく問題もあります．

その点で，RS303MRはパルス幅と角度の関係が**表3**に示す通りマニュアルに示されているので，手軽なPWM方式でも，ある程度正確な角度制御が可能です．

● シリアル通信による制御パラメータ調整

RS303MRは，ロボットの関節を駆動できるよう設計されたRCサーボです．ロボットの手足は，ラジコンのステアリングや操縦舵面と比べると慣性が大きく，

表3　使用したRCサーボRS304MDのパルス幅と角度の関係

パルス幅	角度（位置）
560 μs	+ 144°
1520 μs	0°
2480 μs	− 144°

壁や地面との接触や荷物の持ち上げなどによる負荷の変動も大きくなります．慣性が大きい負荷や変動する負荷を位置制御する際に，RCサーボ内部の制御ゲインが大きすぎると，指令値に安定に追従せず振動することがあります．そのため，RS303MRはシリアル通信で制御ゲインを調整できます．

RS303MRのマニュアルでコンプライアンス・スロープと呼ばれている値が制御ゲインに相当します．コンプライアンス・スロープが小さくなるほどゲインが大きくなります．一般にゲインを大きくすると指令値への追従性，応答速度は良くなりますが，振動が起こりやすくなります．ゲイン調整はMATLABなどの制御系設計ツールを活用したシミュレーションが有効ですが，趣味の電子工作の範囲では現物を用いた調整が一般的です．現物を用いて制御系のゲインを調整する場合は低いところから徐々に上げていき，振動が出たら下げるのが良いです．

ソフトウェアの作成

■ コンポーネントの配置と設定

ここからはPSoC Creatorを使って実際にコンポーネントを配置し，ソフトウェアを作成していきます．

図9にコンポーネントの配置図を示します．今回の製作例における主要コンポーネントと設定は以下の通りです．

● RCサーボへ角度指示を出すTCPWMコンポーネント

サーボをPWM方式で制御するので，PWMパルスを生成するためにTCPWMコンポーネントを使用します．TCPWM（Timer Counter PWM）はタイマ，カウンタとPWMの機能が1つにまとめられたコンポーネントです．今回はPWMモードで使用します．

clock入力には，ベースとなるクロック入力として

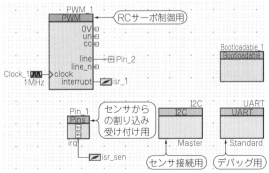

図9　PSoC Creatorで制御や通信用のコンポーネントを配置する

Clockコンポーネントを接続し，1 MHzのクロックを与えておきます．PWMパルスの出力であるline出力には出力ピンとしてPinコンポーネントを接続します．また，PWMコンポーネントにタイマ割り込み機能を持たせるため，interrupt出力にISRコンポーネントを接続しておきます．

▶TCPWMコンポーネントの設定

ConfigurationタブでPWMを選択すると，PWMタブが現れます．

パルス幅に相当するCompareは，初期値としてサーボの中立位置に相当する1520を入れます．ベース・クロックが1 MHzなので，$1\ \mu s \times 1520 = 1520\ \mu s$のパルス幅となります．

Periodはパルス全体の周期で，サーボの指令角には直接関係なく，一般的に10 m～20 msの範囲であれば問題ありません．今回はPeriodを10000（$1\ \mu s \times 10000 = 10$ ms）とし，ソフトウェアの制御周期を決めるタイマを兼用させます．10 msごとに割り込みを発生させるため，Interrupt On Terminal Countのチェックを有効にします．

● センサとI²Cで通信するSCBコンポーネント

IMUのセンサとI²Cで通信するためにSCB（Serial Communication Block）コンポーネントを配置します．

SCBはUART，SPI，I²Cの機能が1つにまとめられたコンポーネントです．

SCBはチップごとに搭載数が決まっており，付属基板に搭載されたCY8C4146LQI-S433では最大で3つ利用できます．入出力ピンも各SCBに割り当てられた特定のピンを使用する必要があります．

デフォルト設定では入出力がありません．必要なクロックはシステムから自動的に供給され，入出力ピンは後からDesign Wide Resourceで設定します．

▶I²Cに使うSCBコンポーネントの設定

コンポーネントの設定は，ConfigurationタブでI2Cを選び，I²CタブでモードをMaster，データ・レートを400 Kbpsに設定します．

● パソコンとUARTで通信するSCBコンポーネント

UARTはデバッグや各種チューニングにおけるパソコンとのデータ通信に使用します．I²Cと同様にSCBコンポーネントを配置し，一般的な115200 bps 8N1のUARTポートに設定します．I²Cと同様にピンの割り当ては後から設定します．付属基板を使う場合は，ブートローダのUARTピンと合わせておくと，パソコンからソフトウェアをロードした後そのまま通信できて便利です．

● センサからINT信号を受けるPinコンポーネント

PSoC4では，入出力ピンはPinコンポーネントを利用して設定します．Pinコンポーネントを用いるとロジック・レベルや駆動モード（Push-Pull，オープン・ドレイン，内部プルアップ）などの電気的特性や割り込みの設定を行えます．

IMUのジャイロと加速度センサのINT信号による割り込みを処理するために，Pinコンポーネントを配置します．ジャイロと加速度センサ，それぞれのINTピンに対応する隣り合った2つのピンをまとめて扱えるように，PinsタブのNumber of pinsを2とします．InterruptをRising Edgeとし，Dedicated interruptにチェックを入れることでIRQ信号を出力させ，次に説明するISRコンポーネントに接続します．

● CPUへ割り込みを発生させるISRコンポーネント

ISRコンポーネントを配置しトリガとなる信号を入力することで，割り込みが発生します．

注意点として，PSoC 4ではLEVELタイプのトリガしか使えないので，いったん割り込みが発生するとIRQ信号はHighのままになります．繰り返し割り込みを発生させるには，ISRコンポーネント内で割り込みフラグを手動でクリアする必要があります．

■ ソフトウェアの実装

ここからはソフトウェアによる実際の処理を見ていきます．

● 処理の流れ

ソフトウェア処理の流れを図10に示します．最初に実行される初期化部分と，以下の3つの処理で構成されるメイン・ループからなります．

- 一定周期で実行されるサーボ制御とデータ出力
- ジャイロのデータ処理を行う割り込み処理
- 加速度センサのデータ処理を行う割り込み処理

● 最初にサーボ駆動用のTCPWMを初期化する

RCサーボを制御するTCPWMコンポーネントを他のコンポーネントよりも先に初期化します．

サーボに電源が供給されていて，かつ信号入力が無い状態でサーボがどう動くかは，製品により異なります．RS303MRでは一定時間PWM入力が無いとトルクを抜く設計となっているため比較的安全ですが，他のRCサーボでは暴走する可能性もあります．

TCPWMコンポーネントは，初期化APIを呼んで初めてPWM信号が出るので，電源投入後は最初にPWMの初期化を行って，サーボの角度指令値を適切な値に設定すべきです．今回はコンポーネントの設定で初期値として1520 μsのパルス幅を与えているので，

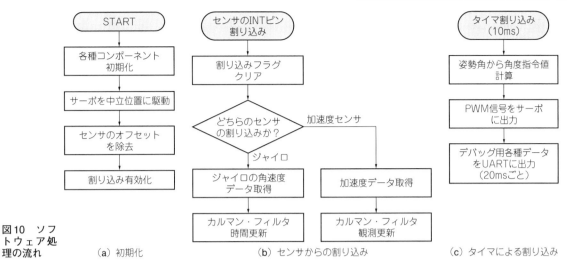

図10　ソフトウェア処理の流れ　　(a) 初期化　　　　　　　　　　(b) センサからの割り込み　　　　(c) タイマによる割り込み

表4　センサへの設定値

センサ	レジスタ名称	設定値	設定内容
ジャイロ （ITG3200）	Register 22 - DLPF, Full Scale	0x1B	測定レンジ：±2000°/s フィルタ周波数：42 Hz
	Register 21 - Sample Rate Divider	0x09	サンプリング・レート：100 Hz
加速度センサ （ADXL345）	Register 0x2C - BW_RATE	0x0A	省電力モード：OFF サンプリング・レート：100 Hz
	Register 0x31 - DATA_FORMAT	0x00	測定レンジ：±2 g
	Register 0x2D - POWER_CTL	0x08	測定モード：有効

TCPWM_Start() を呼んで中立位置に駆動します．PWM初期化後は3秒のディレイを入れることで，サーボが中立位置に戻って止まるのを待つようにしています．

● **IMUのジャイロと加速度センサの設定を行う**

次に，IMUの設定を行います．今回使用したIMUのセンサは，ジャイロ，加速度センサいずれもI²Cでレジスタに値を書き込むことで設定できます．

設定可能な項目は多岐にわたりますが，サンプリング・レート，測定レンジなどの基本的な項目のみ設定しています．設定項目とレジスタ設定値の一覧を**表4**に示します．

初期化が完了したらセンサのオフセット除去を行います．ジャイロ，加速度ともに1秒程度のデータを取り，平均をオフセットとします．加速度のオフセット値から初期姿勢を求めて，カルマン・フィルタを初期化します．ソフトウェアを簡単にするため，初期化の間はIMUを動かさないことを前提にします．実際の自撮り棒では，静止状態で初期化することは難しいかもしれません．

● **割り込みを発生させるISRの動作を設定する**

センサの初期化が完了したら割り込みを有効化し，INTピンの立ち上がりに応じてISRが呼ばれるように設定します．

ジャイロと加速度センサのINTピンは，それぞれのセンサで新しいデータが読み出し可能になると，短いパルスを発します．今回はジャイロと加速度センサの両方のINTピンの立ち上がりを共通のISRに飛ばしているので，ISR内で各ピンの信号レベルを取得して，どちらの割り込みなのか判別し，対応するフラグを立てます．ISR内ではフラグを立てるだけで，実際のデータ処理はメイン・ループ内で行います．

● **センサから取得したデータのフィルタリング**

IMUに限らず，センサの出力データにはノイズが含まれています．ノイズを取り除く方法として最も一般的なのは，センサの出力として意味がある信号の周波数帯域よりも高い周波数成分をロー・パス・フィルタによって取り除くことです．

今回使用したIMUのジャイロには出力にロー・パス・フィルタをかける機能があり，対応するレジスタの値でフィルタのカットオフ周波数を選べます．今回は42 Hzのフィルタを適用しました．

加速度センサは内蔵フィルタ機能がないためPSoC側のソフトウェアでフィルタをかけます．n回目のサンプリングにおけるフィルタの入力（生のセンサ・データ）を$u[n]$，出力を$y[n]$として，$y[n]=0.75y[n-1]+0.25u[n]$とします．すなわち，前回のサ

リスト1　PSoCのUARTにデータを出力する関数

```
#include <stdio.h>
#include <stdarg.h>

void UART_printf(const char *fmt, …){
        char buf[80];
        va_list args;
        va_start(args, fmt);

        vsprintf(buf, fmt, args);
        UART_UartPutString(buf);

        va_end(args);
}
```

ンプリング時のフィルタ出力と生データの重み付き平均を新たな出力とします．生データが急に変化してもフィルタ出力の変化は過去の出力の影響で緩和されるため，信号の高周波成分を取り除くLPFの特性になります．

サンプリング・レート100 Hzで上記のフィルタを適用した場合，おおよそ20 Hz以上の信号をカットするフィルタになります．

● printfを自作してUARTに任意のデータを出力する

UART通信でセンサの出力や計算結果をパソコンに出力したい場合は多いと思います．

そういった用途では，任意のフォーマットでデータを出力できるprintf関数が便利です．PSoCのUARTコンポーネントが生成するAPIにはprintf関数が無いので，C言語の標準ライブラリ関数を使ってUART_printf()を作成しました．

作成した関数を**リスト1**に示します．可変長引数の関数を使うためにstdarg.hをインクルードします．

実際に付属基板（PSoC 4）で**リスト1**の関数を使うと，%dで整数を出力するコードは問題なく動きますが，%fで浮動小数点を出力するコードはうまく動きません．PSoC 5LPではどちらも動くので，コンパイラの仕様と思われます．したがって，小数を出力する場合は，必要な桁数分だけ10^n倍したあとでintにキャストして出力して使います．

データを時系列で見たい場合は，一定周期で時刻とデータをコンマで区切って出力します．パソコンでは受信データをcsvで保存すれば，時系列データとしてエクセルでグラフ化したりといった処理が可能です．

角度推定のテスト結果

● 姿勢角の検出結果を確認する

製作した制御基板単体で，姿勢角のデータを評価してみます．ここでは先ほど説明したUART_printf関数を用いてデータをパソコンに送り，その結果を見ています．

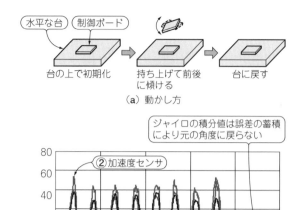

図11　ケース1：初期化後に持ち上げて傾けてみた場合
ジャイロから得た角速度を積分しただけでは，同じ台上に戻したにも関わらず値が戻っていない

角度は［°］に換算して10倍しているので，0.1°の分解能です．比較のため，以下の3通りの方法で出力した姿勢角の値を比較します．

① ジャイロの出力を積分して求めた角度
② 加速度センサ単体で重力方向を求めて得た角度
③ 2種類のセンサのデータからカルマン・フィルタを用いて推定した角度

IMUを載せた制御基板のみを用いて，以下に示す2通りの動きに対して姿勢角のデータを確認します．

▶ケース1：水平な台の上で初期化し，何度か傾けた後元の台に戻す

制御ボードを水平な台の上に載せて電源を投入し，しばらく置いた後持ち上げて何度か前後に傾け，その後，元の台の上に戻します．

上記の①～③の方法で算出された姿勢角の出力結果のグラフを**図11**に示します．ジャイロの積分のみで算出された姿勢角は元の台の上に戻しているにもかかわらず最初の値から20°程度ずれています．これは積分による誤差の蓄積による誤差で，時間とともに増大します．一方で加速度センサとカルマン・フィルタによる姿勢角は，元の0°付近の値に戻っています．

▶ケース2：水平な台の上に置いたまま，傾けず前後にスライドさせる

ケース2では制御ボードを水平な台の上に載せたま

ま，傾けることなく前後にスライドさせます．

　ケース1と同様に上記の①～③の方法で算出された姿勢角の出力結果のグラフを**図12**に示します．今回は基板を傾けていないので，姿勢角としては0のまま変化しません．

　ジャイロの積分値が最も正確です．加速度センサによる値は，併進運動の加速度を拾ってしまうため大きな誤差が発生します．カルマン・フィルタの出力は，加速度センサによる観測更新の影響で多少併進加速度の影響を受けているものの，加速度センサのみで算出した場合と比べると，大幅に抑えられています．

＊

　以上の結果より，カルマン・フィルタを用いることで単独のセンサの弱点を上手く補完し，姿勢角の推定精度が向上していることが確認できました．

　実際の応用では使用するセンサの性能や実際の使用条件に合わせてパラメータQ，RおよびP_0の値をチューニングすることで，さらに精度の高いデータを得ることが可能となります．

◆参考文献◆

(1) Greg Welch and Gary Bishop；"An Introduction to the Kalman Filter"，TR 95-041，July 24，2006.
(2) CE210558 - PSoC4 GPIO Interrupt
(3) ITG-3200 Product Specification Revision 1.4
(4) Analog Devices Digital Accelerometer ADXL345 データシート
(5) RS303MR/RS304MD 取扱説明書

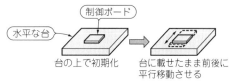

（a）動かし方

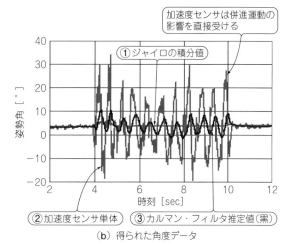

（b）得られた角度データ

図12　ケース2：水平を保ったまま前後に動かしてみた場合
角度は変わらないはずだが，加速度センサだけから求めた値は大きく変動している

(6) 張替 正敏，辻井 利昭，村田 正秋，新宮 博公；搬送波位相DGPS/INS 複合航法アルゴリズムの開発，NAL TR-1416，㈱宇宙航空研究開発機構．

制御モデルの2大表現 連続時間と離散時間

　今回使ったカルマン・フィルタは，データが時間の関数なのにも関わらず添字にkを使っています．カルマン・フィルタに限らず，制御工学の世界ではモデルの表現方法が連続時間と離散時間の2通りあります．

　連続時間モデルは時間の流れを連続な変化とし，モデルを微分方程式で定式化します．一方で，離散時間モデルは時間変化をステップ状とし，モデルを時間ステップに対する漸化式で定式化します．連続時間モデルと離散時間モデルの一般的な状態方程式の表現は以下の通りとなります．離散時間モデルでは時間ステップを添字kで表現することが一般的です．

- 連続時間モデル

$$\dot{x}(t) = Ax(t) + Bu(t)$$
$$y(t) = Cx(t)$$

- 離散時間モデル

$$x_{k+1} = Ax_k + Bu_k$$
$$y_k = Cx_k$$

　現実世界の時間の流れや制御対象の変化は連続ですから，現実世界の現象をモデル化する上では連続時間モデルが自然です．しかし，マイコンなどでの計測や制御は必ず周期処理により行うので，実装上は離散時間モデルの方が好ましいと言えます．

　カルマン・フィルタを設計する場合も，理論的には計測対象を連続時間でモデル化した後，サンプリング周期に基づいて離散時間の式に変換するのが本来の手順です．しかし，今回のようにハードウェアへの実装を前提とする場合，最初から離散時間の式を用いて定式化することが広く行われています．時間変化を表す添字がkとなっているのは上記の理由です．

　カルマン・フィルタによる慣性計測に関して，参考文献(6)に示すJAXAの論文では，6軸IMUとGPSのデータから姿勢，速度，位置を非線形モデルに対する拡張カルマン・フィルタにより推定するアルゴリズムが紹介されています．　〈宮園 恒平〉

第3章

3軸加速度センサ搭載！AIジェスチャ・スティック

末武 清次 Seiji Suetake

豊富なアナログ・コンポーネントやI²C/SPI/UART対応のシリアル通信コンポーネントを備えたPSoCは，アナログ/ディジタル問わず，さまざまなセンサを接続するのに向いています．

収集したセンサ・データをAI技術で解析できれば，まったく新しい魅力的な機能が実現できるかもしれません．

本稿では，付属基板のPSoC 4100SのCPU上でニューラル・ネットワークを動かして，センサ・データを処理する手法を紹介します．例題として，写真1に示すような装置で手の動き（ジェスチャ）を認識できるか試してみます．合計120個の学習データを収集し，ニューラル・ネットワーク設計ツールで学習して得られた重みパラメータをプログラムに実装します．　　　　　　　　　　　〈編集部〉

PSoCで人工知能チップ製作

● マイコンでも実行できるくらいニューラル・ネットワークを軽量化する

本書の付属基板TSoCに搭載しているPSoC 4100SのCPUで，ニューラル・ネットワークを使ってセン

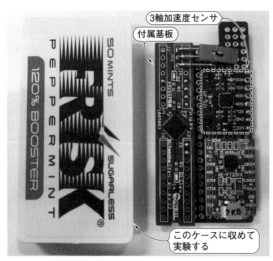

写真1　AI技術を使ってセンサ・データを処理してみる
例題として3軸加速度センサのデータから，手の動き（ジェスチャ）を認識できるか試してみる

サ・データを処理するプログラムを作成しました．

通常のニューラル・ネットワーク処理は，浮動小数点演算で行います．浮動小数点演算は，GPU（Graphics Processing Unit）やCortex-Aクラスのプロセッサや大容量メモリなど多くのハードウェア・リソースが不可欠で，Cortex-Mクラスのマイコンには向いていません．

最近は，量子化の手法を使って8ビットや16ビットの固定小数点でニューラル・ネットワーク処理を行う事例が登場しています．さらに量子化を進め，1ビットまで落とし込んでFPGAで処理する事例もあります．

本稿で作成したニューラル・ネットワーク・プログラムは，図1に示すような重みパラメータを1ビット化する手法を用いました．これにより本書付属基板のTSoCでもAIセンサ処理ができます．

● 普通のニューラル・ネットワークとの違い

図1(a)に示すのは，典型的なニューラル・ネットワークの演算です．

入力$X(i)$に対して重みパラメータ$W(i)$で積和演算し，最後に活性化関数で出力Yを決めています．ここの$X(i)$，$W(i)$，Yは浮動小数点の値です．

図1(b)に示すのは，本稿で紹介するニューラル・ネットワーク・プログラムの演算です．ニューラル・ネットワーク演算のデータを量子化し，演算データ$X(i)$とYを8ビットにし，重みパラメータ$W(i)$を1ビットにしています．

重みパラメータが+1または-1のどちらかになるので，ニューラル・ネットワーク演算は単なる加減算になります．これならハードウェア・リソースの小さいマイコンでも計算できます．

重みパラメータが1ビットになると，パラメータ・データを格納しておくメモリ使用量が激減します．今回のプログラムは，約6Kバイトしか使っていません．

加速度センサでAIジェスチャ認識

● 構成

本稿では，軽量ニューラル・ネットワークを使って，図2に示す6種類のジェスチャを認識するシステムを製作しました．

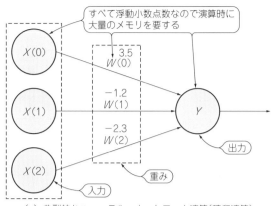

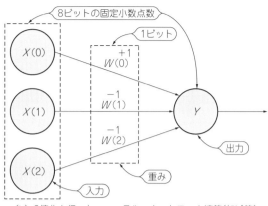

（a）典型的なニューラル・ネットワーク演算（積和演算）　　（b）2値化を行ったニューラル・ネットワーク演算（加減算）

図1　ニューラル・ネットワークを量子化するとメモリ使用量が激減する
今回は（b）のプログラムを作成した

写真2に示すのは，ジェスチャ認識システムをブレッドボードで試作したようすです．図3にシステム全体のブロック図，図4にPSoC内部回路を示します．

ジェスチャの入力には3軸加速度センサMPU-6050（TDK InvenSense）を使いました．ジェスチャの認識時間は2秒未満としました．

3軸加速度センサのほかに，ジェスチャ認識結果（UART）のパソコン出力やプログラムの書き換え，

3.3 V電源の供給の目的で，USBシリアル変換アダプタを使っています．

● ステップ1：学習データの収集

図5に示すのは，加速度センサの出力データです．

学習と認識の精度を上げるために，センサから取得したデータは，振幅±1，データ長128になるよう正規化しています．

（a）時計回り2回転（G0）　（b）反時計回り2回転（G1）　（c）往復平行移動（G2）　（d）（c）とは逆向きの往復平行移動（G3）　（e）往復上下移動（G4）　（f）（e）とは逆向きの往復上下移動（G5）

図2　例題のゴール…6種類のジェスチャを認識する

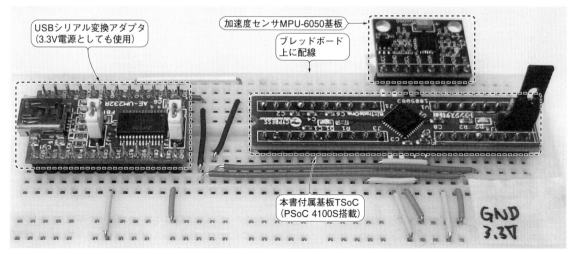

写真2　ブレッドボードで試作したジェスチャ認識システムの全体像

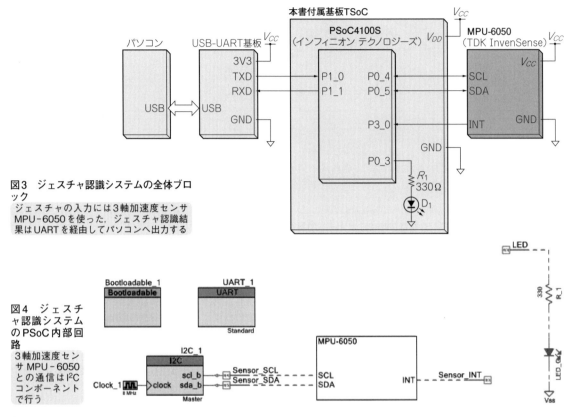

図3　ジェスチャ認識システムの全体ブロック
ジェスチャの入力には3軸加速度センサ MPU-6050 を使った．ジェスチャ認識結果は UART を経由してパソコンへ出力する

図4　ジェスチャ認識システムの PSoC 内部回路
3軸加速度センサ MPU-6050 との通信は I²C コンポーネントで行う

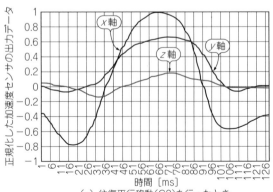

z軸は，あらかじめオフセット（重力）を引き算しています．

図2に示す各ジェスチャを20回繰り返し，学習データを作成します．ジェスチャごとに20個作成した学習データは，14個の教師データと6個の検証データに分けます．

● **ステップ2：学習**（重みパラメータの作成）

ニューラル・ネットワークの学習は，1ビットの重みパラメータに対応しているニューラル・ネットワー

（a）時計回り2回転（G0）を行ったとき

（b）反時計回り2回転（G1）を行ったとき

（c）往復平行移動（G2）を行ったとき

図5　加速度センサから得られたデータ（正規化後）

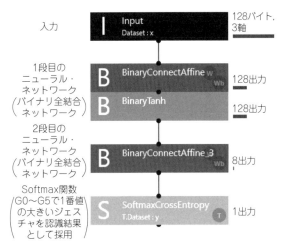

入力

1段目の
ニューラル・
ネットワーク
（バイナリ全結合
　ネットワーク　）

2段目の
ニューラル・
ネットワーク
（バイナリ全結合
　ネットワーク　）

Softmax関数
（G0～G5で1番値
の大きいジェス
チャを認識結果
　として採用　）

図6　Neural Network Console で作成した学習済みニューラル・ネットワークのモデル
今回は1段目と2段目に生成された重みパラメータだけを使用する

ク設計ツール Neural Network Console（ソニー）を使いました．Windows 版のアプリは，次の URL から入手できます．

`https://dl.sony.com/ja/`

Neural Network Console は，学習処理に GPU を使えます．GPU 搭載パソコンを使えば，学習時間が劇的に短縮されます．

▶処理のあらまし

図6に示すのは，Neural Network Console で作成したニューラル・ネットワークのモデルです．

入力 Input（Dataset x）は，3軸加速度センサの x, y, z を128サンプル使っています．入力データを初段のバイナリ全結合ネットワークで演算し，活性化関数（Tanh）を通して128データを出力します．

次段のバイナリ全結合ネットワークで8データを出力します．この出力が，それぞれのジェスチャの判定結果に該当します．

最後に Softmax で一番値の大きいものを認識結果として採用します．この結果（Dataset y）が期待値データと一致するように学習が行われ，重みパラメータが生成されます．

学習後のデータを Export すると重みパラメータ・データがテキスト・ファイルで出力されます．NNC にはソースコードの出力機能もありますが，今回はソースコード出力は使用せず，ニューラル・ネットワークの演算プログラムは自作しました．

重みパラメータ・データは1.0と-1.0になって出力されているので，これを1と0にして16進8ビット，または16進32ビット表記のデータに変換してヘッダ・ファイル形式にしてプロジェクトに組み込みます．

▶作成された重みパラメータ

初段のバイナリ全結合ネットワークは，128×3軸で384入力に対して128出力です．重みパラメータは合計49,152個ありますが，1ビット化しているので，最終的には**リスト1（a）**のように6144バイトになります．

次段の重みパラメータは128入力に対して8出力なので，パラメータは1,024個で，1ビット化しているので**リスト1（b）**のように128バイトになります．

● **ステップ3：プログラムの作成**

図7に示すのは，今回作成した軽量ニューラル・ネットワーク・プログラムのフローチャートです．**リスト2**にソースコードを示します．

最初は，ジェスチャ開始を待ちます．加速度センサの出力の変化がしきい値以下の場合はジェスチャ待ちで LED を点滅させます．しきい値以上の場合，動き出したと判定してセンサ・データの収集を開始します．

128サンプル収集したら正規化して，ニューラル・ネットワークによる判定を行い，結果を UART にテキスト出力します．

▶メモリ消費量は全体の30％で済んだ

ブートローダで約6K バイト，アプリケーションに

リスト1　学習後の重みパラメータ
合計6Kバイトしかないので，メモリ容量の少ないマイコンでも十分使える

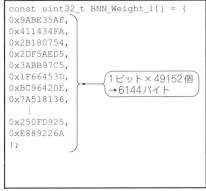

(a) 1段目の重みパラメータ

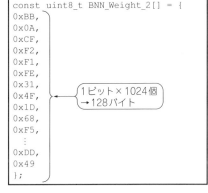

(b) 2段目の重みパラメータ

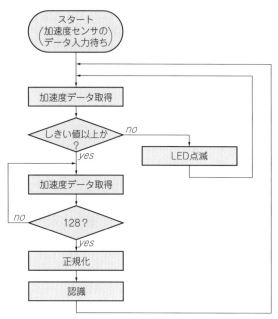

図7　今回作成した軽量ニューラル・ネットワーク・プログラムのフローチャート

14Kバイトのフラッシュ・メモリを使っています．全部でPSoC 4100Sのフラッシュ・メモリの30％しか使っていません．

付属基板で動かしてみよう！

● ジェスチャ認識の開始手順

▶(1)プログラムを書き込む

　プログラムは，ブートローダを使って付属基板に書き込みます．

　付属基板のジャンパ位置を右側（ブートローダ・モード）に変えて，USBシリアル変換モジュールを接続します．

　パソコン上でBootloader Hostアプリを起動し，プロジェクト・ファイルを選択して書き込みを行います．

　書き込みが無事完了したら，いったんUSBを抜いて，ジャンパを左側（アプリケーション側）に変え，再度USBを接続します．

　書き込み方法は，第1部 第2章に詳細な説明があるので，参照してください．

▶(2)パソコンのシリアル通信設定

　ニューラル・ネットワークの判定結果は，UART出力されます．

　パソコン上でTera Term等のターミナル・ソフトを起動し，図8のようにUSBシリアル変換基板が接続されているCOMポート番号を設定します．ボー・レートは，ブートローダと同じ57,600 bpsにします．

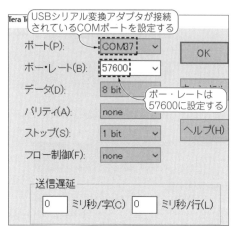

図8　パソコン側のターミナル・ソフトの設定
（Tera Termの場合）

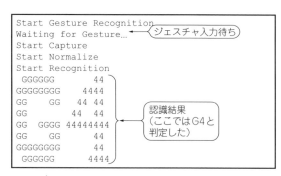

図9　ジェスチャ認識の結果を表示しているようす
ここでは往復上下移動（G4）と認識した

写真3　基板をケースに収めて手の動きが認識できるか試してみる

● 実際にやってみたところ

▶自分のジェスチャに限れば認識率80％

　写真3のように基板をケースに収めて動かしてみました．

　基板を動かさずにじっとしていると，LEDが点滅し始めます．ジェスチャを行うと判定が開始され，図9のように結果がシリアルに出てきます．

リスト2　軽量ニューラル・ネットワーク・プログラムのソースコード

```
#include "stdio.h"

#include "Gest_BNN.h"                     重みパラメー
#include "Gesture_BNN_Weight_1.h"         タのヘッダ・
#include "Gesture_BNN_Weight_2.h"         ファイル

uint32_t Gest_BNN(gest_t *Gest)
{
    uint32_t i,j,k,n;
    uint32_t ptr, temp_weight;
    int32_t Result1[Gesture_1_Out],
                      Result2[Gesture_2_Out];
    int16_t max;

    for(i=0;i<Gesture_1_Out;i++) Result1[i] = 0;
    for(i=0;i<Gesture_2_Out;i++) Result2[i] = 0;

    // BinaryAffine_1
    ptr = 0;
    for(i=0;i<Gesture_1_In;i++)
    {
        n=0;
        for(j=0;j<4;j++)
        {
            temp_weight = BNN_Weight_1[ptr++];
            for(k=0;k<32;k++)
            {
                if(temp_weight & 1)
                    Result1[n++] += Gest[i].x;
                else
                    Result1[n++] -= Gest[i].x;
                temp_weight = temp_weight >> 1;
            }
        }
        n=0;
        for(j=0;j<4;j++)
        {
            temp_weight = BNN_Weight_1[ptr++];
            for(k=0;k<32;k++)
            {
                if(temp_weight & 1)
                    Result1[n++] += Gest[i].y;
                else
                    Result1[n++] -= Gest[i].y;
                temp_weight = temp_weight >> 1;
            }
        }
        n=0;
        for(j=0;j<4;j++)
        {
            temp_weight = BNN_Weight_1[ptr++];
            for(k=0;k<32;k++)
```

1段目の全結合ニューラル・ネットワーク演算

```
        {
            if(temp_weight & 1)
                Result1[n++] += Gest[i].z;
            else
                Result1[n++] -= Gest[i].z;
            temp_weight = temp_weight >> 1;
        }
    }
}

// BinaryTanh
for(j=0;j<Gesture_1_Out;j++)
{
    if(Result1[j] < 0)
    {
        Result1[j] = -1;
    }
    else
    {
        Result1[j] = 1;
    }
}

// BinaryAffine_2
ptr = 0;
for(i=0;i<Gesture_2_In;i++)
{
    temp_weight = BNN_Weight_2[ptr++];
    for(k=0;k<8;k++)
    {
        if(temp_weight & 1)
            Result2[k] += Result1[i];
        else
            Result2[k] -= Result1[i];
        temp_weight = temp_weight >> 1;
    }
}

max = Result2[0];
k = 0;
for(i=1;i<Gesture_2_Out;i++)
{
    if(Result2[i] > max)
    {
        k = i;
        max = Result2[i];
    }
}

return(k);
}
```

1段目の活性化関数

2段目の全結合ニューラル・ネットワーク演算

結果の評価

　今回のプログラムは，学習データが14組ずつしかない上に，私のジェスチャ・データしか集めていません．私自身が操作すると認識率は80％ぐらいになりました．ところが，他の人にやってもらうと認識率は急激に低下しました．

▶認識率を上げるには学習データ集めが重要

　複数人からたくさんの学習データを集めることで，認識率は向上するでしょう．

ニューラル・ネットワークの構成変更による認識率向上の余地もありそうです．

＊　　＊　　＊

　ニューラル・ネットワークを量子化すれば，PSoC 4でもセンサ・データのAI処理が可能になります．ぜひいろいろなセンサでニューラル・ネットワークを試してみてください．

## 第4章

共振周波数をカウントしてLCD表示！外付け部品わずか10点

測定範囲100p〜6.8nF/22μ〜3.3mHの *LC* メータ

宜保 遼大／村井 宏輔 Ryota Gibo/Kousuke Murai

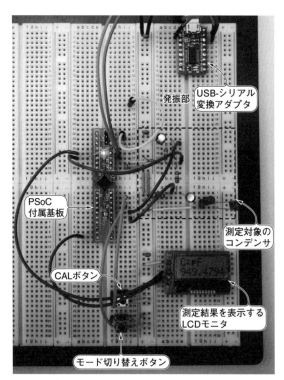

写真1　外付け部品10点！ PSoC内蔵コンパレータと発振回路を組み合わせて製作した *LC* メータ
外部に使う部品は発振部のいくつかだけで，ブレッドボードでも製作できる

本稿では，PSoC 4100Sに内蔵されているコンパレータを使って，コンデンサ，コイルの容量のキャパシタンス，インダクタンス値を測定できる *LC* メータを製作します．PSoC内部のコンポーネントを上手く使うことで，外付け部品わずか10点で製作できます．写真1のようにブレッドボードでも製作できます．

手巻きのコイルのインダクタンスや，容量印字がないコンデンサのキャパシタンスが測定できます．
〈編集部〉

● 部品わずか10点

8ピンDIPのコンパレータLM311（テキサス・インスツルメンツ）を使った *LC* メータ（**図1**）は，Web上で多くの製作事例が紹介されています．コンパレータを使

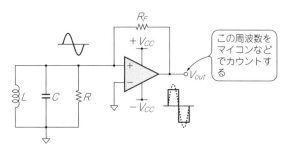

図1　コンパレータを使った *LC* 発振回路の原理

うタイプの *LC* メータは，発振回路の他にも周波数をカウントするマイコンが必要なので，どうしても部品点数が多くなりがちです．

PSoCを使えば，内蔵のコンパレータで発振回路を構成できるので，**写真1**に示すように，ワンチップかつ10点程度の外付け部品で *LC* メータを製作できます．測定結果表示用のLCDは，I^2Cインターフェースを使っているので，配線も少なくて済みます．**図2**に示すのは電源投入時の発振波形，**写真1**のLCDに表示されているのはキャパシタンスの増加分です．

● 測定のしくみ

図3のように，PSoC内蔵コンパレータと外付けのコイル，コンデンサを使って発振回路（フランクリン発振回路）を構成します．

発振周波数は，コイルのインダクタンスとコンデンサのキャパシタンスによって変化します．発振周波数をPSoCで測定し，キャパシタンスとインダクタンスを逆算します．

共振周波数 f [Hz]は，コイルのインダクタンスを L [H]，コンデンサのキャパシタンスを C [F]とすると，次式で表されます．

$$f = \frac{1}{2\pi\sqrt{LC}} \qquad\qquad\qquad (1)$$

例えば，Cの容量を知りたいとき，インダクタンスとキャパシタンスが既知のときの共振周波数と，キャパシタンスが増加したときの共振周波数を測定します．キャパシタンスとインダクタンスの関係は式(1)で分かっているので，差し引くことでキャパシタンスの増加分を算出できます．インダクタンスも同様に算出で

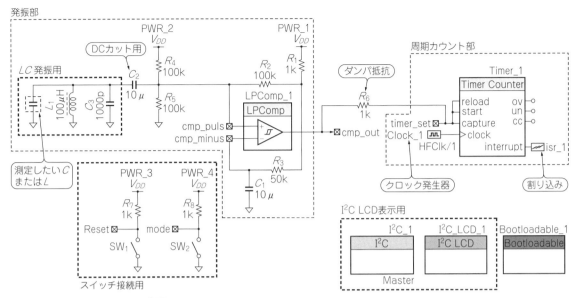

発振部

LC発振用

DCカット用

測定したい C または L

スイッチ接続用

クロック発生器

周期カウント部

Timer_1

ダンパ抵抗

割り込み

I^2C LCD表示用

Master

図3　製作したLCメータの回路図
コンパレータとカウンタはPSoC内のコンポーネントを使用する．抵抗やコンデンサは外部に接続する

きます．

製　作

1 PSoC内部

● ステップ1：コンパレータの準備と選定

PSoC内蔵のコンパレータを呼び出します．付属基板に搭載されているPSoC 4100Sは，**表1**に示す3種類のコンパレータを内蔵しています．今回製作するLCメータでは，これら3つのうち，最も高速に動作するコンパレータを使うことにします．

どのコンパレータが最も高速なのか，実際に測定して確認してみます．設定手順は次のとおりです．

▶準備

PSoC Creatorのコンポーネント・カタログから，[Analog]-[Comparators]-[Low Power Comparator]を選択して，スケマティック・デザイン画面にドラッグ＆ドロップします．

このままでは，PSoC内部で生成された2.5 Vと比較が行われるので，**図4**(a)のように外部入力に変更します．コンポーネント・カタログから[Ports and Pins]-[Analog Pin]を選択して，コンパレータの2つの入力に接続します．出力ピンは，コンポーネント・カタログから[Ports and Pins]-[Digital Output Pin]を選択して，コンパレータの出力に接続します．

次に，コンポーネントをダブルクリックして**図4**(b)のようなコンフィグ画面を開き，「Speed/Power」の項目を「Fast/Normal」に変更します．これによって

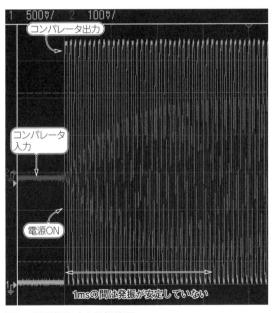

コンパレータ出力

コンパレータ入力

電源ON

1msの間は発振が安定していない

図2　電源投入時の発振波形
コンパレータ入力の発振が安定するまで約1 msかかる

コンパレータの動作が高速になります．

最後に**リスト1**に示すコンパレータを起動するソースコードを`main.c`に記述したら準備は完了です．

PSoC Creatorでプロジェクトのビルドが完了し，付属基板への書き込みが完了したら，コンパレータの動作確認を行います．

▶応答時間の確認

コンパレータは，次のとおり動作します．

● ＋の端子電圧 ＞ −の端子電圧：Hレベルを出力

表1 付属基板に搭載されているPSoC 4100Sで使えるコンパレータの種類
今回は最も高速なLow Power Comparatorを使用する

コンポーネント名	個数	特　徴	ヒステリシス	1MHz入力時の立ち上がり時間
Comparator	2	ヒステリシス，割り込みタイミング，動作スピードの設定ができる（チップの種類によってはディープ・スリープ動作ができるが付属基板ではできない）	あり	51.6 ns
			なし	49.7 ns
Low Power Comparator	2	ヒステリシス，割り込みタイミング，動作スピードの設定ができる（チップの種類によっては出力信号をパルスで出力できるが，付属基板ではできない）	あり	22.8 ns
			なし	22.8 ns
Comparator（CSD）	1	比較用電圧の生成が容易なため，電圧監視などに向いている	なし	34.4 ns
（参考）LM311P at 5V	1	8ピンDIPコンパレータ	―	370 ns

● ＋の端子電圧 ＜ －の端子電圧：Lレベルを出力

図5に示すような実験回路でコンパレータの速度を測定します．－側に1.65 V（3.3 Vの半分）を入力し，＋側に3.3 V$_{P-P}$，約300 kHzの正弦波を発生するシグナル・ジェネレータを接続します．これで「Low Power Comparator」，「Comparator」，「Comparator（CSD）」コンポーネントでそれぞれの応答時間を測定します．

図6に示すのは，実験時の波形です．入力信号の電圧が－端子の電圧1.65 Vを超えたとき，出力信号がHレベルの3.3 Vに変化しています．コンパレータの立ち上がり時間は変わらないので，入力信号の周波数を上げていくと図6（b）のように入力波形に対する出力波形の遅延や鈍りが目立つようになります．

各コンパレータで立ち上がり時間を測定し，まとめ

たものを表1に示します．今回は最も高速なLow Power Comparatorを使うことにしました．

● ステップ2：カウンタ

インダクタンスとキャパシタンスの共振周波数は，コンパレータの出力をタイマに入力して測定します．

図7に示すのは，共振周波数測定のタイミング・チャートです．タイマは，信号の立ち上がりでリセットして，カウントを開始します．次の信号立ち上がりでカウント値をセーブします．

図8（a）に示すのは，タイマ・コンポーネントの配線です．図8（b）に示すのは，タイマ・コンポーネントの設定内容です．

タイマの動作開始はstartピン，リセットはreloadピンで行います．captureピンに信号を入れると，その時点のカウント値をセーブして，割り込みを発生さ

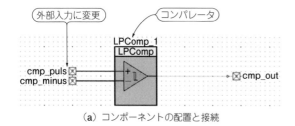

（a）コンポーネントの配置と接続

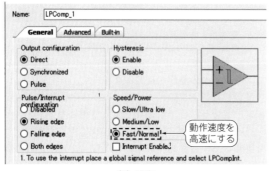

（b）設定

図4 コンパレータ・コンポーネントの設定
今回はできるだけ応答時間を短くしたいので，高速になるように設定する

リスト1 コンパレータ・コンポーネントを動作させるコード（main.c）
メイン関数内でコンパレータをスタートさせる

```c
#include "project.h"

int main(void)
{
    CSD_Comp_1_Start();

    while(1){
    }
}
```

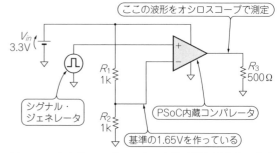

図5 PSoC内蔵コンパレータの応答時間を測定する実験回路
応答時間はオシロスコープで測定する

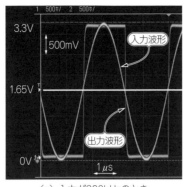

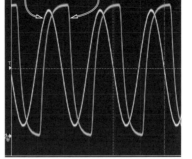

（a）入力が300kHzのとき　　　　（b）入力が5MHzのとき

図6　図5の実験回路によるコンパレータ入出力波形
3.3 Vの半分となる1.65 V以上のときにコンパレータの出力はHレベル（3.3 V），
1.65 V以下のときにLレベルになることを確認する

図7　共振周波数の測定に使うPSoC内蔵カウンタのタイミング・チャート
信号の立ち上がりでリセット＆カウント開始し，次の立ち上がりでカウント値をセーブする

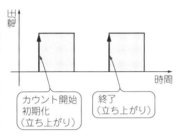

図9　PSoC内蔵カウンタの測定精度を確認する実験回路
シグナル・ジェネレータで生成した信号の周期に対して，どれだけ誤差があるか確認する

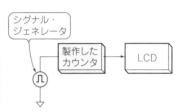

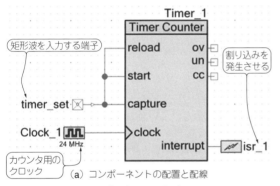

（a）コンポーネントの配置と配線

（b）設定

図8　カウンタ・コンポーネントの設定
カウント・アップ／ダウンと，立ち上がり／立ち下がりを選択する

せます．割り込みが発生すると，main.cのプログラムでカウンタの値を読み込み，変数に保存します．

▶測定精度，誤差の確認

周波数の測定精度を実験で確認します．図9のように，シグナル・ジェネレータで矩形波を生成し，その周期をPSoCで測定します．測定した時間はLCDに表示します．

図10，表2に示すのは，入力信号の周期とPSoCの測定結果の関係です．500 Hz（周期2 ms）〜 10 MHz（周期10 ns）はおおむね一致しています．500 Hz未満は大きくずれていますが，原因はタイマ・カウンタのオーバーフローによるものです．カウント値の上限は65535で，上限を超えるとリセットされ，0から再開

します．

今回は24 MHzのクロックでカウントしているため，1/24 MHz = 41.7 ns刻みで測定します．41.7 ns × 65535 = 2.7…msとなるため，2.7 msを超える周期の矩形波は測定できません．200 Hzの周期は5 msですが，タイマが2周目にはいってしまい，測定値は2.25 msになっています．これに1周目の2.7…msを加えると4.98 msとなるので，一致します．

▶カウンタ・オーバーフローの対策

PSoCの場合，カウンタに入力するクロックの周波数をプログラムで変更できます．

カウンタがオーバーフローしたときは，ov端子から信号が出力され，プログラム側のTC_flagが1にな

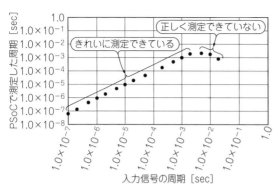

図10 図9の実験回路によるカウンタの精度
500 Hz（周期2 ms）～10 MHz（周期10 ns）はおおむね一致した．500 Hz未満の周波数だとカウンタがオーバーフローして測定できない

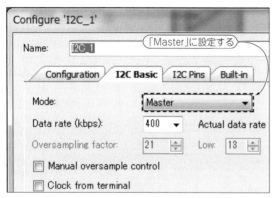

図11 I²Cコンポーネントの設定
PSoC側がマスタになるように設定する

ります．これを使ってオーバーフローを検知したときに，クロックの分周比を変更してカウンタの周波数を下げると，1クロックあたりの時間を伸びるので，測定時間を長く取れます．

● **ステップ3：I²C接続のキャラクタLCD**

次に測定結果を表示するLCDを設定します．LCDを駆動する関数は，I²C接続のキャラクタLCDと，パラレル接続のキャラクタLCD，7セグメントLEDがあらかじめPSoC Creatorに用意されています．

今回は配線が最も少ないI²C接続のキャラクタLCDを使います．

キャラクタLCDには，AE‐AQM0802（秋月電子通商）を使います．

PSoCでI²C接続のキャラクタLCDを使うときは，I²CコンポーネントとLCDコンポーネントの2つを配置します．

▶I²Cの設定

I²Cコンポーネントは，コンポーネント・カタログから，［Communications］-［I2C］-［I2C（SCB mode）］を選択して，スケマチック・デザイン画面にドラッグ＆

表2 PSoC内蔵カウンタの誤差測定結果
誤差はおおむね0.5～5％程度に収まっている．2 MHzを超えると誤差が多くなる

入力値		PSoC測定値
周波数	周期	周期
50 Hz	20 ms	816 ms
100 Hz	10 ms	1.77 ms
200 Hz	5 ms	2.25 ms
500 Hz	2 ms	1.99 ms
1 kHz	1000 μs	0.996 μs
2 kHz	500 μs	4.98 μs
5 kHz	200 μs	199 μs
20 kHz	50 μs	49.8 μs
50 kHz	20 μs	19.9 μs
100 kHz	10 μs	9.92 μs
200 kHz	5 μs	4.95 μs
500 kHz	2 μs	1.95 μs
1 MHz	1 μs	958 ns
2 MHz	500 ns	458 ns
5 MHz	200 ns	150 ns
10 MHz	10 ns	6.66 ns

ドロップします．**図11**に示すのは，I²Cコンポーネントの設定内容です．「Mode」を［Master］に設定します．コンポーネント名は「I2C_1」です．

最後にmain.cに次の記述を追加して，I²C通信をスタートさせます．

```
I2C_1_Start();
```

▶LCDの設定

LCDコンポーネントは，コンポーネント・カタログから［Display］-［Character LCD with I2C interface］を選択して，スケマチック・デザイン画面にドラッグ＆ドロップします．

LCDコンポーネントには，AE‐AQM0802制御用のデータは内蔵されていないので，コンフィグ画面で手入力で登録します．I²Cのアドレス「Default I2C address（8bit）」は0x7Cを設定します．次に，「Custom Commands」をクリックして，**図12**のように設定します．この設定はLCDのデータシートをもとに記述します．

図12で設定した「APIname」をmain.cで関数として呼び出すと，CMD byte*の値が送信されます．

● **ステップ4：キャパシタンス，インダクタンス値の算出**

発振回路の共振周波数f［Hz］は，式（1）で示したとおり，インダクタンスL［H］とキャパシタンスC［F］によって決まります．

LとCの値のどちらかが，既知の状態から未知の値に変化しても，周波数から逆算できます．次に示す計算式をそれぞれmain.cの関数に組み込みます．

▶コンデンサの場合

コンデンサを並列に接続したときのキャパシタンスは，それぞれの容量を足し合わせた合計値になります．

そのため，未知のキャパシタンスC_Xは，次式で計算できます．PSoCは，周期T [s] を測定しているので，$f = 1/T$の関係から，ここでは周波数ではなく周期で計算しています．

$$C = \left(\frac{1}{2\pi f}\right)^2 \frac{1}{L} \quad\cdots\cdots\cdots (2)$$

$$C_X = C - C_0 \quad\cdots\cdots\cdots\cdots\cdots (3)$$

▶コイルの場合

コイルの場合も，コンデンサと同様に計算できます．コイルを並列に接続したときのインダクタンスは，逆数の和のさらに逆数になるので，未知のインダクタンスL_Xは次式で計算できます．

$$L = \left(\frac{1}{2\pi f}\right)^2 \frac{1}{C} \quad\cdots\cdots\cdots (4)$$

$$L_X = \left(\frac{L_0 L}{L_0 - L}\right) \quad\cdots\cdots\cdots (5)$$

2 PSoC周辺

● 部品を配置する

ブレッドボード上に回路を実装します．図2に示すのは，PSoCの内部も含む回路図で，表3に示すのは，付属基板のピン配置です．

写真1に配線したブレッドボードを示します．50 kΩの抵抗は，100 kΩの抵抗を2本並列に接続して代用します．47 kΩや51 kΩでも代用できます．10 μFのコンデンサは，電解コンデンサを使います．電解コンデンサの極性は，PSoC側が+になるように配置します．

● キャリブレーション

今回製作したLCメータは，起動時にキャリブレー

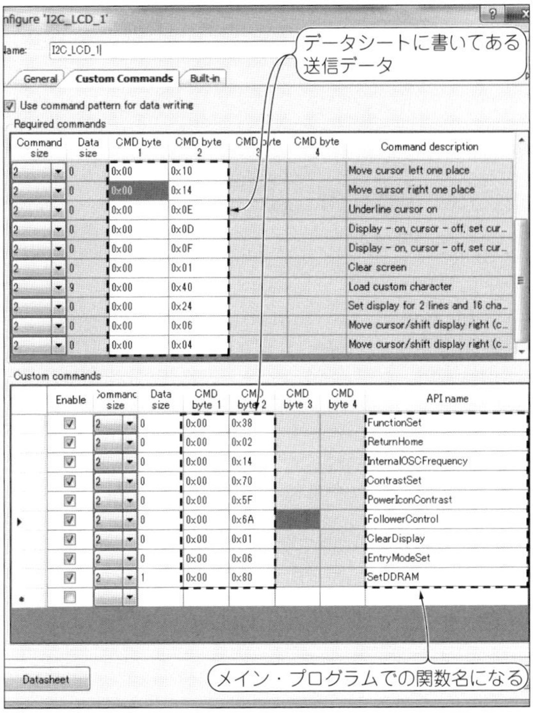

図12 LCDコンポーネントの設定
データシートに記載されている送信データを入力していく

ションを行います．

測定対象の素子を接続していないときの値をゼロにします．これにより，測定対象のコンデンサまで配線を伸ばしたときの寄生成分を除去できます．

発振回路は図2に示すように，発振が安定するまで約1msかかります．そのため，余裕を持って1秒待機した後に100回測定した平均を初期値とします．

表3 付属基板の端子配置

LCメータでの用途	PSoC端子名	CON	CON	PSoC端子名	LCメータでの用途
—	XRES			P3_1	SDA
—	P0_7			P3_2_SWD	—
—	P0_6			P3_3_SWD	—
—	P4_3 470 pF			P4_2 470 pF	—
コンパレーター−	P0_0	J_3	J_1	P4_1 2200 pF	—
コンパレータ＋	P0_1			P4_0 0.01 μF	—
モード切り替え	P0_2			P3_7	
—	P0_3(LED)			P3_6	
リセット・ボタン	P0_4			P3_5	
	P0_5			P3_4 BZ	
5 V	V_{DD}			P2_5	
GND	GND			P2_6	
RX	P1_0_RX			P2_7	
TX	P1_1_TX	J_4	J_2	P3_0	SCL
カウンタ入力	P1_2			P2_4	
	P1_3			P2_3	
—	P1_4			P2_2	
コンパレータ出力	P2_0			P2_1	

写真2　キャリブレーション時のキャラクタLCDの表示

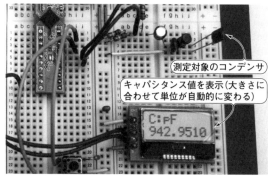

写真3　測定時のようす
1000 pF ± 5 ％のコンデンサを接続して942 pF を示している

実際に使ってみる

● 使い方

今回製作した LC メータは，次の手順で使います．

1. 電源を投入する（PSoCが初期化され発振が始まる）
2. L モード，C モードをスイッチで切り替える
3. キャリブレーションを行う（写真2）
4. 測定対象の素子を発振用の L, C に並列接続する

素子を接続すると，LCDに測定値が表示されます．

● 測定結果

▶コンデンサの測定

写真3のように，ブレッドボード上の発振用コンデンサと並列に接続すると測定値がLCDに表示されます．

100 p ～ 0.18 μF のフィルム・コンデンサ28種類を測定した結果を図13に示します．6.8 nF までのコンデンサは正確に測定できていますが，それ以上の容量は測定できませんでした．

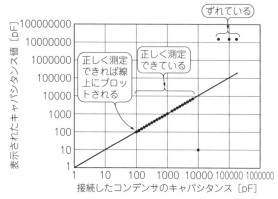

図13　コンデンサの測定精度
6.8 nF よりも大きいコンデンサを接続すると，発振部の安定性が悪くなって測定できなくなる

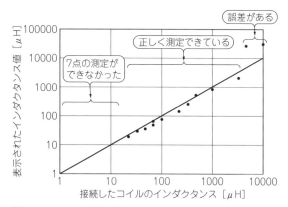

図14　コイルの測定精度
22 μH よりも小さいコイルを接続すると，発振部の安定性が悪くなって測定できなくなる

▶コイルの測定

コイルを測定する際も同様に，ブレッドボード上の発振用コンデンサと並列に接続します．

1 μ ～ 10 mH のラジアル・リード型コイルを20種類用意して測定した結果を図14に示します．22 μH 未満のインダクタンスは測定できませんでした．

▶測定できない原因

キャパシタンスが大きかったり，インダクタンスが小さかったりすると，発振部の安定性が悪くなります．その結果，発振回路の共振周波数が式(1)で求められる値からずれてしまい，実際とは異なる測定結果が表示されます．

第5章

エンコーダ処理もコンポーネントにお任せ
分解能もトルクも自分仕様に

定速位置決め！
DCモータ制御回路

茂渡 修平 Shuhei Shigeto

　自作ロボットの関節部や車輪，カメラ・モジュールのパン・チルト制御のように，位置決めと一定速度による動作が求められる場面では，安価で入手しやすいRCサーボモータが良く使われます．

　RCサーボモータは，元々ラジコン飛行機の舵や，ラジコン・カーの車輪の向きを変えるためのもので，ギア・ボックスやセンサ，制御回路が一体になっています．ロボットで使うには出力トルクが小さい場合がありますが，構成部品が一体化されているので，選択肢が限られています．

　本稿では，PSoCを使って，モータを自由に選択でき，位置決めと一定速度による動作が可能な制御ICを作ります．モータの回転角度や速度を検出には，ロータリ・エンコーダを使います．

　本書の付属基板に搭載されているPSoC 4100Sは，PWM出力やロータリ・エンコーダから出力されたパルスを読み込むデコーダ入力など，モータ制御に使えるコンポーネントをハードウェア回路ブロックとして組み込むことができます．PSoC 4100Sに内蔵されているコンポーネントを使って，一定速度でDCブラシ付きモータを回転させる制御回路を製作します．PSoC内部のコンポーネントを上手く使うことで，**写真1**のように外付け部品わずか7点で製作できます．ブレッドボードでも製作できます．
〈編集部〉

● 部品わずか7点

　ラズベリー・パイやArduinoの登場により，今までより手軽にマイコン・システムが作れるようになりました．

　このようなマイコンでもモータのトルクや回転数は制御できますが，ロボット・アームや倒立振子のようなメカを動かそうとすると，モータの回転角度を検知するロータリ・エンコーダなどのセンサが必要になります．

　PSoCを使えば，ロータリ・エンコーダの信号を読み込んで回転角度を検知しながらモータ制御できます．PSoCには，モータ制御に便利なコンポーネントが用意されているので，本稿ではそれを使って制御実験してみます．エンコーダを使って手元にあったDCブラ

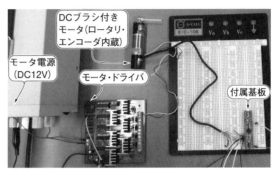

写真1　外付け部品7点！ロータリ・エンコーダとPSoC内蔵デコーダを組み合わせて製作したDCブラシ付きモータ制御回路
外付け部品はモータ・ドライバ部だけで，ブレッドボードでも製作できる．写真では6チャネルのTB6643KQを搭載する自作基板を使っているが，ここでは1チャネル分だけ使用．付属基板からドライバ回路へは，回転方向指令とPWM信号がつながっている．付属基板への電源供給とシリアル通信モニタとしてAnalog Discovery2を使っている

シ付きモータを速度検出し，1000rpmで定速回転させます．

　状態をモニタできるように，パソコンと接続しました．回路は秋葉原や日本橋などの電気街で購入できる部品を使って構成しました．製作したモータ制御回路の全体ブロックを図1に，仕様を表1に示します．

製　作

① 駆動部

● ステップ1：モータ・ドライバの製作

　DCブラシ付きモータは，加える電圧によって回転数が決まり，電流を流す量によってトルクが決まります．

　本書の付属基板に搭載されたPSoC 4100SのGPIO端子の電流ドライブ能力は，4 mA以下です．これだけではモータを動かせないので，ドライバを介して駆動します．

　図2に示すのは，今回製作したモータ・ドライバの回路です．

　モータ駆動電圧は，PWM（Pulse Width Modulation）で制御します．モータ・ドライブICは，秋月電子通

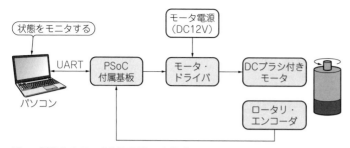

図1 製作したモータ制御回路の全体ブロック
ロータリ・エンコーダで読み取ったモータの回転角度を PSoC へフィードバックし，一定の回転速度を保つようにする

表1 製作したモータ制御回路の仕様

項目	仕　様
制御マイコン	**PSoC 4100S**（インフィニオン テクノロジーズ）
ドライバ	**TB6643KQ**（東芝）
モータ	DC ブラシ付きモータ
エンコーダ	360 PPR（1回転360パルス）
電源電圧	12 V
制御周期	100 Hz
モニタ通信	UART 57600 bps

商などの電子パーツ店で安価に入手できる TB6643KQ（東芝）を使いました．H ブリッジを内蔵しているので，ディスクリートのトランジスタで回路を組む必要はありません．

正/逆回転の切り替えは，IN1，IN2 の2本の制御信号で行いますが，1本で切り替えられる方が直感的で使いやすいので改造します．ここでは，ロジック回路で出力を決めるプリドライブ回路を追加しました．このロジックは，PSoC 内部で構成することもできます．

● **ステップ2：PWM コンポーネントの設定**

PWM 信号のキャリア周波数は，制御系の時定数よりも十分早くする必要があるため，ここでは4kHzとしました．

キャリア周波数を可聴帯域に設定すると，MOSFET やモータ・コイルから耳障りな高周波音が聞こえることがあります．そのため，キャリア周波数は可聴帯域から外して設定すべきですが，今回はクロック・カウンタの分解能の都合により4kHzにしました．

ほかにも PWM 周波数を決める要素には，電力の効率や回路の規模，スイッチングに使う素子の応答速度などがあります．PWM の周波数を上げると効率が低下するのが一般的です．

▶ PWM コンポーネントの配置と配線

以降は PSoC 内部の設定手順について解説します．**図3(a)** に示すのは，PWM コンポーネントの周辺接続です．

DIR 端子は CPU（ソフトウェア）で出力を書き換える GPIO 端子で，ハードウェア接続はありません．PWM コンポーネントを使うには，最低でもクロック入力と PWM 出力が必要です．

▶ PWM コンポーネントの内部設定

図3(b) に示すのは，PWM コンポーネントの内部設定です．ここでは，次に示す項目を設定します．他の設定は初期値のままで構いません．

① Prescaler：クロックの入力を何分の1にするかを決める．×8だと1/8倍される．今回は×1にする
② PWM Align：PWM のモード．カウント開始のタイミングから数えて，どのタイミングで ON するかを設定する．GUI に出力の絵が出る．今回は Left とする
③ PWM Mode：PWM にする
④ Period：1サイクルのカウント数．出力する電圧の分解能と，PWM の周波数に影響する

PWM コンポーネントは，外部クロックをカウントダウンしていきます．最大カウント数は4999です．0までカウントするので，1サイクル全体で5000です．

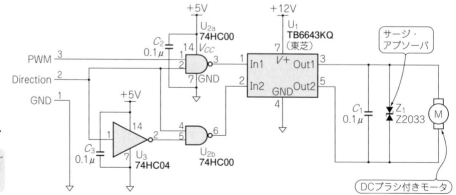

図2 製作したモータ・ドライバの回路
外付け部品はわずか7点．Direction 信号の H/L で正/逆回転を切り替えられる

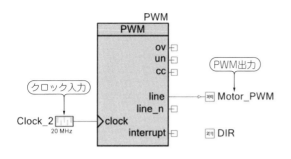

（a）コンポーネントの配置と配線

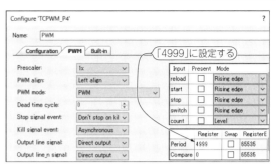

（b）設定

図3　PWMコンポーネントの設定
PWMの周波数は20 MHz/5000カウントで4 kHzになるように設定する

外部クロックの周波数が20 MHzのとき，PWMの周波数は20 MHz/5000カウント＝4kHzになります．デューティ比はソフトウェアで設定します．PWM_WriteCompare(uint16)で比較値を設定できます．

[2] 回転検知部

● ステップ1：ロータリ・エンコーダの設定

モータを位置決めしたり一定速度で動かすためには，回転を正確に検知する必要があります．ここでは，精密なモータ制御でよく使われるロータリ・エンコーダを使って回転角度を検出します．検出原理を**図4**に示します．

▶手順1：制御周期の検討

PSoCには，直交回転エンコーダに対するデコーダが用意されています．これを使ってモータの回転を検出します．**図4**の①の方式で速度検出したとき，回転速度X [rpm]は次式で表されます．

$$X = 60 \frac{N}{LT} \cdots\cdots\cdots\cdots\cdots\cdots\cdots (1)$$

ただし，L：エンコーダの分解能(Pulse/Rotation)，N：カウント数，T：制御周期 [秒]

制御周波数は，系の時定数に合わせます．エンコー

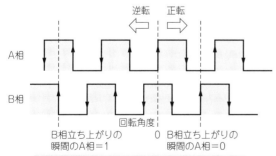

図4　2相出力のロータリ・エンコーダを用いた回転方向と速度計測の方法

ダの分解能が低いとき，出力されるパルス数は減るため，読み込み周期ごとのパルス数が低下します．そうなるとモータの回転速度検出の分解能が低下します．系の時定数の数倍程度で，できるだけ長めの周期を取ってパルス数を稼げる制御周波数を設定します．ここでは100 Hzに設定しました．

▶手順2：デコーダ・コンポーネントの配置と配線

図5(a)に示すのは，デコーダ・コンポーネントの周辺接続です．デコーダは，コンポーネント・カタログ から [Digital] ‐ [Functions] ‐ [Quadrature Decoder(TCPWM mode)]を選択します．

phi_A と phi_Bの入力がエンコーダのA相，B相の入力です．コンポーネントを動かすクロックは，エンコーダ出力のパルスよりも数倍高い周波数のソースを用意します．このクロックのタイミングにより，エンコーダの1，0を検出します．

▶手順3：デコーダ・コンポーネントの内部設定

図5(b)に示すのは，デコーダ・コンポーネントの内部設定です．次に示す項目を設定します．

- Encoding Mode
  ×1は，B相のパルス立ち上がりのタイミングだけをカウントする．×2は，B相の立ち上がりと立ち下がりのタイミングをカウントする．×4は，A相，B相両方の立ち上がり，立ち下がりをカウントする．カウント数が増えると分解能も高まる．ここでは×4(4逓倍)に設定する

- Input
  入力を設定する．A相，B相はデフォルトで使用する設定になっている．エンコーダは，パルスごとに回転角度が分かるが，電源投入直後は初期値が分からない．このため，回転の原点ごとにパルスが出力されるIndexを持つエンコーダがある．Index出力を使うときは，「index」にチェックを入れる

- Interrupt
  割り込みを設定する．今回は使用しないので，すべてのチェックを外しておく．

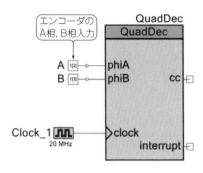

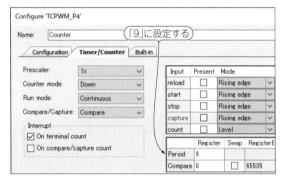

（a）コンポーネントの配置と配線　　　　　　　　　　　　　　　　　　　　　　　　（b）設定

図5　デコーダ・コンポーネントの設定
ロータリ・エンコーダのパルスを4逓倍する

▶手順4：カウント最大値の確認

次に，カウントできる最大値Counter Sizeを確認します．カウンタのビット長は16固定です．今回は360PPR（Pulse Per Rotation：1回転当たりに出てくるパルス数）のエンコーダで，1000 rpmをカウントします．パルスを4逓倍してカウントし，制御周波数は100Hzとしたとき，パルス・カウント数は次のとおりです．

> エンコーダ分解能×4（逓倍）×回転速度［rps］÷制御周波数［Hz］
> ＝ 360 × 4 × 1000 ÷ 60 ÷ 100 ＝ 240

速度が1000 rpmを超える可能性を考慮しても，16ビットあれば余裕でカウントできます．このとき，エンコーダによる速度検出の分解能は，1LSB ≒ 4.2 rpm（＝1000/240）です．

● **ステップ2：タイマ割り込みの設定**

制御周波数は100 Hzとしたので，周期は10 msです．これは，タイマ割り込みを使うと実現しやすいです．ここでは，私がよく使うタイマ割り込みの実装方法を紹介します．

▶手順1：クロックの設定

PSoCには，割り込みコンポーネントisrが用意されています．**図6（a）**のように，クロックと分周器を接続します．**図6（b）**に示すのは，クロック・コンポーネントの内部設定です．「Specify」の項目にある「Tolerance」にチェックを入れ，±5％に設定します．これでコンパイルすると，精度を保つように自動でクロックのソースが選択されます．内部リソースが足りないときは，許容範囲を超えることがあります．特に低周波のクロックはILO（低速度クロック）をソースにするので，精度が悪くなることが多いです．コンパイル後に.cydwrファイルのClockタブを開くと，**図6（c）**のように精度が確認できます．

図7　分周器（カウンタ）コンポーネントの設定
1 kHzを100 Hzに分周するので，Periodを「9」に設定する

▶手順2：分周器（カウンタ）の設定

クロック・コンポーネントが出力する1 kHzをカウンタで分周します．1 kHzを100 Hzに分周したいので，周波数を1/10にします．**図7**に示すのは，分周器（カウンタ）コンポーネントの内部設定です．

PWMコンポーネントと似た設定画面が表示されます．タイマ割り込みを使いたいので，「Interrupt」の項目にある「On terminal count」にチェックを入れます．Periodは「9」に設定します．カウンタは0までカウントするので，10回につき1回割り込みが発生します．

3 **制御部**

● **プログラムの処理内容**

モータを制御するプログラムを実装します．PID（Proportional Integral Differential）制御で速度を一定に保つようにします．マイコンに実装する場合，非常に短い時間で1ループ（制御周期）ごとに制御演算や出力電圧調整を行います．ループの中では，まずエンコーダの値を読み込み，モータの速度を計算します．次に目標速度との差分を計算します．ここで，前回までの速度誤差の合計値（積分）と，前回と今回の速度誤差

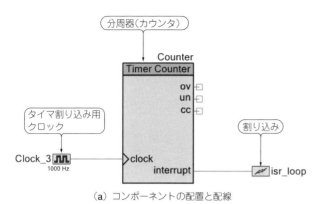

（a）コンポーネントの配置と配線

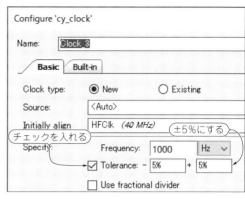

（b）クロック・コンポーネントの設定

Type	Name	Domain	Desired Frequency	Nominal Frequency	Accuracy (%)	Tolerance (%)	Divider	Start on Reset		Source Clock
System	ExtClk	N/A	24 MHz	? MHz	±0	–	0	☐		
System	SysClk	N/A	? MHz	40 MHz	±2	–	1	☑		HFClk
Local	Clock_3	FF	1 kHz	1 kHz	±2	±5	40000	☑		Auto: HFClk
Local	UART_SCBCLK	FF	691.2 kHz	689.655 kHz	±2	±5	58	☑		Auto: HFClk
Local	Clock_2	FF	20 MHz	20 MHz	±2	±5	2	☑		Auto: HFClk
Local	Clock_1	FF	20 MHz	20 MHz	ここを確認する	±5	2	☑		Auto: HFClk

（c）クロック・ソースの確認

図6　クロック・コンポーネントの設定
クロック・ソースでは，精度（Accuracy）がTolerance以下になっていることを確認する

の差分（微分）を計算し，PIDの各ゲインをかけ算し，
フィードバック電圧を決めます．

● タイマ割り込みのソースコード

　割り込みを使うとき，変数の受け渡しにはグローバ
ル変数を使います．グローバル変数は，プログラム全
体からアクセスできるので，うっかり別の関数で書き
換えてしまうことがあります．慎重に管理しましょう．
　ソフトウェアは，割り込みによる動作が常に最小限
となるように実装します．今回のプログラムは規模が
小さいので，大きな負担にはなりませんが，割り込み
周期期間内に処理が終わらないと，意図せず停止する
ことがあります．リアルタイム性が不要な動作は，で
きるだけ割り込みの外で処理します．リスト1に示す
のは，割り込み処理のソースコードです．フラグの処
理と最低限の関数呼び出しだけを行う10行程度の短
いコードです．カウンタの割り込みを使っていますが，
Interruptフラグは，ソフトウェアからしかクリアで
きません．割り込みの最後にフラグをクリアしておき
ます．

リスト1　割り込み部分のソースコード
10 msごとに割り込みが発生し，モータ速度読み込み→制御
計算→電圧出力の順で処理を行う

```
CY_ISR(isr_loop_isr){
    // 文字出力のためのフラグ処理
    loop_cnt++;
    if(loop_cnt == 10){
        LED_Write(1);
        uart_flag = 1;
                    // 100msec毎にUARTにデータ出力
        loop_cnt = 0;
        time_cnt++;
        if(time_cnt==10000) time_cnt = 0;
    }
    else LED_Write(0);

    // モータ制御のための処理
    // モータ速度読み込み
    motor_speed = Motor_Read_Speed();
    // モータ速度制御
    Motor_PID_Control(&motor_speed_ref, &motor_
    speed, &motor_pre_speed_error, &motor_
    speed_error_integral, &voltage_ref);
    // 電圧出力
    Motor_Voltage_Output(voltage_ref);
    // 割り込みリセット
    Counter_ClearInterrupt
                    (Counter_INTR_MASK_TC);
}
```

127

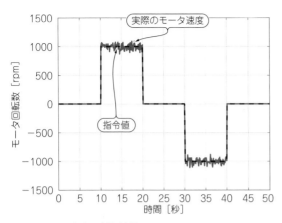

図8 モータ速度の制御結果
指令値（±1000 rpm）に追従している

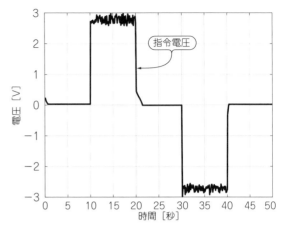

図9 電圧指令値のモニタ結果
積分ゲインを大きく設定したため，指令値が変化した後に電圧が徐々に変化している

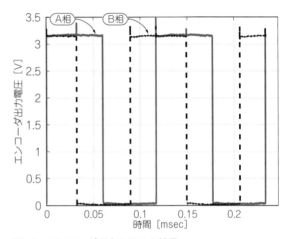

図10 エンコーダ出力のモニタ結果
2つのエンコーダが90度ずれた位相で出力されているのが分かる

実際に使ってみる

● 使い方

　今回作成したプロジェクト・ファイルは，本書付属のDVD-ROMに収録されています．

　プロジェクト・ファイルはPSoC Creator4.1で作成しました．書き込み方法は，本書の第1部第2章を参照してください．

▶モータの動作パターン

　最初にコンポーネントを初期化し，5秒ほどで制御割り込みを開始します．内部で時間をカウントしていて，制御開始からの経過時間に応じてmain.cのforループ内で回転速度指令値を変更しています．モータの回転速度指令値は，10秒までは0 rpm，10～20秒は +1000 rpm，20～30秒は0 rpm，30～40秒は－1000 rpm，40秒以降は0 rpmです．パソコンから「r」を入力すると，時間のカウントがリセットされ，0秒から再スタートします．

● 実験結果

　PID制御の出力は，時間，速度指令値，実際の速度，電圧です．図8に示すのは，制御結果です．制御系が出力した電圧の履歴を図9に，エンコーダの出力を図10にそれぞれ示します．ややノイズが混ざっていますが，最終的に定常誤差はほとんど無くなりました．**写真1**に示すのは，実験時のようすです．

　　　　　　　　＊　＊　＊

　今回は，本書付属基板のPSoC 4100Sを使いました

が，PSoC 5LP CY8C5888 のように UDB（Universal Digital Block）を搭載したPSoCを使うと，さらに多くのコンポーネントが使えます．USBを使ったパソコンとの接続や，センサとの通信なども内部コンポーネントで設定できるため，短期間で開発が進められるのではないでしょうか．

◆参考文献◆
(1) 堀 洋一，大西 公平：制御工学の基礎，丸善出版，1997.
(2) 堀 洋一，大西 公平：応用制御工学，丸善出版，1998.
(3) 島田 明：モーションコントロール，オーム社，2004.
(4) 川崎 晴久：ロボット工学の基礎，森北出版，2009.

PSoCのプログラマブル・アナログ機能で増幅&加工

第6章 ハードウェアでアナログ信号処理！ 脈拍モニタ

末武 清次 Seiji Suetake

エッジ・デバイスとは，IoT（Internet of Things，モノのインターネット）における末端の装置のことです．インターネット上にあるサーバと実世界を結ぶインターフェースであり，各種センサなどから情報を収集したり，それを伝達したりします．

IoTのエッジ・デバイスでは，各種センサ・データの処理が重要です．最近ではI²CやSPIなどで通信できるセンサICが多く登場しているので，ディジタル信号のみで処理することが多くなってきていますが，アナログ信号の処理が必要になる場面も多くあります．

本書の付属基板に搭載されているPSoC 4100Sは，プログラマブル・アナログ機能を備えています．具体的には，OPアンプやコンパレータ，D-Aコンバータ，逐次比較型12ビットA-Dコンバータ，シングル・スロープ型10ビットA-Dコンバータが搭載されていて，これらをかなり高い自由度で接続して使用できるので，IoTのアナログ・フロントエンドとして利用できます．

本稿では，これらのプログラマブル・アナログ機能を使って，脈拍モニタを製作します．

こんな装置を作る

● 構成

写真1に示すのは，製作した脈拍モニタの全体像です．システム構成は，付属基板TSoC，脈拍センサ・モジュールAE-NJL5501R（秋月電子通商），専用拡張基板PiSoCです．

取得した心拍数は，PiSoC基板上のLCDに表示します．心拍検知時にブザーを鳴らし，LEDを光らせます．LCDやブザーを個別に用意すれば，PiSoC基板が無くても試せます．

● キー・パーツ…脈拍センサ

脈拍センサでは，LEDとフォトトランジスタを使い，指先の血管からの反射を観測することで脈拍を測定します．脈拍センサには，NJL5501R（日清紡マイクロデバイス）を使いました．

脈拍センサNJL5501Rには，図1に示すようにIR LEDとRed LEDが搭載されています．血液中の酸素濃度を測定するときは，IR LEDとRed LEDの両方を使いますが，今回は脈拍測定のみなので，Red LEDだけを使います．

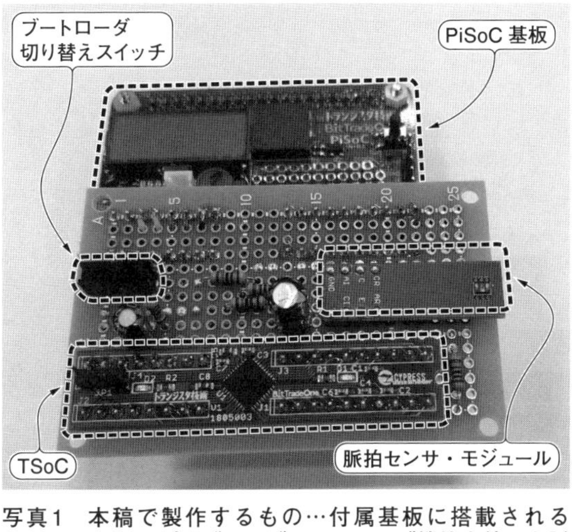

写真1　本稿で製作するもの…付属基板に搭載されるPSoC 4100Sのプログラマブル・アナログ機能を使った脈拍モニタ

（ブートローダ切り替えスイッチ／PiSoC基板／TSoC／脈拍センサ・モジュール）

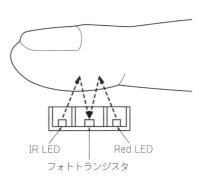

IR LED　Red LED
フォトトランジスタ

図1　脈拍センサNJL5501Rの構造と脈拍測定の仕組み
指先の血管からの反射を観測することで脈拍を測定する．脈拍測定ではRed LEDのみを使うが，血液中の酸素濃度を測定するときはIR LEDとRed LEDの両方を使う

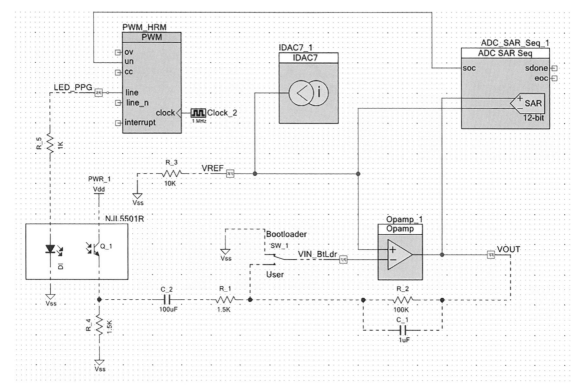

図2 製作した脈拍モニタのアナログ回路
心拍センサの出力信号を，PSoC 4100S のプログラマブル・アナログ機能を使って増幅・加工してから A-D コンバータへ入力する

回路

● アナログ部

本プロジェクトのアナログ部の構成を**図2**に示します．

▶ Red LED の駆動部

1 kHz の PWM で Red LED をパルス駆動しています．A-D コンバータは，この PWM に同期して起動させています．IR LED と Red LED の両方を使用して測定を行う場合は，この PWM で IR LED と Red LED を交互に発光させてそれぞれの反応を A-D 変換しますが，今回は Red LED のみなので PWM 周期1回ごとに1回だけ A-D 変換します．

▶ フォトトランジスタの出力部

フォトトランジスタの出力は，AC 結合して OP アンプへ入力しています．今回は，内蔵の電流 D-A コンバータを使って OP アンプを $1/2 V_{DD}$ レベルにバイアスしています．Red LED のみなので OP アンプを LPF（ローパス・フィルタ）構成にして PWM キャリアを除去し，脈拍波形に戻しています．

OP アンプの出力とバイアス・レベルを A-D コンバータの差動入力に接続しています．A-D コンバータのサンプリング・レートは，キャリア周期よりも十分に高ければよいので，今回は 100kSps に設定しています．

● TSoC と PiSoC の接続部

PSoC 4100S に搭載されている OP アンプは，P1.0 から P1.7 に端子が割り当てられていますが，付属基板では P1.0 と P1.1 が UART に割り当てられており，また P1.4 がブートローダのモード切り替えに割り当てられています．また，PiSoC では P1.2 と P1.3 に LCD 用の I²C が割り当てられています．これらの端子は，OP アンプを使う場合に競合します．そのため，今回は PiSoC と TSoC 基板の間に**図3**に示す変換基板を挟みました．

それでもブートローダ切り替えの P1.4 は OP アンプの入力と競合しているので，切り替えスイッチを付けました．ブートローダ使用時は Bootloader 側に切り替え，アプリケーション実行時は User 側に切り替えます．

● ユーザ・インターフェース部

ユーザ・インターフェースとして，PiSoC に搭載されている LCD とブザーを使います（**図4**）．

LCD 表示は，I²C インターフェースと I2S_LCD コンポーネントを使います．ブザー駆動には，PWM タイ

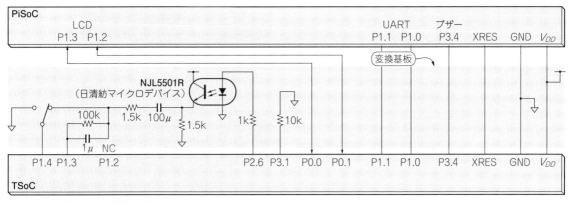

図3　TSoCとPiSoCの接続部
OPアンプを使う場合に競合する端子が多かったので，変換基板を製作した．ブートローダの切り替えピンであるP1.4だけはOPアンプの入力と競合するので，切り替えスイッチを設置した

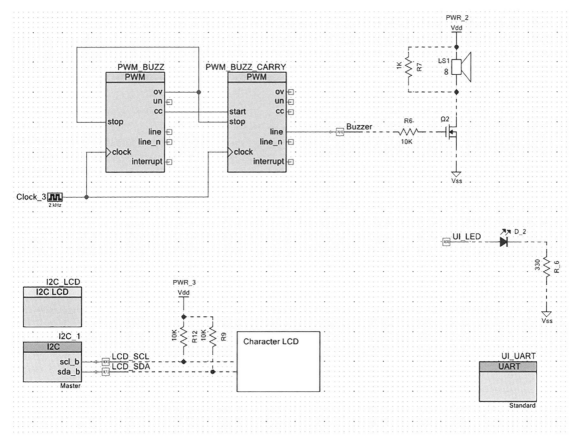

図4　製作した脈拍モニタのユーザ・インターフェース回路

マを2つ使います．1つはブザー音の周波数を作るのに使います．もう1つは，ブザーの発音時間(ワンショット)を作るのに使います．

プログラム

● 処理の流れ

　作成したプログラムのフローを**図5**に，ソースコードを**リスト1**にそれぞれ示します．

　OPアンプ，D-Aコンバータ，PWM，A-Dコンバー

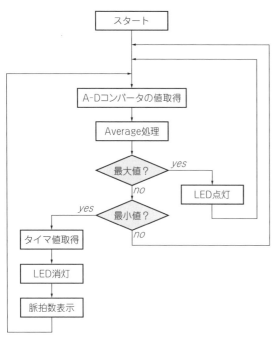

図5 脈拍数取得＆表示プログラムのフローチャート

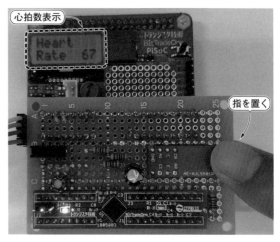

写真2 製作した脈拍モニタで脈拍を検出している様子
脈拍に合わせてブザーが鳴り，LCDに心拍数が表示される

タ(ADC)の初期化を行うと，動作を開始します．PWM
のUnderflow出力でADCが起動するので，ADCの変
換結果を待って値を取り込みます．取り込んだ値は，
ノイズ対策としてAverage処理を行います．

脈拍数を測るためにAverage後のデータに対して
最大値点・最小値点をサーチし，最小値点のフリーラ
ン・タイマのカウント値を読み出して最小値点から最
小値点までの周期を求めます．この周期から60秒に
何回の脈拍数になるかを計算してLCDに表示します．

● マイコン・リソースの使用状況

今回のプログラムのメモリ使用量を図6に示します．
ブートローダで約6Kバイト，アプリケーションで約
10Kバイトのフラッシュ・メモリを使っています．
合計で，PSoC 4100Sのフラッシュ・メモリの24％を
使っています．

動作確認

● (1) 書き込み

作成したプロジェクトは，ブートローダ経由で書き
込みます．

P1.4に接続しているスイッチをBoot側に切り替え
てリセットします．PC上でBootloader Hostアプリケ
ーションを起動し，プロジェクト・ファイルを選択し
て書き込みます．書き込んだら，スイッチをUSER側
に切り替えてリセットします．

● (2) 脈拍検出

脈拍検出の結果はLCD上に表示されます．脈拍セ
ンサの上に軽く指を乗せると，フォトセンサがRed
LEDの反射を受けて脈拍信号を出力します(写真2)．
指を乗せたときにフォトセンサの出力が大きく変わり
ます．AC結合のHPFの時定数が大きいためにOPア
ンプの出力が安定するまで数秒かかります．安定する
と脈拍に合わせてブザーが鳴り，LCDに脈拍数が表
示されます．

フォトセンサ出力は敏感なため，ちょっと指を動か
すだけでも波形が乱れ，正しく脈拍を測定できなくな
ります．測定中はじっとしている必要があります．

* * *

本プログラムは，単純にフォトトランジスタの出力
を観測して脈拍数をカウントするだけの仕様です．フ
ラッシュ・メモリの容量に余裕があるので，例えばニ
ューラル・ネットワーク処理を追加して，異常脈波を
検出するといった応用も考えられます．

また，OPアンプ1つとD-Aコンバータ1チャネル，
A-Dコンバータ7チャネル，コンパレータ2チャネル
も余っている状態です．付属基板のPSoC4100Sは，
もっといろいろなIoTのフロントエンドとして活用で
きる可能性を持っていると思います．

```
Flash used: 15774 of 65536 bytes (24.1%). Bootloader: 5760 bytes. Application: 9886 bytes. Metadata:
128 bytes.
SRAM used: 2876 of 8192 bytes (35.1%). Stack: 2048 bytes. Heap: 128 bytes.
```

図6 プロジェクトをビルドした後に出力されたマイコンのリソース利用状況

リスト1　脈拍数取得＆表示プログラムのソースコード

```
...
#define Hys_Thresh 500  // VCC=5V, RED-LED, R=1Kohm

#define HRM_Min_rate 30
#define HRM_Max_rate 120

#define HRM_PWM_Freq 1000
#define HRM_PWM_Clock 1000000
#define HRM_Timer_Freq 1000
...
 for(;;)
     {
         // waiting ADC Completion
         while(ADC_SAR_Seq_1_IsEndConversion(ADC_SAR_Seq_1_RETURN_STATUS));

         // Get ADC Result
         result = ADC_SAR_Seq_1_GetResult16(HRM_ADC_Ch);

         // Average
         sample[sample_ptr++] = result;
         if(sample_ptr >= HRM_ave_num) sample_ptr = 0;
         result = 0;
         for(i=0;i<HRM_ave_num;i++)
         {
             result += sample[i];
         }
         result /= HRM_ave_num;

         if(HRM_flag == 0)
         {
             if(result > HRM_max)
             {
                 HRM_max = result;
             }
             else if(result < (HRM_max - Hys_Thresh))
             {
                 HRM_flag = 1;
                 HRM_min = 10000;
                 UI_LED_Write(UI_LED_OFF);
             }
         }
         else if(HRM_flag == 1)
         {
             if(result < HRM_min)
             {
                 HRM_min = result;
                 HRM_period1 = HRM_TIMER_ReadCounter();
             }
             else if(result > (HRM_min + Hys_Thresh))
             {
                 HRM_flag = 0;
                 HRM_max = -10000;
                 UI_LED_Write(UI_LED_ON);
                 HRM_Calc();
             }
         }
     }
}
...
void HRM_Calc(void)
{
    int32_t HRM_rate, HRM_rate_period;
    char buf[100];

    HRM_rate_period = (HRM_period1 - HRM_period0);
    HRM_period0 = HRM_period1;
    if(HRM_rate < 0)
    {
        HRM_rate += HRM_TIMER_ReadPeriod();
    }
    HRM_rate = (60*HRM_Timer_Freq)/HRM_rate_period;  // Rate = 60sec / Period
    if((HRM_rate > HRM_Min_rate)&&(HRM_rate < HRM_Max_rate))
    {
        PWM_BUZZ_Start();
        sprintf(buf,"Heart Rate = %d¥n",HRM_rate);
        UI_UART_UartPutString(buf);
        I2C_LCD_Cursol_Position(1,5);
        sprintf(buf,"%3d",HRM_rate);
        I2C_LCD_PrintString(buf);
    }
}
```

第7章 オシロのように使える！ I/O計測コンピュータ

加藤 忠 Tadashi Katoh

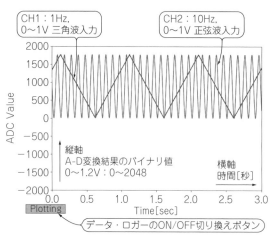

図1 PSoCで収集したデータをラズベリー・パイでビジュアル化する「Pi Monster」の実行画面
ラズベリー・パイでPythonプログラム（base_osc.py）を実行したようす

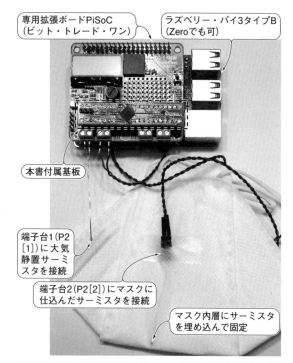

写真1 本稿で製作するPi Monsterを応用した呼吸センサ

豊富なアナログ入出力を備えたPSoCは，センサのアナログ・フロントエンドから，データ・サンプリング，信号処理までをワンチップ化するポテンシャルを秘めています．

PSoCのA-Dコンバータは，GUI上で設定を変更するだけで，入力チャネル数やサンプリング周波数が切り替えられます．ソフトウェアの変更はほぼ不要で，オシロスコープのように汎用的に使えます．OPアンプやコンパレータなど，内蔵しているアナログ回路を使えば，センサから出力された信号の前処理もワンチップで行えます．さらに，ラズベリー・パイと組み合わせれば，収集データをグラフ表示したり，AIのディープ・ラーニングを用いた解析もできるようになり，応用の幅が大きく広がります．

本稿では，PSoCを使ったデータ収集や可視化の基本テクニックの事例として，図1に示す「Pi Monster」を製作します．製作には，本書の付属基板と専用拡張ボードPiSoC（ビット・トレード・ワン）を使いました．TSoCとラズベリー・パイの接続部や，各種部品を個別に用意すれば，PiSoC基板がなくても試せます．

応用事例として，サーミスタを使った呼吸センサ（写真1）を製作します．

こんなシステムを作る

● 全体の構成

図2に示すのは，Pi Monsterのシステム全体構成です．
PSoCの役割はデータ収集です．多チャネルのアナログ入力信号を，A-Dコンバータでサンプリングして，UART通信で外部に送信します．

PSoCとラズベリー・パイ間の通信は，UARTで行います．ラズベリー・パイの代わりにパソコンを使うときは，市販のUSBシリアル変換モジュールを使います．今回は，専用拡張ボードPiSoCを使ってPSoCとラズベリー・パイを接続しました．

ラズベリー・パイの役割は，データ可視化です．図3のように，PSoCからUART通信で送られてきたA-D変換データを受信し，メモリに蓄え，リアルタイ

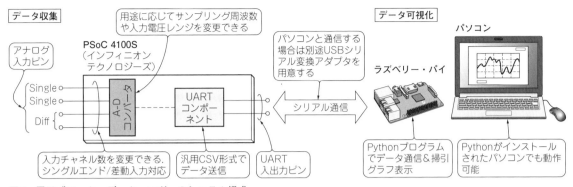

図2　電子ブロック・データ・ロガーのシステム構成
A-D変換の条件は自由に設定変更できる．Pythonアプリはラズベリー・パイでもパソコンでも実行できる

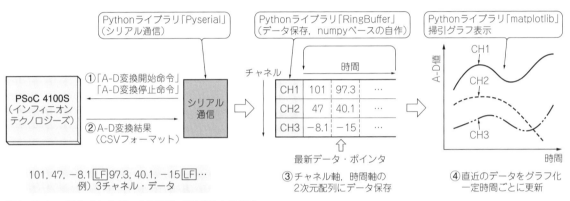

図3　Pythonで作成したデータ可視化プログラムの構成

ムに掃引グラフ化します．

本稿で製作したPi Monsterのサンプル・プログラムは，本書付属のDVD-ROMに収録されています．

● 用途に応じて仕様が変えられる

本稿で製作するPi Monsterは，PSoC内のコンポーネントの設定パラメータを変更することで，さまざまな用途に応用できます．

▶(1) アナログ入力チャネル数

A-Dコンバータ・コンポーネントの設定により，チャネル数，Mode（シングルエンド/差動），アクイジション・タイムなどが自由に変更できます．

チャネル数を変更するときは，main.hの#define ADC_CHANNELを修正します．詳細は後述します．

▶(2) A-D変換サンプリング周波数

PWMコンポーネントの設定で，Period値を修正すれば，サンプリング周波数を変更できます．実際のサンプリング周波数は，1 MHz ÷ Periodになります．詳細は後述します．

▶(3) UART通信速度の増減

UARTコンポーネントの設定により，通信速度を変更できます．最高921600 bpsまで増やせます．

---

1 データ収集担当…PSoC

■ ステップ1：ハードウェア設計

図4に示すのは，PSoCの内部回路です．順を追って動作を解説します．

① A-D変換開始コマンドの待ち受け（UARTコンポーネント）

PSoCを起動すると，まず最初にmain関数内でラズベリー・パイからのA-D変換開始コマンドをポーリング待ち受けします．

プログラムへのコマンド実装を容易にするため，コマンドはASCIIコード1文字（終端文字無しで，小文字'a'）とします．ラズベリー・パイからA-D変換開始コマンドを受信すると，PWM_1コンポーネントが起動します．

② A-D変換サンプリング・タイミングの生成（PWMコンポーネント）

CLOCK_1コンポーネントの1 MHzクロックを分周して，PWMコンポーネントのov端子からパルスを出

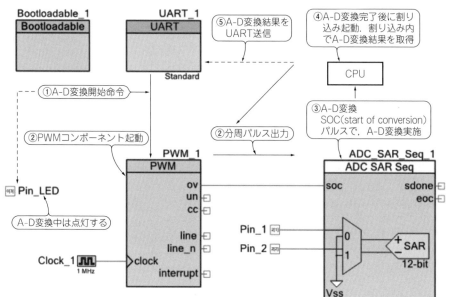

図 4　Pi Monster の PSoC内部回路
使うペリフェラル(周辺機能)はここで宣言する

力します.

分周数は, PWM Periodで設定します. この分周パルス信号を, 次のADC_SAR_Seq_1コンポーネントのsoc(start of conversion)端子に入力します.

PWMコンポーネントが停止している間は, ov端子からパルスが出力されないため, ADC_SAR_Seq_1コンポーネントが動作しません.

③ A-D変換(A-Dコンバータ・コンポーネント)

ADC_SAR_Seq_1コンポーネントのsoc端子にパルス信号が入力すると, 全入力チャネルを順にサーチして, A-D変換を実行します.

A-D変換が完了すると, 割り込みが発生します. 割り込みハンドラ内で, A-D変換結果を所定のグローバル変数に格納します. すでにA-D変換完了フラグが1以上になっていたら, 前回の結果が未処理であるとみなし, A-D変換結果を更新しません. 最後にA-D変換完了フラグに1を加算します.

④ A-D変換結果をUART送信(UARTコンポーネント)

main関数の中で, A-D変換完了フラグをポーリング待ち受けします.

A-D変換完了フラグが1以上であれば, A-D変換結果をラズベリー・パイに送信します. 送信後, A-D変換完了フラグを0にして解除します.

PSoC内部では, PWMコンポーネントの起動を起点として, 自動的にA-D変換を実行し, 変換結果をラズベリー・パイへ送信し続けます.

PWMコンポーネントを停止すると, 一連の動作はすべて停止します. A-D変換停止コマンドは, ASCIIコード1文字の'z'としました.

■ ステップ2：各コンポーネントの設定

① UARTコンポーネント

UARTコンポーネントでは, 通信速度(Baud rate)の設定が重要です.

UARTは, 調歩同期式通信なので, 送信と受信側で通信速度を合わせておく必要があります. UARTコンポーネントの設定画面に表示される「Actual boud rate」は, PSoCの内部クロックから生成される実際の通信速度です.

設定値と実際の通信速度の誤差は, 2.5％以下であれば通信可能です. 厳密には, PSoCの内部クロック誤差が2％なので, ここでは0.5％以下にすると良いでしょう. 実際の通信速度は, 「Oversampling」の設定で調整できます.

▶ピン配置

UARTコンポーネントのピン配置ですが, PiSoCを使ってラズベリー・パイに接続する場合は, 次のとおり設定します.

- RX(受信側)：P3 [0]
- TX(送信側)：P3 [1]

USBシリアル変換モジュール経由でパソコンと接続する場合は, 次のとおり設定します.

- RX(受信側)：P1 [0]
- TX(送信側)：P1 [1]

② A-Dコンバータ・コンポーネント

図5に示すのは, A-Dコンバータ・コンポーネントの設定画面です. 次の4項目の設定が重要です.

▶(1) Generalタブの「Timing」の設定

A-Dコンバータ・コンポーネントの基準クロック

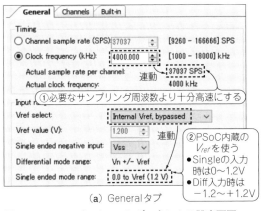

（a）Generalタブ

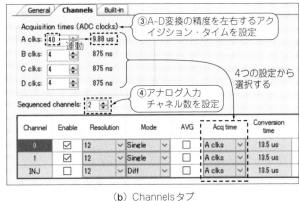

（b）Channelsタブ

図5　A-Dコンバータ・コンポーネントの設定画面

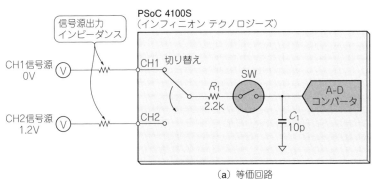

（a）等価回路

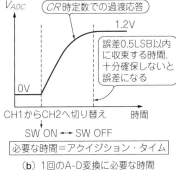

（b）1回のA-D変換に必要な時間

図6　PSoC内蔵A-Dコンバータの等価回路
実際にはC_1に保持された電圧をA-D変換している．SWのON時間であるアクイジション・タイムが十分でないと，電荷が十分蓄えられてないままA-D変換することになるので，誤差が大きくなる

周波数を設定します．

　基準クロック周波数を上げると，A-D変換処理速度が上がります．実際のA-D変換速度は，「Actual sampling rate per channel」に表示されます．チャネルごとの1秒間にサンプリングできる回数を示しています．今回は，2チャネルの信号を1kHzでサンプリングしたいので，最低でも2000spsが必要です．十分余裕のある速度に設定します．

▶（2）Generalタブの「Input range」の設定

　「Vref select」では，A-D変換の基準電圧を設定します．

　基準電圧を変更すると，アナログ信号の入力電圧範囲が変わります．「Vref select」のプルダウン・メニューに表示されている「bypassed」は，PSoCのP1［7］ピンに外付けのバイパス・コンデンサを追加して使うことを意味しています．付属基板には，P1［7］ピンに1μFのコンデンサが実装されているので，bypassedに設定できます．bypassed設定にすることで，A-Dコンバータ・コンポーネントの基準クロックの設定上限値が上がります．

▶（3）Channelsタブ「Acquisition times」の設定

　図6に示すのは，PSoC内部のA-Dコンバータの等価回路です．

　PSoC内部のA-Dコンバータは，SWをONし，10pFのチャージ・コンデンサC_1に電荷を蓄えた後にSWをOFFし，C_1に保持された電圧をA-D変換します．ここでは，このSWのON時間を設定します．この時間はアクイジション・タイム（Acquisition time）と呼ばれ，A-D変換の精度を左右します．

　アナログ信号の入力部は，PSoCの内部抵抗とセンサ信号源の出力抵抗，10pFのチャージ・コンデンサC_1の3つにより，CR時定数回路を形成します．多チャネルのA-D変換では，異なる電圧の入力信号を切り替えるので，過渡応答が十分に収束するだけのAcquisition time（アクイジション・タイム）が必要です．センサ信号源の出力抵抗が高いほど，長い時間が必要になります．

▶（4）Channelsタブの「Sequenced channels」の設定

　アナログ信号の入力チャネル数を設定し，その下に各チャネルの指定条件を設定します．

　「Mode」を［Single］に設定すると，当該チャネル

のアナログ入力は1端子になり，グラウンドに対する電圧がA-D変換されます．［Diff］に設定すると，アナログ入力は2端子になり，各端子間の電圧差がA-D変換されます．

「Acq time」では，アクイジション・タイムを設定します．4通りの時間が設定できます．

「Conversion time」は，1チャネル当たりのA-D変換時間を表示します．

③ その他コンポーネント

PWMコンポーネントに入力するクロック（Clock_1）は，1MHzとします．

PWMコンポーネントの分周比「Period」は，「1000」とします．これにより，A-D変換のサンプリング周波数は1MHz÷1000＝1kHzになります．

Bootloadableコンポーネントの設定方法は，本書の特設サイトを参照してください．

■ ステップ3：プログラムの作成

ここでは，次に示す3つのソースコードを作成します．
- ヘッダ・ファイル ：main.h（新規作成）
- メイン・プログラム：main.c（新規作成）
- API関数：ADC_SAR_Seq_1_INT.c（自動生成されたコードに処理を追加する）

ADC_SAR_Seq_1_INT.cは，ビルドした際に自動生成されるAPI関数の1つです．一度，仮ビルドをすると生成されます．この関数は，A-Dコンバータ・コンポーネントのA-D変換が完了したときに割り込みハンドラとして起動します．

① ヘッダ・ファイル（main.h）の作成

全てのソースコードで共有される，定数定義やグローバル変数を宣言します．

詳細はサンプル・プログラムを参照してください．

② メイン・プログラム（main.c）の作成

リスト1に示すのは，main.cの主要部分です．次に示す3つの領域で構成されます．

▶（1）初期化領域

初期化領域では，マイコン起動時に1回だけ実行する各種初期化処理を行います．

▶（2）A-D変換結果の送信領域

この領域は，main関数の無限ループ内で実行されます．A-D変換が完了して（A-D変換フラグが立って）いることを確認したら，A-D変換結果をUART送信します．チャンネル間をカンマ，サンプル間を終端文字LF（'\n'）で区切る汎用CSVフォーマットとします．

▶（3）パソコンからのUART通信確認領域

この領域は，main関数の無限ループ内で実行され

リスト1　メイン・プログラム（main.c）の主要部分
PSoC内部の各コンポーネント初期化，およびシリアル送受信の処理を行う

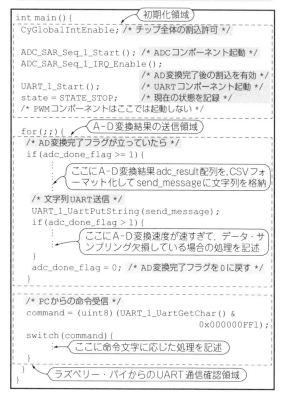

ます．パソコンから送られて来たUART通信があれば，PSoCへのコマンドと見なし処理します．

③ API関数（ADC_SAR_Seq_1_INT.c）の追記

A-D変換が完了したときに割り込みハンドラとして呼び出される関数です．

リスト2に示すように，変数宣言と処理内容は，それぞれ#STARTコメント～#ENDコメントの間に記述します．この領域の外にコードを記述すると，コンパイル時に削除されます．

処理内容は，A-D変換結果を所定のグローバル変数に格納し，A-D変換フラグを立てる（1を加算する）だけです．

②ビジュアル化担当… ラズベリー・パイ

■ ビジュアル化プログラムはPythonで開発する

ラズベリー・パイで実行するデータ可視化プログラムは，Pythonで開発します．

Pythonは，AIだけでなく，組み込み機器の開発にも使える汎用的なプログラミング言語で，次に示すよ

リスト2　API関数(ADC_SAR_Seq_1_INT.c)の処理内容
一度仮ビルドすると作成されるファイル. 追加記述が必要

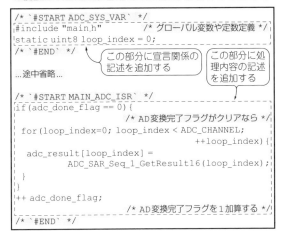

```
/* `#START ADC_SYS_VAR` */
#include "main.h"          /* グローバル変数や定数定義 */
static uint8 loop_index = 0;
/* `#END` */
```
この部分に宣言関係の記述を追加する

```
....途中省略...
```

この部分に処理内容の記述を追加する

```
/* `#START MAIN_ADC_ISR` */
if(adc_done_flag == 0){
                         /* AD変換完了フラグがクリアなら */
  for(loop_index=0; loop_index < ADC_CHANNEL;
                                    ++loop_index){
    adc_result[loop_index] =
            ADC_SAR_Seq_1_GetResult16(loop_index);
  }
}
++ adc_done_flag;
                         /* AD変換完了フラグを1加算する */
/* `#END` */
```

うなメリットを持ちます.

● メリット1：OSを選ばない

OSに依存せず, Windows, Linux上でも同一ソースコードで, 互換動作します.

● メリット2：フリーのライブラリが豊富

GUIアプリケーションの開発をサポートするライブラリが充実しています. もちろんOS非依存です. 科学計算系のライブラリも豊富にあり, やりたいことがすぐに実装できます.

■ ビジュアル化までの大まかな流れ

① PSoCとのシリアル通信でコマンドとデータをやりとりする

データ可視化プログラムのフローは, 図2に示すとおりです.

ラズベリー・パイで「A-D変換開始コマンド」を発行すると, PSoCから断続的にA-D変換結果が送られてきます. ラズベリー・パイは, PSoCから送られてくるデータを受信し続けます.

次に, 「A-D変換停止コマンド」を発行すると, PSoCの動作が停止します.

これらのコマンドは, ラズベリー・パイ側から見るとシリアル通信で実現できます. シリアル通信の処理は, 「Pyserial」と呼ばれるPythonライブラリを使って行います.

② データをメモリに保存する

A-D変換結果のデータは, PSoCからCSVフォーマットで送られてきます.

ラズベリー・パイでは, これを数値に変換して, チャネル軸, サンプル時間軸の2次元配列として, メモリ

に保存します. 配列データの管理は, 「NumPy」と呼ばれるPythonの数値計算ライブラリを使って行います.

本稿では, NumPyをさらに扱いやすくするために私が自作したライブラリ「RingBuffer」を使います.

③ 保存したデータをグラフ表示する

A-D変換結果を保存した時系列の多チャネル・データから, 直近のデータを抽出して, グラフを描画します.

高速にグラフを更新し続けることで, 掃引オシロスコープのような表示を実現します. グラフの描画には, 「matplotlib」と呼ばれるライブラリを使います.

■ プログラムの作成&実行手順

① Python &ライブラリのインストール

▶Raspberry Pi OS(ラズベリー・パイ)の場合

ラズベリー・パイは, デフォルトでPython3がインストールされています.

ここでは, matplotlibとPyserialをインストールするために, 次のコマンドを実行します.

```
$ sudo apt-get install libatlas-base-dev⏎
$ sudo pip3 install --upgrade numpy⏎
$ sudo pip3 install matplotlib pyserial⏎
```

▶パソコン(Windows, Linux OS)の場合

Pythonの開発環境をインストールします. ここでは, 各種ライブラリが同梱されたAnacondaをインストールします. Pythonバージョンは3系を使います. 次のURLより入手できます.

```
https://www.anaconda.com/download/
```

次に, コマンド・プロンプトを起動して, 次のコマンドを実行し, シリアル通信用ライブラリPyserialをインストールしておきます.

```
pip install pyserial⏎
```

② サンプル・プログラムを展開する

ラズベリー・パイ側のアプリケーションは, 次の2つのソースコードで構成されています.

- base_osc.py
- ringbuffer.py

このソースコードを同一フォルダ内に保存しておきます.

③ PSoCとラズベリー・パイを接続する

▶PiSoCを使って接続する場合

付属基板とラズベリー・パイを接続します. 今回は専用拡張基板PiSoCを使うので, 新たな配線は不要です.

PiSoCでは，ラズベリー・パイのUARTポートを使ってPSoCと通信します．標準では，ラズベリー・パイのUARTポートには別機能が割り当てられているので，Raspberry Pi OSの設定を変更して，UARTポートを有効にします．詳細は文献(4)を参照ください．

▶USBシリアル変換モジュール経由でパソコンと接続する場合

パソコンの場合は，USBシリアル変換モジュールを結線して，パソコンのUSBポートと接続します．

パソコンには，メーカが提供するUSBシリアル変換モジュールのデバイス・ドライバをインストールします．Windows 10では不要です．パソコンの代わりにラズベリー・パイのUSBポートにUSBシリアル変換モジュールをつなげることもできます．この場合は，デバイス・ドライバは不要です．

④ Pythonプログラムの一部修正

PiSoCを使って接続する場合は，base_osc.pyのソースコードを修正します．

冒頭のDEVICE_NAME=Noneを，次のとおり書き換えます．

```
DEVICE_NAME="/dev/ttyAMA0"
```

DEVICE_NAME=Noneにすると，FTDI社のUSBシリアル変換ICを使っているUSB機器を自動捜索して接続します．Noneでなく，デバイス名の文字列を記載すると，同名をデバイス名としてシリアル通信接続します．

⑤ Pythonプログラムを実行する

OS上でコマンド・プロンプト(もしくはAnaconda prompt)を起動し，cdコマンドで保存フォルダに移動したら，次のコマンドを実行します．

```
> python␣base_osc.py⏎(Windows，Linuxの場合)
$ python3␣base_osc.py⏎(Raspberry Pi OSの場合)
```

⑥ アナログ入力に信号を入力して確認する

入力端子に信号を入れます．入力端子は，チャネル1がP2［1］(PiSoCの端子台1)，チャネル2がP2［2］(PiSoCの端子台2)です．

図1に示すのは，パソコンに表示される画面です．左下の［Plotting］をクリックすると，動作を開始します．同時にlog.csvというファイルを生成し，データを保存しています．

ラズベリー・パイZeroWでは，処理が間に合わず

Pythonでマイコンとシリアル通信するならコレ！ 標準ライブラリ「Pyserial」の使い方

リストAに示すのは，Pyserialの使用例です．ラズベリー・パイ/パソコン(USBシリアル変換モジュール経由)のどちらにも対応しています．

① デバイスをオープンする(serial関数)

第1引数には，UART(またはUSB)のデバイス名を指定します．デバイス名はマシンによって異なります．Linuxでは「/dev/ttyAMA0」，Windowsでは「COM42」などのデバイス名が付けられています．

timeout引数は，読み込み系の関数で，通信相手からの応答がないときのタイムアウト時間を設定します．

baudrate引数には，通信速度を設定します．単位はbpsです．

USBデバイスが相手のときは，USB機器固有のVID，PID番号から，デバイス名を検索する仕組みも用意されています．base_osc.pyのdef usb_devicename()を参照してください．

② 送信する(write関数)

引数のバイト列を送信します．必ずbytes型引数にします．

③ 受信する(read_all関数)

PSoCから送信されてきた通信データは，まずパソコン側のバッファに蓄積されます．read_all関数は，バッファに蓄積されたデータを取得します．

戻り値はbytes型です．タイムアウトの場合は，空データが戻ります．

④ クローズする

シリアル通信が終了したら，Serialオブジェクトをクローズします． 〈加藤 忠〉

リストA Python標準のシリアル通信ライブラリ「Pyserial」の使用例

```
import serial  # Pyserialライブラリ呼び出し定型文

serial_object =
  serial.Serial("COM48", timeout=0, baudrate=115200)·················①
serial_object.write(b"Send message")·················②
receive_message = serial_object.read_all()·················③
serial_object.close()·················④
```

動作しません. A-D変換のサンプリング周波数を下げると動作します.

● **チャネル数変更時の修正点**

チャネル数を変更するときは, base_osc.pyの冒頭部を修正します. 冒頭部の設定内容は次のとおりです.

```
CH_SIZE=2              # データ・チャネル数
SAMPLE_RATE=1000
                    # サンプリング周波数 [Hz]
PLOT_POINTS=3000      # 横軸プロット点数
RANGE_Y_MAX=2000      # 縦軸スケール最大値
RANGE_Y_MIN=-2000     # 縦軸スケール最小値
SERIAL_OPTIONS={'baudrate':
                       # UART通信速度
```

③ 応用例…呼吸センサ

PiMonsterの応用例として, 呼吸センサ(**写真1**)を製作します. 呼吸センサにはNTCサーミスタを用いました. マスクの内層にサーミスタを埋込んで使います.

● **呼吸センサの原理**

図7に示すのは, NTCサーミスタを使った呼吸センサの原理です.

サーミスタに定電流を流すと, サーミスタの抵抗値に比例した電圧が発生します. NTCサーミスタは温度が上昇すると, 抵抗値が減少します. つまり, 電圧値と温度に負の相関があります.

2本の同じサーミスタを用意します. 一方を大気中に静置し, 他方をマスクに配置して両者のサーミスタ

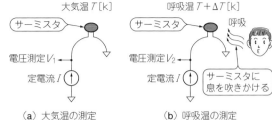

(a) 大気温の測定   (b) 呼吸温の測定

$$差電圧 = V_1 - V_2 = R_0 e^{-\frac{B_0}{T_0}} \left\{ e^{\frac{B_0}{T}} - e^{\frac{B_0}{T+\Delta T}} \right\} I$$

- $\Delta T = 0$(呼吸なし)で0Vになる.
- ΔTに応じた電圧が出力される·
  ただし, $R_0 = 10 k\Omega$, $B_0 = 3380$, $T_0 = 298K$
  サーミスタは**NXFT15XH103FA2B50**(村田製作所)を使用

図7 NTCサーミスタを使った呼吸センシングの原理
NTCサーミスタは温度が上昇すると抵抗値が減少する. 呼気と吸気での温度差から, 呼吸に応じて電圧が上下する

電圧の差分を取ります. すると呼気と吸気の温度差から, 呼吸に応じて電圧が上下します. マスクを装着しない場合は0Vになります. NTCサーミスタはマスクの内層に埋込みます.

● **汎用オシロスコープからの変更点**

図8にTopDesignを示します. A-Dコンバータは, CH1の差動(Diff)入力として, 2端子間の差分電圧を取得します. サンプリング周波数は20 Hzで十分です. サーミスタには定電流を流すため, D-Aコンバータのコンポーネントを配置します.

● **A-D変換の直値ではっきりと呼気/吸気がわかる**

図9に示すのは, オシロスコープ画面で観測した呼吸データです. 縦軸はA-D変換の直値データです. 口元がゆったりしたマスクでも, はっきり呼気, 吸気

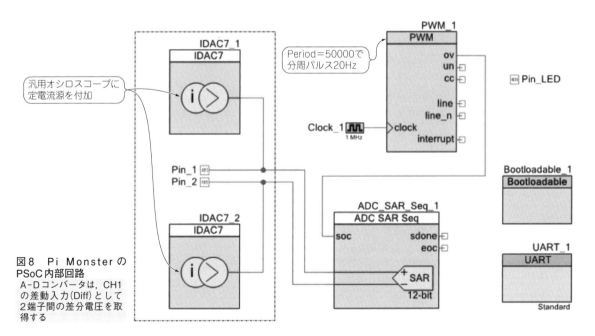

図8 Pi Monsterの PSoC内部回路
A-Dコンバータは, CH1の差動入力(Diff)として2端子間の差分電圧を取得する

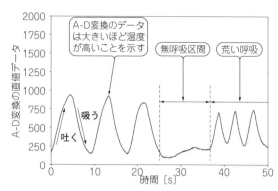

図9 計測した呼吸データをオシロスコープ画面で観測する
口元がゆったりしたマスクでも，はっきりと呼気，吸気の差分が見られる．呼吸が止まったことも分かる．鼻や口呼吸もマスクを介しているので問題なく取れる

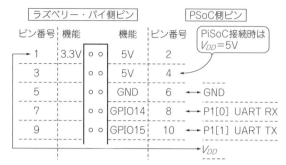

図10 ラズベリー・パイはUARTインターフェースをもっているので，USBシリアル変換モジュールに頼ることなくPSoCと直接通信ができる
ラズベリー・パイとPSoCとの結線図．PiSoCを使うときは，V_{DD}＝5Vで既に配線済み．信号電圧はPSoC：5V，ラズベリー・パイのUARTピン：3.3Vだが，PiSoC内部でレベル変換されている

の差分が見られました．呼吸が止まったことも分かります．鼻や口呼吸も，マスクを介しているので問題なく取れます．これが12ビットA-Dコンバータの威力です．PSoC単体だけで実現できるのが驚きです．

UART通信でなく，SDカードにデータを保存できれば，電池駆動の携帯型モニタリング装置も夢ではありません．

● **ラズベリー・パイ限定！直接UART通信が便利**

ラズベリー・パイはUARTインターフェースを持っています．USBシリアル変換モジュールに頼ることなく，PSoCと直接通信ができます．

図10に示すのは，ラズベリー・パイとPSoCとの結線図です．A-D変換サンプリング周波数が遅いせいか，非力な ラズベリー・パイ ZeroWでもCPU負荷100％で動作します．

動作させるには，いくつか設定の変更が必要です．

① ラズベリー・パイ のUARTピンは，標準では他の機能に割り振られていて使えません．
　　UART機能が使えるように，OSの設定変更が必要です．OSバージョンや，機種毎に設定が異なり複雑なので，Web[4]などで検索して設定してください．
② breath_osc.pyの冒頭のシリアル通信デバイス名を次のように変更します．
`DEVICE_NAME = "/dev/ttyAMA0"`

データ転送速度の改善

● **バイナリ・データを使って転送効率を改善する**

純粋にパソコンに転送できるA-D変換サンプリング周波数の限界を調査してみます．

パソコンにデータ送信する場合，CSVフォーマットでは転送効率が悪いため，バイナリ・データをそのまま送信します．CH1，16ビット・データ（12ビットのA-D変換データは16ビット＝2バイトで送信）をリトルエンディアン形式でバイナリ送信します．

区切り文字なく連続データです．パソコン側で2バイトずつデータ区切って復元します．

● **呼吸センサ・プロジェクトをベースに高速化する**

呼吸センサをベースに，次のように高速化変更します．

① CPUのクロックを最大周波数48MHzに上げる
② A-Dコンバータのコンポーネントのクロックを上げ，十分高速にA-D変換させる
③ UARTコンポーネントのボー・レートを最大値921600bpsに変更する
④ UART通信が間に合わず，A-D変換サンプリング欠損を生じたら，PSoC基板の緑LEDを点灯させる
⑤ ソースコード（main.c）で，パソコンへの送信フォーマットをCH1，16ビット・リトルエンディアンのバイナリ形式に修正する．A-D変換値でなく，検証し易いダミー・データに差し替えて送る．
⑥ PWM Periodを変えながら，A-D変換サンプリングが欠損なく通信できる限界値を測定する
⑦ Pythonアプリケーションは，バイナリ形式で受けて，それをバイナリ・ファイルに書き込み，バイナリ・ファイルの妥当性を最後にチェックする

● **実験結果**

図11に示すのはUART通信の波形です．2バイトのデータが隙間なく送信され，2バイトあたり約22μsになっています．つまり45Kワード/sの実力が見込まれます．

PWM Periodを変えながら実験すると，Period＝21ではデータの欠損が見られましたが，22では欠損がなくなりました．つまり，A-D変換サンプリング周波数1MHz÷22＝45kHzまで動作しています．データ転送速度にすると，720000bpsになります．

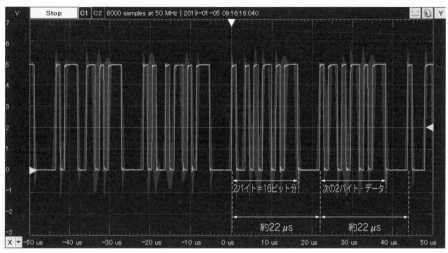

図11　UART通信の送信波形を見ると，実質速度は720000 bps（22μsで2バイト）で45 Kword/sの実力が見込まれる

A-Dコンバータのコンポーネントの最大サンプリング周波数が，1 MHzなので，圧倒的に通信速度がボトルネックです．

グラフの描画がなく，単なるデータ・ロガーであれば，ラズベリー・パイ ZeroW でも十分に動作します．

＊　　　＊

PSoCでのアナログ信号サンプリングの基本的な手法を紹介しました．他のマイコンに比べ，アナログ機能の充実，グラフィカルな設定画面，自動生成される便利なAPI関数により，簡単に機能が実装できます．

さらにパソコン側とのデータ授受についても，Pythonを使うことで手軽に実装できます．敷居が高そうなオシロスコープ風画面ですら簡単に作れます．

呼吸センサを見ての通り，ちょっとした変更でさまざまなセンサ・ロギングに活用できる汎用性を秘めています．ぜひ，AIのデータ取得のお供にご活用ください．

◆参考文献◆

(1) PSoC4 Hardware Design Considerations,
http://www.cypress.com/file/141176/download
(2) Pyserial's documentation,
https://pythonhosted.org/pyserial/
(3) matplotlib tutorials,
https://matplotlib.org/tutorials/index.html
(4) Raspberry Pi UARTs,
https://www.raspberrypi.org/documentation/configuration/uart.md

ラズパイのアナログ性能UP！「PiSoC」キット

本稿で紹介したPiSoCの完成品は，ビット・トレード・ワンから発売されています．

詳しくは特設ページを参照してください．

```
https://toragi.cqpub.co.jp/tabid/902/
Default.aspx
```

● PiSoC本体（写真A，図A）

完成品　ADCQ1904　想定販売価格 4,378円

本書の付属基板TSoCとラズベリー・パイを組み

合わせて動かすことができる専用拡張ボードです．

本書の付属基板にLinuxコンピュータ・ボードのラズベリー・パイを合体させれば，話題のIoT（Internet of Things）端末として使えるようになり，インターネット上のクラウド・サービスとも連携できます．画像処理やAIのディープ・ラーニングなど，今どきのアプリケーションも試せるようになります．PSoCは，ラズベリー・パイが苦手なアナログ入出力機能を豊富に備えているので，合体することで弱点を補えます． 〈編集部〉

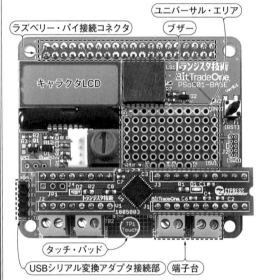

写真A　ラズパイ用ハードウェア・アクセラレート基板PiSoC（ビット・トレード・ワン）
本書の付属基板とラズベリー・パイを組み合わせて動かすことができる

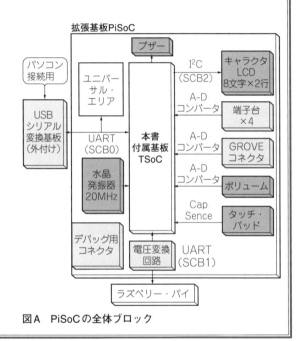

図A　PiSoCの全体ブロック

Appendix1

登録者数4万人超！ TSoCのサンプル・コードもある

メーカ公式コミュニティ「Infineon Developer Community」

田中 基夫 Motoo Tanaka

　インフィニオン テクノロジーズ（旧サイプレス セミコンダクタ）が自社の製品サポートを目的として立ち上げているInfineon Developer Communityは，コミュニティとしての特性を持ったコンテンツです．登録者数は42006人で，ディスカッション数は70383件，既に解決された問題は40949件（2023年2月時点）です．比較的活発なコミュニティかと思います．

https://community.infineon.com/

　また，多くの質問に対する回答・助言は，メーカからではなく，一般のメンバから提供されているのもコミュニティならではの特性だと思います．回答内容については，メーカのエンジニアが確認した上で正解マークを付けています．

● TSoCのサンプル・コードも公開されている

　ここでは，コミュニティで公開済みのTSoCサンプル・コードをいくつか紹介します．

　Infineon Developer Communityのトップ・ページから［Member Contributions & Content］-［Code Examples］を選択，検索窓に「TSoC」と入力して検索すると，TSoC関連のサンプル・コード一覧が表示されます．

　コミュニティで公開されているサンプル・コードは，ブートローダを使っていないものがほとんどです．ブートローダを使う場合は，プロジェクトのブートローダブルを追加して，ビルドしてから使ってください．

　各サンプルのURLは本書のサポート・ページにもリンクがあります．

https://interface.cqpub.co.jp/psocbook/

▶サンプル①：CapSense×フレキセンサ電極

　TSoCをSWDおよびI²C経由でKitProgと接続して，エレファンテック製のフレキセンサ電極と3つの外部LEDを使ったタッチ・センサのサンプルです．

　KitProgのI²Cブリッジ経由でCapSense Tunerも動かしています（写真1）．

https://community.infineon.com/t5/Code-Examples/A-CapSense-Sample-using-an-Elephantech-flex-PCB-electrode-TSoC/td-p/283111

▶サンプル②：4声オルゴール

　4つのPWMを使って圧電サウンダを鳴動させる4声オルゴールのサンプルです（写真2）．

https://community.infineon.com/t5/Code-Examples/TSoC-CY8C4146LQI-S433-4-Voice-Orgel-四声のオルゴール/m-p/177030

写真2　サンプル②…圧電ブザー4個で試せる4声オルゴール

超音波センサ

写真3　サンプル③…超音波センサを使った距離測定

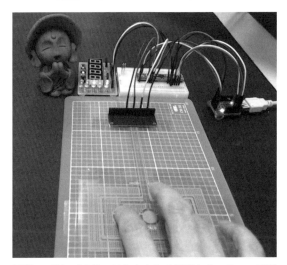

写真1　サンプル①…フレキセンサ電極とCapSenseで試すタッチ・センサ

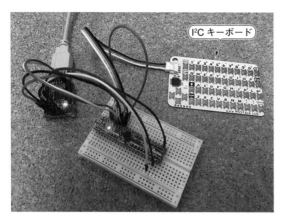

写真4　サンプル④…M5Stack用 I²C キーボードとの接続

▶ **サンプル③：超音波センサ**

　超音波センサHC-SR04（SainSmart）を使って距離を測定するサンプルです（**写真3**）.

https://community.infineon.com/t5/Code-
Examples/TSoC-CY8C4146LQI-S433-基板-超
音波センサ-HC-SR04-サンプル/m-p/141944

▶ **サンプル④：I²C キーボード**

　マイコンに接続する入力は数個のプッシュ・ボタンや4×4のマトリクス・キーなどが普通ですが，I²C接続できるフルキーボードも発売されています.

　ここでは，I²C キーボードCardKB（M5Stack）を使ってTSoCと接続してみました（**写真4**）.

https://community.infineon.com/t5/Code-
Examples/TSoC-I2C-Full-Keyboard-
Sample-CardKb/m-p/148504

▶ **サンプル⑤：マイコン・テスタ**

　コミュニティで，UART，I²C，SPI，A-Dコンバータなどの使い方の質問が多かったので，基本的なペリフェラル動作実験ができる詰め合わせ的なサンプルを作成してみました（**写真5**）.

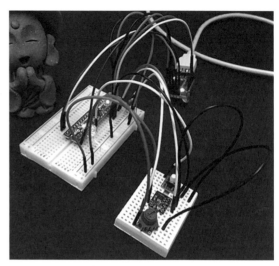

写真5　サンプル⑤…基本的なペリフェラル動作実験ができるマイコン・テスタ

https://community.infineon.com/t5/Code-
Examples/MCU-Tester-a-Swiss-Army-
Knife-for-PSoC-TSoC-version/m-p/175820

▶ **サンプル⑥：RC サーボモータ**

　PWMで制御するRC サーボモータSG-90（Tower Pro）を使ったサンプルです（**写真6**）.

https://community.infineon.com/t5/Code-
Examples/TSoC-CY8C4146LQI-S433-基板-サ
ーボ-SG-90-サンプル/m-p/159895

▶ **サンプル⑦：超小型温湿度センサHS3001**

　温湿度センサHS3001（ルネサス エレクトロニクス）を使ったサンプルです（**写真7**）.

https://community.infineon.com/t5/Code-
Examples/TSoC-I2C-Humidity-and-
Temperature-Sensor-IDT-HS3001-Sample/
m-p/158105

▶ **サンプル⑧：定番温湿度・気圧センサBME280**

　BME280（ボッシュ）は，単体で温度，湿度，気圧を測定できるセンサです. ここでは I²C経由でTSoCに

写真6　サンプル⑥…RC サーボモータ（SG-90）の制御

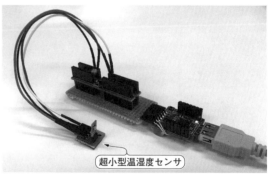

写真7　サンプル⑦…超小型温湿度センサからのデータ収集

写真8　サンプル⑧…定番温湿度・気圧センサ BME280 からのデータ収集

接続してみました（**写真8**）．

https://community.infineon.com/t5/Code-
Examples/TSoC-CY8C4146LQI-S433-基板-
BME280-I2C-温度-湿度-気圧センサ-サンプル
/m-p/239804

▶**サンプル⑨：7セグメントLED**

UDBを内蔵するPSoCであれば容易に駆動できる7セグLEDですが，TSoCに搭載されているPSoC

写真9　サンプル⑨…7セグメントLEDの点灯

4100Sでやる場合はひと工夫が必要なので，サンプルにしてみました（**写真9**）．

https://community.infineon.com/t5/Code-
Examples/TSoC-CY8C4146LQI-S433-基板-
7SEG-LED-サンプル/m-p/63135

▶**サンプル⑩：ウォッチドッグ＆ソフトウェア・リセット**

コミュニティでウォッチドッグ・リセットとソフトウェア・リセットの使い方に関する質問があったので，実際に動かして試せるサンプルを作ってみました（**図1**）．

https://community.infineon.com/t5/Code-
Examples/TSoC-and-CY8CKIT-149-
Software-Reset-and-WDT-Reset-Sample/
m-p/187070

▶**サンプル⑪：UART入出力**

マイコンを動かしてLチカを行った後は，UART経

```
VT   COM10 - Tera Term VT
File  Edit  Setup  Control  Window  KanjiCode  Help
help
=== reset test command ===
sw   : cause software reset
wdt  : cause watch dog reset (wait a few seconds)
help : print this message
==========================
> sw
WDT Test (Jun 12 2019 11:09:40)
Reason of previous reset: Software
=== reset test command ===
sw   : cause software reset
wdt  : cause watch dog reset (wait a few seconds)
help : print this message
==========================
> wdt
>
WDT Test (Jun 12 2019 11:09:40)
Reason of previous reset: Watch Dog Timeout
=== reset test command ===
sw   : cause software reset
wdt  : cause watch dog reset (wait a few seconds)
help : print this message
==========================
> █
```

図1　サンプル⑩…ウォッチドッグ＆ソフトウェア・リセット

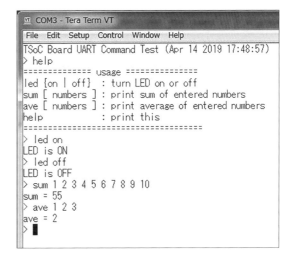

```
VT   COM3 - Tera Term VT
File  Edit  Setup  Control  Window  Help
TSoC Board UART Command Test (Apr 14 2019 17:48:57)
> help
=============== usage ===============
led {on | off}   : turn LED on or off
sum [ numbers ]  : print sum of entered numbers
ave [ numbers ]  : print average of entered numbers
help             : print this
=====================================
> led on
LED is ON
> led off
LED is OFF
> sum 1 2 3 4 5 6 7 8 9 10
sum = 55
> ave 1 2 3
ave = 2
> █
```

図2　サンプル⑪…UART入出力

由で何か命令を入力したり，出力を取り出したりした
くなると思います．

　このサンプルは，基本的なUART経由の入出力サ
ンプルです．メイン・ループのコマンド分岐部分を修
正するだけで，さまざまなテスト・アプリケーション
のコマンド入出力に使えると思います（**図2**）．

https://community.infineon.com/t5/Code-
Examples/TSoC-トラ技基板-UART-入出力サン
プル/m-p/34716

▶**サンプル⑫：タイニー BASIC**

　電脳伝説による豊四季タイニーBASICをPSoCで
動かしてみました（**図3**）．

https://community.infineon.com/t5/
Code-Examples/Tiny-Basic-for-PSoC-
CY8CKIT-044-TSoC-CY8CKIT-059-
CY8CKIT-062-BLE/m-p/62526

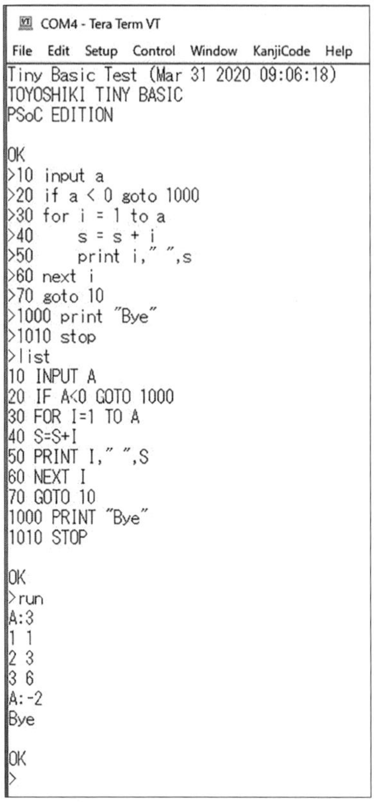

◆参考文献◆

(1) vintagechips；豊四季タイニーBASIC確定版．電脳伝説．
 https://vintagechips.wordpress.com/2015/12/06/
 豊四季タイニーbasic確定版/

```
COM4 - Tera Term VT
File  Edit  Setup  Control  Window  KanjiCode  Help
Tiny Basic Test (Mar 31 2020 09:06:18)
TOYOSHIKI TINY BASIC
PSoC EDITION

OK
>10 input a
>20 if a < 0 goto 1000
>30 for i = 1 to a
>40     s = s + i
>50     print i," ",s
>60 next i
>70 goto 10
>1000 print "Bye"
>1010 stop
>list
10 INPUT A
20 IF A<0 GOTO 1000
30 FOR I=1 TO A
40 S=S+I
50 PRINT I," ",S
60 NEXT I
70 GOTO 10
1000 PRINT "Bye"
1010 STOP

OK
>run
A:3
1 1
2 3
3 6
A:-2
Bye

OK
>
```

図3　サンプル
⑫…タイニー
BASICを動かす

Cortex-M4 & Cortex-M0+を搭載する
PSoCファミリ最新機種の最上位製品

第1章

BLE搭載！ PSoC 63の概要

圓山 宗智 Munetomo Maruyama

インフィニオン テクノロジーズ社のPSoCファミリの最新機種PSoC 6は，Arm Cortex-M0+とCortex-M4のデュアル・コアに加えて，PSoCおなじみの高いコンフィギャビリティをもつ各種周辺機能，さらにはBluetooth Low Energy（BLE）による無線通信機能などを備えた超豪華高機能マイコンです．

第3部では，PSoC 6ファミリの最上位製品であるPSoC 63（ロク・サン）を搭載した**写真1**の評価キットPSoC 6 BLE Pioneer Kit（CY8CKIT-062-BLE）の概要と，その上で動作する基本的なBLE無線通信プログラムや電子ペーパ（EINK）表示プログラムの構築方法を説明します．

● PSoCとは？

PSoC（Programmable System-on-Chip）は，CPU，ロジック機能，アナログ機能を有機的に組み合わせることができる興味深いマイクロコントローラです．CPUは8ビットから32ビットまで幅広く展開されており，必要な性能や電力に応じて選択できるようになっています．ロジック機能については，機能が固定化された汎用的な周辺モジュールを内蔵していることはもちろんですが，簡単な回路なら論理ゲートで直接記述することが可能で，さらに，SoC（System on a Chip）やFPGA（Field Programmable Gate Array）の設計でも使うハードウェア記述言語Verilog HDLと，多機能なデータ・パス機能（演算器など）により，ユーザ側で複雑な論理機能を構築することもできる製品もあります．アナログ機能については，単にA-D変換器やD-A変換器を内蔵するだけでなく，アンプなどを内部で接続することができるようになっており，さらに外部端子に引き出す端子機能を比較的自由に選択できるなど，PSoCというデバイスは全体として非常に柔軟性が高いのが特長です．

PSoCファミリ共通の特徴的な機能として，静電容量式タッチセンス機能（CapSense）をサポートしており，タッチ式のボタン操作やスライド操作を簡単に実現できるようになっています．

これまでのPSoCファミリでは，PSoC 1，PSoC 3，PSoC 4，PSoC 5LP，PSoC Analog Co-Processorの各シリーズが展開されてきました．

4種類のPSoC

● PSoC 1はスイッチト・キャパシタ・フィルタを内蔵

PSoC 1シリーズは，インフィニオン テクノロジーズ社（旧サイプレス セミコンダクタ社）オリジナルのM8C（8ビット）をコアにしたマイコンで，スイッチト・キャパシタによるアナログ・フィルタを自由に組める特徴があります．

開発環境としてはPSoC Designerが提供され，デバイス内の結線やモジュール間連携を直接ユーザが指定する原始的なものですが，明示的な設計ができるのでこの方法を好むユーザも多いです．

● PSoC 3とPSoC 5LPはコンフィギャブル・マイコンの真打ち

PSoC 3シリーズとPSoC 5LPシリーズは，それぞれインテル8051（8ビット）およびArm Cortex-M3（32ビット）をCPUコアに持つマイコンで，CPU関連以外の周辺機能はほぼ共通です．このシリーズ以降はスイッチト・キャパシタによるアナログ・フィルタのサポートはなくなりましたが，PSoC 3とPSoC 5LPには高性能ディジタル・フィルタを構築するための24ビット積和演算機能をもつDFB（Digital Filter Block）が搭載されています．さらに，UDB（Universal Digital Block）という8ビット幅の多機能データパスとPLD（Programmable Logic Device）を組み合わせた論理ブロックを搭載しており，タイマやシリアル通信機能を構築したり，ハードウェア記述言語Verilog-HDLによりPLD部にステート・マシンなどを自由に設計してそこにデータパス論理を組み合わせてユーザ独自の論理機能を構築することが可能です．

アナログについては，ΔΣ A-D変換器，逐次比較型A-D変換器，D-A変換器（電圧出力/電流出力），多機能オペアンプなど豊富に内蔵しており，それらと外部端子の間の相互結線が自由にできます．

開発環境としては，このシリーズ以降はPSoC Creatorが提供されており，直感的にデバイス内のハードウェア設計とソフトウェア開発ができるように工夫されていて，細かいデバイスの設定はほとんどツー

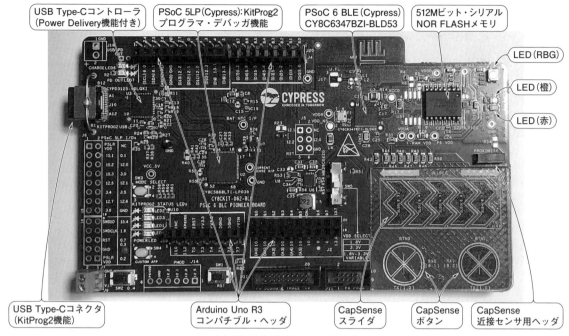

(a) PSoC 6 BLE Pioneer Board

図中ラベル:
- USB Type-Cコントローラ（Power Delivery機能付き）
- PSoC 5LP（Cypress）：KitProg2 プログラマ・デバッガ機能
- PSoC 6 BLE（Cypress）CY8C6347BZI-BLD53
- 512Mビット・シリアル NOR FLASHメモリ
- LED（RBG）
- LED（橙）
- LED（赤）
- USB Type-Cコネクタ（KitProg2機能）
- Arduino Uno R3 コンパチブル・ヘッダ
- CapSense スライダ
- CapSense ボタン
- CapSense 近接センサ用ヘッダ

低消費電力！2.7インチEINKディスプレイ

温度センサ（サーミスタ）

PDM信号出力型シリコン・マイク（PDM：Pulse Density Modulation）

モーション・センサ（3軸加速度＋3軸ジャイロ）

(b) EINKディスプレイ・シールド基板（CY8CKIT-028-EPD）を搭載した状態

写真1　評価キット CY8CKIT-062-BLE の外観

PSoC 5LP

PRoC BLE

USB Type Aコネクタ

(c) CY5677 CySmart Bluetooth Low Energy（BLE）4.2 USB ドングル

ルにお任せできるようになっています．もちろんアナログ信号の内部結線などシビアな部分はユーザ側で詳細に設定することもできます．

PSoC 3とPSoC 5LPはそのコンフィギャビリティの高さから，多くのPSoCファンの心を射止めた作品に仕上がっています．

● PSoC 4は「PSoCらしさ」を減らしたが低消費電力と無線で勝負

PSoC 4シリーズは，Arm Cortex - M0 または Cortex - M0 +（共に32ビット）をCPUコアに持つマイコンで，PSoC 3やPSoC 5LPに比べると，ロジック機能やアナログ機能はかなり絞り込まれたコンパクトな構成になっており，「PSoCらしさ」がだいぶ減ったイメージです．ただし，非常に低消費電力であり，また一部の製品はBluetooth Low Energy（BLE）をサポートしていわゆるIoT（Internet of Things）向けの製品に仕上がっています．

● PSoC Analog Co-Processor はアナログ強化版

PSoC Analog Co-Processorシリーズは，Arm Cortex - M0 + をCPUコアに持つマイコンで，UAB（Universal Analog Block）というスイッチト・キャパシタ・フィルタ回路を含むさまざまなアナログ・フロントエ

ンド回路を組める機能を搭載しているのが特徴で，「PSoCらしさ」を感じることができる製品です．低消費なアナログ信号処理とA-D変換が必要なセンサ・システムなどに応用できます．

最新！ PSoC 6シリーズ

● PSoCファミリの最上位機種PSoC 6

本稿執筆時点のPSoCファミリの最上位機種はPSoC 6シリーズです．

その特長は何と言っても，CPUコアとしてCortex-M4とCortex-M0+を両方搭載したデュアル・コアになり性能が格段に向上したことです．しかもPSoC 6シリーズはその高性能さと同時に低消費電力動作を実現しており，バッテリで動作する高性能IoT機器を主なターゲットとして開発されたようです．

PSoC 6シリーズには，表1に示すようにPSoC 60からPSoC 63までの製品がラインアップされています．PSoC 60はCortex-M4をコアに持つ基本機能版，PSoC 61はディジタル周辺ブロックとアナログ周辺ブロックのプログラマブル機能強化版，PSoC 62はCortex-M4とCortex-M0+のデュアル・コア化による高性能版，PSoC 63はBLE機能を搭載したコネクティビティ強化版です．本稿では以下，PSoCシリーズの中の最上位製品PSoC 63とその評価キットについて解説します．

● BLEを搭載した最上位製品PSoC 63の機能

今回取り上げたPSoC 63の型名は「CY8C6347BZI-BLD53」です．その内部ブロック図を図1に，機能仕様一覧を表2に示します．パッケージは116ピンBGA（Ball Grid Array）で外形が5.5 mm×4.5 mmと小型のものが使われています．

● PSoC 63はデュアル・コア構成

PSoC 63のCPUコアは，Arm社のCortex-M4とCortex-M0+の両方を搭載したデュアル・コア構成です．

Cortex-M4は，一般向けの汎用マイコンで幅広く使われているCortex-M3に対して，積和演算用DSP（Digital Signal Processor）命令と，浮動小数点演算FPU（Floating Point Unit）命令を追加した演算性能強化版です．Cortex-M4は，Arm社のアーキテクチャのArmv7E-Mに属するCPUコアで，パイプライン段数は3段で分岐予測機能があります．

Cortex-M0+は，8ビットCPUの置き換えを狙ったCortex-M0の後継コアです．Cortex-M0は3段パイプラインでしたが，Cortex-M0+は2段にしてより低消費電力化を狙った構造になっています．Cortex-M0+は，Arm社のアーキテクチャのArmv6-Mに属します．

PSoC 63では，両コアとも命令キャッシュ（8Kバイト，4ウェイ・セット・アソシアティブ）を搭載しており，内蔵FLASHメモリとの速度差を吸収しています．

● 各CPUコアの性能と消費電流

PSoC 63に搭載された両CPUコアは，内部電源電圧に応じた最大動作周波数が規定されています．内部動作電圧が1.1 Vのときの最大動作周波数はCortex-M4が150 MHzでCortex-M0+が100 MHz，一方，内部動作電圧が0.9 Vのときの最大動作周波数はCortex-M4が50 MHzでCortex-M0+が25 MHzです．

内部電源電圧は内蔵電圧レギュレータ（LDO：Low Drop Out型レギュレータまたはBuck型DC-DCコンバータ）の制御レジスタを，また動作周波数はクロック関連制御レジスタをソフトウェアで設定することで変更できます．処理性能がさほど必要でない場合は，動作周波数と内部動作電圧を下げて低消費電力化できます．CPU関連システムの消費電流の一例を表3に示します．高速動作させた場合も比較的消費電流が少ないことがわかります．

● 各CPUコアから見たシステムのメモリ・マップ

PSoC 63に入った2つのCPUコアは，図1に示したように，共に共通のシステム・インターコネクト（マルチ・レイヤAHB）に接続されているので，基本的に

表1　最新のPSoC 6シリーズ

製　品	特　徴	コ　ア	内蔵メモリ（最大）	CapSense	ソフトウェア設定型周辺機能	セキュリティ	コネクティビティ
PSoC 60	基本機能	50 MHz Cortex-M4	512Kバイト FLASH 128Kバイト SRAM	ボタン用基本機能	－	－	－
PSoC 61	プログラマビリティ	150 MHz Cortex-M4	1024Kバイト FLASH 288Kバイト SRAM	近接センサやジェスチャ検知が可能な高機能タイプ	ディジタル・ブロック，アナログ・ブロック	暗号アクセラレータ	USB
PSoC 62	高性能化	150 MHz Cortex-M4 100 MHz Cortex-M0+	1024Kバイト FLASH 288Kバイト SRAM			暗号アクセラレータと高信頼実行環境	USB
PSoC 63	コネクティビティ	150 MHz Cortex-M4 100 MHz Cortex-M0+	2048Kバイト FLASH 512Kバイト SRAM				USB BLE Wi-Fi(※)

（※）外部にインフィニオン テクノロジーズ社のWiCED（Wireless Internet Connectivity for Embedded Devices）関連デバイスを接続した場合

各CPUコアから見える内蔵メモリや周辺機能などは共通のメモリ・マップ上にアサインされることになります．FLASHメモリも共有していますので，両方のCPUコアが動作するアプリケーションでもFLASHメモリへの書き込みは1回で済みます．

● デュアル・コアの起動シーケンス

PSoC 63の電源が投入されリセットが解除されると，まずCortex-M0＋のみ実行開始して，一方のCortex-M4側はリセット状態を維持(停止)したままになります．Cortex-M0＋がシステム関連コードやセキュリティ関連コードを実行してユーザ・コードの実行を開始したら，Cortex-M4のリセット状態を解除することができます．

PSoC 63の開発環境PSoC Creatorを使う場合，Cortex-M0＋にもCortex-M4にもそれぞれメイン・ルーチン(main_cm0.c内のmain()とmain_cm4.c内のmain())があり，プロジェクト生成時の初期プロトタイプ・コードには，Cortex-M0＋がCortex-M4を起動する関数が自動的に埋め込まれています．

● デュアル・コアを連携させるIPCチャネル

CPUコアが2つあると，それぞれを連携させる手段が必要です．各CPUコアが共有するメモリに対してアトミック(不可分)なアクセスを行いながら，セマフォなどを実現して連携させる方法もありますが，PSoC 63ではハードウェアIPC(Inter Processor Communica

tion)により実現しています．IPCは下記の機能をサポートしています．

(1) CPUコア間の排他処理のためのロック＆リリース機構
(2) CPUコア間でのメッセージ送信
(3) CPUコア間のコミュニケーション・チャネル(16本)
(4) そのチャネルから通知やリリース・イベントを使って割り込み生成(16本)

● デュアル・コアへのタスクの割り当て方法

2つのCPUコアを手にしたとき，どのように使い分けると最も効率が良くなるのかを考えるのは楽しいですが結構悩みます．常時動作しなくてはならない処理を低消費電力な低周波数のCortex-M0＋に，必要なときに高速に実行しなくてはならない処理を高周波数のCortex-M4に割り当てるのが基本になります．インフィニオン テクノロジーズ社は以下の使用例を推奨しています．

(1) システムがシングル・タスクで構成される場合
巨大なタスクでない限り，片方のCPUだけ使って，もう片方はスリープ状態にして電力を抑える．
(2) システムがデュアル・タスクで構成される場合
性能を必要とするほうのタスクをCortex-M4側に割り当てて，もう片方をCortex-M0＋に割り当てる．
(3) システムがマルチ・タスクで構成される場合
複数のタスクを必要とする性能に応じて各CPU

マニア心をくすぐる強力なアナ／デジ機能！ PSoCは根性の入ったデバイスだった

サイプレス社の8ビット版PSoC 1が発表されて以降，8051搭載のPSoC 3，Cortex-M3搭載のPSoC 5LPがリリースされてきました．これらのデバイスに共通することは，根性の入ったアナログ機能とディジタル機能が強力に融合されており，なんともマニア心をくすぐるものでした．PSoC 1にあった，スイッチト・キャパシタ型フィルタがPSoC 3以降でなくなって，DFB(Digital Filter Block)によるディジタル・フィルタ処理で行う発想になり，少し寂しい気持ちになりましたが，逆にDFBのアセンブリ・プログラムの「書きにくさ」が楽しく，逆に嬉々としてハマった思い出があります．

この次にCortex-M0(＋)搭載のPSoC 4がリリースされ，低消費電力とBLE無線通信を特長とした優等生でしたが，PSoCらしさが減った，割と普通のマイコンに仕上がったなあという感想を持ちました．

まったく根拠のない噂話によれば，PSoC 5LPを

開発するころには，PSoC 1の開発に携わった根性のある設計者たちがサイプレス社には誰もいなかったとか．それで，PSoCの雰囲気がだんだん変わってきたのかなと思い込めば，何の拠り所がなくとも理解できた気になります．

PSoC Analog Co-Processorは，スイッチト・キャパシタ型フィルタが復活したデバイスで，PSoCらしさが改めて感じられる製品に仕上がっています．

そしていよいよリリースされたPSoC 6ですが，デュアル・コアにして，性能を大幅に向上させ，なおかつ低消費電力を実現したかなりの力作です．ワクワクする製品ですが，できれば，プリント基板の自作派にとってのQFP版パッケージのリリースと，信号処理用のDFBまたはスイッチト・キャパシタ・フィルタを内蔵してほしかったと呟いておきます．

さて，次のPSoC 7(？)はどうなるのでしょうか？楽しみです． 〈圓山 宗智〉

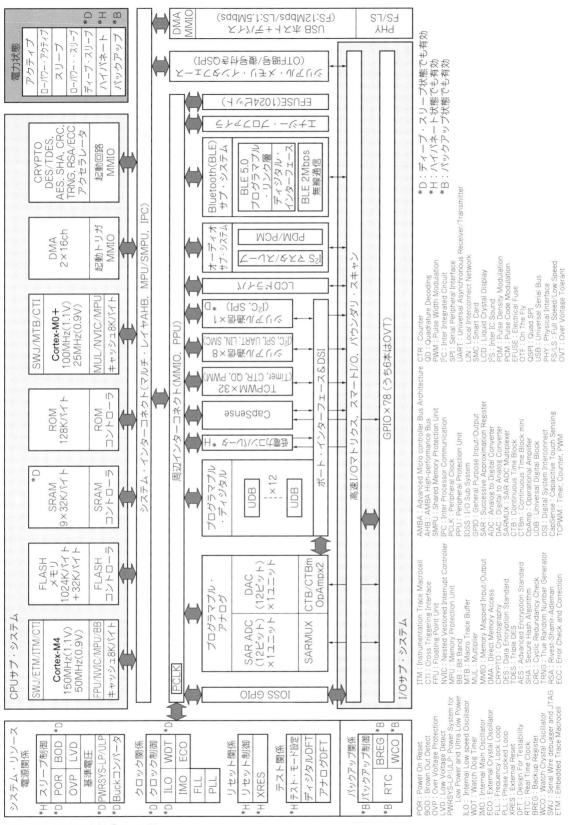

図1　PSoC 63の内部ブロック図

表2　PSoC 63の機能仕様

種　　類	項　　目	内　　容
製品	型名	CY8C6347BZI - BLD53
	パッケージ	116 - BGA(外形：5.5×4.5 mm，ボール・ピッチ：0.5 mm)
デュアルCPU	Arm Cortex - M4	150 MHz(1.1 V)/50 MHz(0.9 V)，浮動小数点演算ユニット
	Arm Cortex - M0 +	100 MHz(1.1 V)/25 MHz(0.9 V)
	コア間通信	IPC(Inter Processor Communication)
	命令キャッシュ	M4，M0 + それぞれ，8 Kバイト4ウェイ・セット・アソシアティブ
内蔵メモリ	FLASHメモリ	1 Mバイト + 32 Kバイト EEPROM + 32 Kバイトセキュア FLASH
	FLASHアクセス	128ビット幅リードによる低消費電力化
	SRAM	32 Kバイト×9ブロック，ブロック単位で低電圧リテンション設定可
	EFUSE	内部トリミングやセキュリティ用 OTPメモリ(1024ビット)
Bluetooth Low Energy 5.0	RF部	2.4 GHz RFトランシーバ，50 Ωアンテナ・デバイス
	PHY	ディジタル PHY搭載
	リンク層	マスタ・スレーブ・モード，連続接続サポート
	転送速度	2 Mbps LEデータ・レート
低消費電力動作	動作電圧範囲	1.7～3.6 V動作
	電力モード	アクティブ/ロー・パワー・アクティブ
		スリープ/ロー・パワー・スリープ
		ディープ・スリープ/ハイバネート
クロック	水晶発振器	高速用(4 M～33 MHz)，時計用(32 KHz)
	内蔵発振器	メイン用(IMO：8 MHz±1 %)，低速用(ILO：32 KHz±10 %)
	クロック逓倍	PLL，FLL内蔵
シリアル通信	通常動作用	8 ch，I²C/SPI/UART
	低消費電力用	1 ch，I²C/SPI，ディープ・スリープ時も動作可能
タイマ	チャネル数	32 ch
	機能	16ビット・タイマ/カウンタ/PWM(TCPWM)
GPIO	本数	78本
	GPIO	うち6本がV_{DD}オーバ入力トレラント
オーディオ	I²S	最大192 ksps
	PDM	2 ch，ステレオ・ディジタル・マイク用
シリアル・メモリ・インターフェース	インターフェース	QSPI，4個のシリアル・メモリ同時アクセス可能
	XIP(eXecute In Place)	シリアル・メモリをメモリ空間にマッピング可能
	暗号/復号機能	オン・ザ・フライで暗号/復号可能
	キャッシュ	4 Kバイトのリード・キャッシュをメモリ・マップ可能
プログラマブル・アナログ	A - D変換器	12ビット，1 Msps逐次比較型(SAR)A - D変換器
		16入力，シングル・エンド入力/差動入力，平均化機能
	D - A変換器	12ビット電圧モードD - A変換器
	OPアンプ	2ユニット
	コンパレータ	2ユニット，ディープ・スリープ時とハイバネート時も動作可能
	温度センサ	A - Dに接続
プログラマブル・ディジタル	UDB	12ユニット(ユニットあたり8マクロセル + 8ビット・データパス)
	設計方法	プリミティブなゲートやレジスタをドラッグ・アンド・ドロップ
		Verilog HDL記述
	完成済みIP	シリアル通信，波形生成，擬似ランダム・シーケンサなど
CapSense	原理	容量式シグマ・デルタ(CSD)技術
	機能	タッチ・センサ，近接センサ(耐液濡れ)
		タッチでウェイク・アップ可能，自動ハード調整
エナジ・プロファイラ	機能	各電力モードの時間経過履歴の取得
		電力の監視と最適化のためのソフトウェア電力プロファイル
セキュリティ	暗号アクセラレータ	対称暗号・非対称暗号のハードウェア・アクセラレータ
	乱数発生器	真の乱数発生器
	セキュア機能	デバッガ停止，セキュア・ブート，ブート時の認証など
開発環境	PSoC Creator	ハードウェアとソフトウェアの統合化開発環境
	PDL	Peripheral Driver Library(機能ライブラリ，ミドルウェア)
	Arm標準環境	Arm標準ソフトウェア統合化開発環境使用可能

表3　PSoC 63のCPU消費電流の一例
CPU関連システムの消費電流を示す（クロック動作：IMO＋FLL，レギュレータ：BuckコンバータをON）．他の周辺機能の消費電流はそれぞれ個別に規定されているので，デバイス全体の消費電流はこの表の値より大きくなる

外部電源電圧(V_{DDD})	内部電源電圧(V_{CCD})	Cortex-M4動作条件	Cortex-M0+動作条件	動作電流（最大値，60℃）	命令実行条件
3.3 V	1.1 V	150 MHz，アクティブ	75 MHz，スリープ	7 mA	FLASHメモリ＋キャッシュ＋Dhrystoneベンチマーク
		OFF	100 MHz，アクティブ	4.5 mA	
		100 MHz，スリープ	25 MHz，スリープ	2.2 mA	－
		OFF	50 MHz，スリープ	2 mA	－
	0.9 V	50 MHz，アクティブ	25 MHz，スリープ	2.2 mA	FLASHメモリ＋キャッシュ＋Dhrystoneベンチマーク
		OFF	25 MHz，アクティブ	1.25 mA	
		50 MHz，スリープ	25 MHz，スリープ	1.1 mA	－
		OFF	25 MHz，スリープ	0.9 mA	－

（クロック動作：IMO＋FLL，レギュレータ：BuckコンバータをON）

コアに割り当てて，時分割動作させるための仕組みをそれぞれに作り込む．

(4) RTOSを使う場合

複雑なマルチ・タスクを処理するにはRTOS（Real Time Operating System）を使うのが通常である．この場合の構成方法としては以下の方法が考えられる．(a)それぞれのCPUコアに独立したRTOSを搭載してそれぞれのCPUコアの中でクローズしたマルチ・タスク処理を行う．(b)片方のCPUコア（例えばCortex-M0+）にだけRTOSを搭載し，もう片方のCPUコア（例えばCortex-M4）を制御する．例えば，Cortex-M4は何も処理のないときはスリープし，実際のタスク処理を行うときにだけ起き上がる．

● **各CPUコアのデバッグ方法**

各CPUコアには，独立してDAP（Debug Access Port）が搭載されており，SWD（Serial Wire Debug）やJTAG（Joint Test Action Group）の各インターフェースを介してFLASHメモリのプログラミングやデバッグ操作を開発環境PSoC Creatorの上で行うことができます．

ただし，両CPUを同時にデバッグすることはできません．片方ずつのコードをデバッグしながらシステムを仕上げる必要があります．双方のCPUの連携動作を詳細にデバッグするには，個別にオシロスコープやロジック・アナライザなどを駆使する必要があります．

第2章

PSoC 63の
ペリフェラルと動かし方

圓山 宗智 Munetomo Maruyama

PSoC 63の周辺機能

● きめ細かい内部電源制御

PSoC 63に外部から印加する電源電圧の範囲は1.7〜3.6 Vと広いです．外部印加した電源電圧から内部コア電圧を生成する内蔵電源回路として，単一入力・複数出力のBuck(降圧)型のDC-DCコンバータを内蔵しており，その自己消費電力はわずか1 μAと低く抑えられています．

きめ細かく消費電力を管理するためのパワー・モード(低消費電力状態)が表1に示すように豊富にあります．Armが標準で規定しているパワー・モードだけでなく，独自のモードが追加されています．ディープ・スリープ・モードでは64 KバイトのRAMの内容を7 μAの消費電流で保持できます(外部電源3.3 Vかつ内蔵Buckコンバータ使用時)．またディープ・スリープ・モードでは，RAMに加えて，RTC(Real Time Clock)や32バイトのユーザ用レジスタなどもその動作状態を低消費電力で継続できます．

● フレキシブルなクロック制御

クロック源が豊富にサポートされています．外部に水晶振動子を接続するタイプの発振器(4 M〜33 MHzの高速版および32 kHzの時計用)，8 MHz ± 1 %の内蔵メイン発振器(IMO, Internal Main Oscillator)，超低消費電力な32 kHz ± 10 %の内蔵低速発振器(ILO, Internal Low speed Oscillator)などを搭載しています．またクロック源の周波数を逓倍するためのPLL(Phase Locked Loop)およびFLL(Frequency Locked Loop)を内蔵しています．PLLの最大出力周波数は200 MHz，FLLの最大出力周波数は100 MHzです．PLLは入出力クロックの位相を合わせることができますが，PLLよりもFLLのほうが消費電流が低く立ち上がり時間が速い性質があります．

● 豊富で多機能な内蔵メモリ

PSoC 63は複数種類のメモリを内蔵しています．

FLASHメモリはサイズが1 Mバイトあり，さらに32 KバイトのEEPROMエミュレーション領域を備えています．FLASHメモリは32 Kバイト単位のブロックに分かれており，セキュリティ・ロックをかけて読み出しや書き換えを禁止することができます．またCPUがFLASHメモリをアクセス中でも書き換えができるRWW(Read-While-Write)機能をサポートしています．

内蔵SRAMはサイズが288 Kバイトあり，低消費電力状態のうちのディープ・スリープ・モード(消費電流 = 数 μA)でも内容を保持できる領域を，32 Kバイト単位で指定することができます．

上記以外に，セキュアなブート動作をサポートするために特権的なブート・コードや各種初期設定のためのコードを格納する128 KバイトのSROM(Supervisory ROM)，チップごとにユニークで変更できない識別子などを格納するためのOTP(One Time Programmable)型eFuseを1024ビット搭載しています．

● Bluetooth Low Energy(BLE)

PSoC 63の中で最も特徴的な機能がBluetooth Low Energy(BLE)です．Bluetooth 4.2で規定されているリンク層と物理層を実装しています．BLE 5.0規格の

表1 PSoC 63のパワー・モード

パワー・モード	CPU	周辺機能	備　考
アクティブ	アクティブ	すべてアクティブ	Arm標準のパワー・モード
ローパワー・アクティブ	アクティブ	ほとんどがアクティブだが制約あり	–
スリープ	停止	すべてアクティブ	Arm標準のパワー・モード
ローパワー・スリープ	停止	ほとんどがアクティブだが制約あり	–
ディープ・スリープ	停止	低周波数動作部分のみアクティブ	Arm標準のパワー・モード
ハイバネート	停止	停止	ウェイクアップ時はリセットから開始

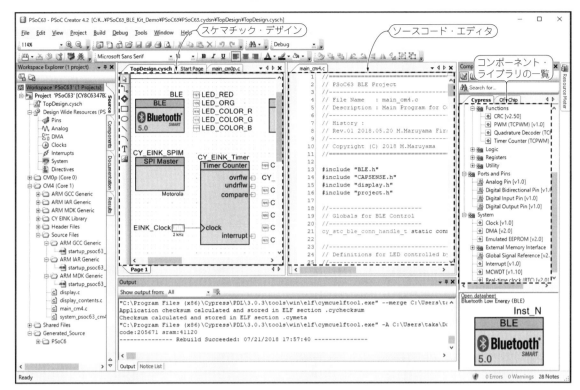

図1　開発環境PSoC Creatorの画面

2 Mbps（ビット／秒）のデータ・レートもサポートします．

　具体的には，50 Ωのアンテナを駆動できる2.4 GHzのRFトランシーバとディジタルPHYを搭載し，リンク層のエンジンはマスタとスレーブの両モードをサポートします．出力パワーは最大4 dBmまで設定できます．受信感度は−95 dBmで，受信強度測定分解能RSSI（Received Signal Strength Indicator）は±4 dBmです．3.3 Vのバッテリと内蔵Buck型DC-DCコンバータを使用したときの消費電流は，送信（TX）で5.7 mA（0 dBm），受信（RX）で6.7 mA（2 Mbps）と低く抑えられています．

● プログラマブルなアナログ機能

　A-D変換器としては，分解能が12ビットで変換レートが1 Mspsの逐次比較型を搭載しています．入力モードは，シングル・エンド型または差動型を選択できます．入力信号は16チャネルからシーケンサ経由で接続でき，平均化機能もサポートしています．

　D-A変換器としては，分解能が12ビットの電圧モード型を搭載しており，出力安定時間は5 μs以下です．

　OPアンプは2ユニットあり，低消費電力モードを備えています．電圧コンパレータも2ユニットあり，ディープ・スリープ・モードやハイバネート・モードでも動作する低消費電力型になっています．

　温度センサも搭載していて，その出力はA-D変換器に接続されています．

● プログラマブルなディジタル機能

　PSoC 3以降の機能として特徴的だったUDB（Universal Digital Block）を12ユニット搭載しています．各UDBには8組のマクロ・セル（PLD）と8ビットのデータ・パスから構成され，標準の周辺機能を追加したり，ユーザ独自の周辺機能を実現することが可能です．

● 静電容量式タッチ・センス機能（CapSense）

　PSoCが共通に搭載している静電容量式タッチ・センス機能です．SN比に優れ，濡れにも強く，近接センスも可能です．ボタンやリニア・スライダなどさまざまな形状のタッチ機能を簡単に作成できます．

● オーディオ入出力をサポートする機能

　オーディオ用インターフェースとして，I²S（Inter IC Sound）およびステレオ・ディジタル・マイクロフォン用のPDM（Pulse Density Modulation）信号をPCM（Pulse Code Modulation）データに変換する機能を搭載しています．

● 高速データ転送に欠かせないDMAコントローラ

16チャネルのDMA（Direct Memory Access Controller）を搭載しており，第1章の図1にも示したようにCPUコアと共通のシステム・インターコネクト（マルチ・レイヤAHB）に接続されています．CPUと独立してメモリや周辺機能の間のデータ転送機能を実現します．

● USB通信機能

USBインターフェースも内蔵しています．ホスト機能およびデバイス機能の両モードをサポートします．最大8個のエンドポイントをもち，DMA転送可能な512バイトのRAMバッファを備えています．

● 暗号アクセラレータ

ハードウェアによる暗号アクセラレータを搭載しています．対称・非対称暗号（AES，3DES，RSA，ECC）およびハッシュ関数（SHA‐512，SHA‐256）をサポートします．鍵生成用に真の乱数発生器（TRNG：True Random Number Generator）も搭載します．

● その他の周辺機能

マイコン・システムとして必須のその他の周辺機能も充実しています．動作中に設定変更可能なシリアル通信機能（I²C，SPI，UART）が独立に9チャネル，80MHzで転送できるQuad‐SPI機能（1/2/4ビット幅），16ビットのタイマ/カウンタ/PWM機能が32チャネル，駆動モードやスルーレートなどを設定できるGPIOが最大で78本，LCD（Liquid Crystal Display）を直接駆動できる機能（最大で56セグメント・8コモン信号）など，豊富なリソースを自由に使うことができます．

PSoC 63の開発環境PSoC Creator

● PSoCでは開発環境とデバイスは一心同体

PSoC 63は非常に多機能なデバイスであり，そのドキュメントもTRM（Technical Reference Manual）が470ページ，レジスタ詳細説明のTRMが3部作で合計10,300ページと膨大です．この全部を読破するのは絶望状態ですが，その心配がまったくいらない点もPSoCの良さでしょう．非常に優秀な開発環境PSoC

マルチコア化の理由研究

● Cortex‐M＋Cortex‐M

Cortex‐M系のCPUコアは，リアルタイム処理に適しており，一般的な組み込みマイコンでよく使われているものです．ここで「リアルタイム処理に適する」という意味は，割り込み応答時間が確実に保証されていることをいいます．Cortex‐R系のコアもその部類に入ります．

PSoC 6シリーズやLPC54100シリーズ（NXPセミコンダクターズ）は，Cortex‐M4FとCortex‐M0＋を搭載した非対称型デュアルCPUコアのマイコンです．本文でも説明しましたが，これらのマイコンは，定常時は低消費電力なCortex‐M0＋でアイドリング的な処理を行い，複雑なタスクを短時間に処理したいときだけ高性能なCortex‐M4Fを起動することで，平均的に極めて低い消費電力に抑えつつ，必要十分な性能を得ることが可能であり，各種センサのデータ処理などIoTアプリケーションに最適なものになっています．

これらのマイコンでは，搭載したCortex‐M系コア間で互いに通信（イベントのやりとり）をする連携機能が充実しており，処理タイミングの同期化や，各CPUコアを互いに停止させたり起動させる低消費電力化処理を容易に実現できるようになっています．

ソフトウェアは，搭載したCortex‐M系コア両方について開発する必要があります．各CPUコアが独立してRTOS（Real Time Operating System）を抱く場合もあるでしょう．

● Cortex‐A＋Cortex‐A

Cortex‐A系のコアは，リアルタイム性よりはスループットを重視した高性能アプリケーション・プロセッサであり，Cortex‐M系より動作周波数が高く，メモリを外付けするSoC（System On a Chip）系のデバイスに採用されています．お手もとのスマホやラズベリー・パイにも採用されており，さらには一部の高機能FPGAにもハードコアCPUとして搭載されています．

Cortex‐A系はデュアル・コアやクアッド・コアなどマルチコア構成を取るための機能を搭載しており，現在のCortex‐A系コア搭載デバイスのほとんどがマルチコア構成を採用しています．

プロセッサの高性能化の歴史の当初は，半導体プロセスも今ほどは微細化されておらず，まずは単一コアの中で，スーパスカラやアウトオブ・オーダなど命令レベルの細かい粒度で並列化して高性能化させる方法が採られましたが，命令順の最適化に限界があり，ハードウェア量を2倍にしてもせいぜい$\sqrt{2}$

Creatorがその手助けをしっかりやってくれます．逆にこれらの開発環境がないとPSoC 63を使うことは不可能です．PSoC 63の各機能のコンフィグレーションを個々に設定できるだけでなく，機能モジュール間の連携を有機的に記述できるのです．さらに大量の周辺機能レジスタを隠蔽してくれる高位のAPI群も自動生成してくれますので，ソフトウェアとの連携がとてもやりやすくなります．まさにPSoC CreatorはPSoC 63デバイスと一心同体なものです．

● PSoC Creatorの画面

PSoC 63の統合開発環境PSoC Creatorの画面を図1に示します．

トップ階層の画面にコンポーネント・ライブラリからディジタル機能やアナログ機能をドラッグ＆ドロップするだけで各機能を実装でき，内部ハードウェアの信号結線も自動的に処理してくれます．直感的に開発できる優れたツールです．UDBの開発をVerilog HDL記述で行う場合もこのツールが対応してくれます．

もちろんArm Cortex-M4とCortex-M0+のCコンパイラも統合されています．各コンポーネントが提供するAPI（Application Program Interface）をコールしながらプログラム開発を行います．

● FLASHメモリへの書き込みとプログラムのデバッグ

PSoC 63のプログラムを統合開発環境で開発したら，デバイスのFLASHメモリへプログラムを書き込み，ソース・レベルでデバッグします．その一連の処理もPSoC Creatorがサポートしてくれます．本連載で紹介する評価基板を使う場合は，USBケーブルでPCと接続するだけでOKです．自分が独自に設計したPSoC 63を搭載した基板とPCを接続するには，サイプレス社が提供するMiniProg3などのプログラムとデバッグ用のインターフェースを使用します．

● プログラム開発に不可欠な強力なライブラリPDL

PSoCは非常に複雑で多機能なデバイスであり，周辺機能を使いこなす場合，その設定レジスタの仕様を全部理解することは困難です．それをサポートしてくれるのが，PDL（Peripheral Driver Library）です．PSoC 6の場合はPDL v3.0をインフィニオン テクノロジーズ社のサイトからダウンロードしてPSoC

倍程度しか高速化しませんでした．消費電力の面から動作周波数も限界にきており，単一コアに設計難易度の高い複雑なハードをつぎ込む方法はあまり採用されなくなりました．単純に，粒度が粗い大きなN個のタスクやスレッドをN個のコアで分散して処理したほうが，システム全体としてN倍に近い性能を得ることができるわけで，半導体プロセスの微細化に伴い，同じプロセッサ・コアを多数個搭載することが物理的に可能になり，またソフトウェア開発面でもLinuxなどのオペレーティング・システムによる複数のタスクやスレッドの管理により容易に性能向上を図れるようになって，マルチコア構成が多く採用されることになりました．こうした背景からCortex-Aもマルチコア構成で使われることが多いのです．この考え方の究極が，1000個クラスのコアを搭載するGPU（Graphics Processing Units）でしょう．

● Cortex-A＋Cortex-A＋Cortex-M

STM32P1シリーズ（STマイクロエレクトロニクス）は，2019年に発表された新しい製品で，最大構成でCortex-A7を2コアとCortex-M4Fを1コア，さらに3次元グラフィックス用GPUを搭載するという，なんだかスゴイやつです．

Cortex-A7側ではLinuxを動作させてグラフィック処理を含むさまざまなソフトウェア資産を手にしつつ，Cortex-M4F側で低消費電力なリアルタイム処理を実行することができ，スループットとリアルタイム性を同時に実現させた大規模かつ高性能なシステムを実現できます．

● 変わり種

変わり種として，パワエレ半導体メーカのサンケン電気が開発したディジタル制御電源用マイコンのMD6603は，8ビットCPUの8051を1個，16ビットのDSPコアを2個，16ビットのゼロ時間タスク切替コアを1個搭載するという，合計4コア構成のヘテロジニアス・マルチコアにより，ディジタル式スイッチング電源を複数チャネル同時制御することができます．

ディジタル制御電源はマイクロ秒単位の周期でフィードバック制御が必要ですが，こうしたマルチコア構成により動作周波数を上げることなく高性能化できるので，低消費電力なシステムを実現できることになります．現在さらにこの後継として32ビット版も開発中とのことで，どういう構成になって出てくるのか楽しみです．

今後も，さまざまなメーカがマルチコア構成のマイコンをリリースしてくるでしょう．興味深く楽しく味わっていきたいと思います．　〈圓山 宗智〉

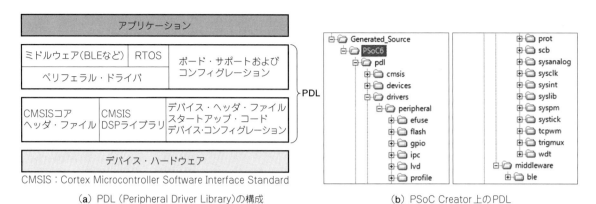

(a) PDL（Peripheral Driver Library）の構成

CMSIS : Cortex Microcontroller Software Interface Standard

（b）PSoC Creator上のPDL

図2　PDL（Peripheral Driver Library）**の基本アーキテクチャ**
PDL v3.0の場合

表2　PDL（Peripheral Driver Library）**のフォルダ構成**
PDL v3.0の場合

フォルダ	機　能	内　容
bootloader	ブートロード・サポート	ブートローダSDKファイル
cmsis	CMSISサポート	Arm Cortex Microcontroller Software Interface Standard（CMSIS）のコア・アクセス・ヘッダおよびDSPコード（PDL3.0CMSIS v5を使用）
devices	デバイスおよびIDE固有のファイル	各デバイスのパッケージ，コモン・ヘッダ・ファイル，およびコンフィグレーション，スタートアップ・コード，サポートしているIDEのプロジェクト・ファイル
doc	ドキュメント	PDLとミドルウェアのドキュメント
drivers	ドライバのソース・コード	周辺機能用PDLのソース・ファイルとヘッダ・ファイル
examples	コード例	サポートするスタータ・キットごとのコード例
middleware	ソフトウェア・スタック	Bluetooth Low Energy（BLE）と，EEPROMエミュレーションのファームウェア・スタック
rtos	RTOSサポート	PDLがサポートするRTOSソース・コード（FreeRTOS）
security	セキュア・システム・テンプレート	PSoC Creator用の基本的なセキュア・プロジェクトのテンプレート
tools	ビルド・サポート	ソフトウェア・コンポーネントのコンフィグレーションやビルド後の処理のためのユーザ・レベル・アプリケーション
utilities	標準I/O	C言語の標準I/Oのためのユーティリティ・ファイル

Creatorから読み込んで使用します．

　PDLの基本アーキテクチャを**図2**に，フォルダ構成を**表2**に示します．PDLは，ユーザ・アプリケーションとデバイス・ハードウェアの間に位置するソフトウェア開発キットであり，各周辺機能の初期化や機能動作のための各種アクセスに必要な高位レベルのAPI群から構成されます．PDLは，Cortex - M4からもCortex - M0＋からも使用できるようになっており，各CPUコアのスタートアップ・コードや開発環境の

プロジェクト・ファイルも含みます．PDLはソース・コードで提供されているので，TRMを参照しながら，詳細なレジスタ設定方法を学ぶこともできます．さらに，強力なミドルウェアとRTOS（Real Time Operating System）も包含しているので，大規模なアプリケーション・プログラムの開発に有用です．

　次章以降で説明するPSoC 63のサンプル・コードはPSoC CreatorにPDL v3.0を組み込んだ環境で開発しています．

第3章 電子ペーパ・タグの製作①…BLE規格の要点

圓山 宗智 Munetomo Maruyama

PSoC 63開発キット（CY8CKIT-062-BLE）とラズベリー・パイを使って，BLE通信の実験を行います．実験の中では，開発キットの電子ペーパ・ディスプレイ（EINK）にグラフィックを表示させたり，フルカラーLEDを光らせたりします．

BLE通信のプログラムは通常，数百ページにもおよぶ規格書を理解しないと書けませんが，PSoC 6ではBLEコンポーネントが用意されているので，専門的な知識や煩雑なコーディングは不要です．必要事項の設定と最小限のプログラミングだけでBLE通信ができます．

本章では，PSoC 6で通信を行うための内容に絞って，BLE規格の要点を紹介します．　　〈編集部〉

BLE規格の要点

■ あらまし

Bluetoothは，ディジタル機器の近距離無線通信規格の1つです．2.4 GHz帯を複数のチャネルに分け，利用する周波数をランダムに切り替える周波数ホッピングを行いながら半径10〜100 m程度の距離にあるBluetooth搭載機器間で無線通信を行います．Bluetooth規格のバージョン4.0以降に低消費電力の通信モードであるBluetooth Low Energy（BLE）が追加されました．PSoC 63はこのBLE規格による無線通信機能を内蔵しています．

BLEの通信レートは，Bluetooth 4.0規格で1 Mbps，Bluetooth 5.0規格で125 bps〜2 Mbpsです．到達距離は通信レートが遅いほど長くなります．Bluetooth 5.0規格では，125 Kbps時に最大400 m程度となっています．BLEは低消費を主眼としているので現実には通信距離は数m程度と考えたほうがよいようです．

● アドバタイズ

アドバタイズとは，BLE通信を確立させる前に，BLEサービスを提供するデバイスが自分が提供するサービス内容を周辺に知らせるための発信動作のことをいいます．スマホなどにBluetoothデバイスを接続するときに，周辺デバイスをサーチしてペアリングし

ますが，その際の周辺デバイス側の動作に対応します．

● BLEの基本アーキテクチャ

BLEの基本アーキテクチャの構造を図1に示します．BLEスタックは大きく分けて，以下の3層に分かれています．

(1) コントローラ：送信時はパケットをエンコードして無線信号を出力し，受信時は入力した無線信号をデコードしてパケットに再構築する物理デバイス

(2) ホスト：ソフトウェア・スタックであり，さまざまなプロトコルとプロファイル（セキュリティ・マネージャやアトリビュート・プロトコルなど）から構成され，2個以上のデバイス間の通信を管理

(3) アプリケーション：ソフトウェア・スタックとコントローラを使用して特定の機能を実現する具体的なアプリケーション

各レイヤの中はさらに細分化されています．図1の中に示す各ブロックの概要は次のとおりです．

■ アーキテクチャの構造

● PHY（Physical Layer）

PHYは，2.4 GHzの産業科学医療用ISM（Industry Science Medical）帯域内で，GFSK（Gaussian Frequency Shift Keying）変調を使って1 Mbpsの送信および受信を行う無線物理層です．ISM帯域は2 MHzの空間を持つ40個のRFチャネルに分割され，うち37個はデータ・チャネル，3個がアドバタイズメント・チャネルです．

● LL（Link Layer）

LLは，確実に物理リンクするために，アクノリッジ制御とフロー制御をベースにしたアーキテクチャを実装し，堅牢で低消費電力なBLEプロトコルを実現しています．アドバタイズ，スキャン，接続の開始とその維持により物理リンクを成立させ，24ビットCRC（Cyclic Redundancy Check）による誤り検出と，128ビットAES（Advanced Encryption Standard）による暗号化もサポートします．

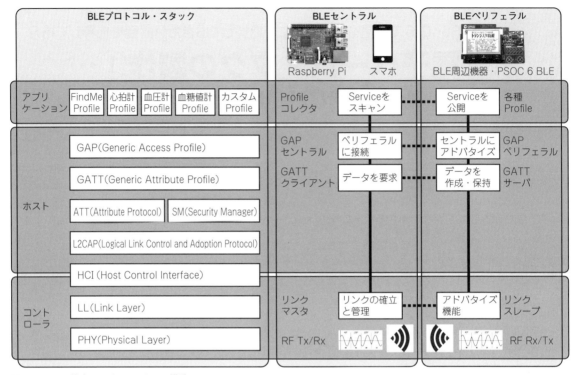

図1　BLEの基本アーキテクチャの構造

● HCI(Host Control Interface)

　HCIは，ホストとコントローラ間のインターフェースであり標準規格として規定されています．具体的なHCIとしては，ホストとコントローラの間で，コマンド，データ，イベントなどの情報を，例えばUSBやUARTなどの物理手段を介してやりとりさせるインターフェースに対応します．よって，HCIそのものは，ホストとコントローラが物理的に異なるデバイスのときに存在するものであり，PSoC 63の場合のHCIは，ファームウェアで実装されたプロトコル・レイヤにすぎません．

● L2CAP(Logical Link Control and Adaptation Protocol)

　L2CAPは，上位層から受け取ったパケットをリンク層が送信できるように小さいパケット・サイズに切り刻む作業を行います．逆に，リンク層が受信した小さいパケットに対して，意味を成すパケットに再構築する作業も行います．また，L2CAPは，後述する上位層のSMチャネルとATT(Attribute)チャネルのマルチプレクスを行います．さらにBluetooth 4.2で規定された，SMやATTのさらに上位のアプリケーション層からのL2CAP直結チャネルもマルチプレクスできます．

● SM(Security Manager)

　SMは，ペアリング，暗号化およびその鍵の配布に使う方法を定義しています．ペアリングは，セキュリティ機能を有効化するプロセスで，2つのデバイスが認証され，リンクが暗号化されてから暗号鍵を交換します．これにより，BLEインターフェースを介したセキュアなデータ通信が有効になり，RF通信を傍受・解読されることはありません．

　BLEのデータ通信では，128ビットAES暗号が使われます．

● GATT(Generic Attribute Profile)

　BLE通信は，図2に示すGATTクライアント-サーバ・アーキテクチャをベースにしています．クライアントは，データを要求するデバイスのことで，スマートフォンやラズベリー・パイなどに対応します．サーバはデータを提供するデバイスのことで，さまざまなBLE周辺機器(心拍計やPSoC 63評価キットなど)に対応します．

　サーバ内にその用途に対応したProfileというデータの固まりがあって，それをクライアント側がアクセスします．Profileは，ヘッドセット，マウス，キーボード，健康器具など標準的なものはBluetooth SIG(Special Interest Group)という業界団体が定義しています．独自にカスタム版を定義することもできます．

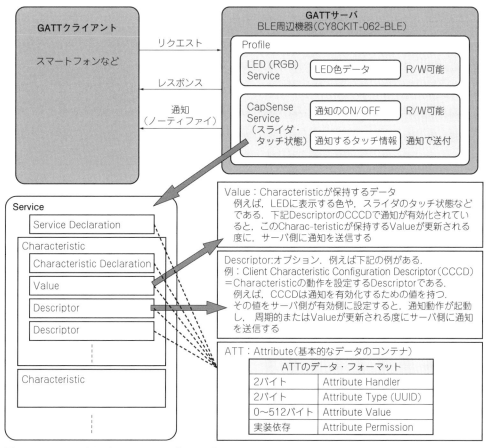

図2　BLE GATTクライアント-サーバ・アーキテクチャ
CY8CKIT-062-BLEキットの上で動作するサンプル・プロジェクトとして今回作成する構成

次章では，PSoC 63評価キットを使ってカスタムProfileを作ってみます．

● ATT（Attribute）

上記のProfile内は階層化されていて，複数のServiceが含まれています．Serviceとは，BLE周辺機器内の個々の機能単位に対応し，動作設定（PSoC 63評価キット上のLEDの点灯など）をしたり，状態（同じく基板上のリニア・スライダのタッチ状態など）を示すものと考えてください．

このService内はさらに階層化されていて，複数のCharacteristicが含まれています．Characteristicは，BLE周辺機器が持つ機能に対応する各種設定情報やデータを保持します．BLE通信における基本的なデータのコンテナをATT（Attribute）といい，Characteristic内には複数のATTが含まれることになります．ATTは**図2**に示すように，そのデータ・フォーマットが定義されています．

Characteristic内の代表的なATTをいくつか説明します．

（1）Characteristic Declaration ATT：Characteristicの開始を宣言する

（2）Value ATT：Characteristicが保持する本質データで，例えば，LEDに表示する色や，リニア・スライダのタッチ状態を表す

（3）Descriptor ATT：オプショナルなATTであり，代表的なものに，Client Characteristic Configuration Descriptor（CCCD）がある．CCCDはCharacteristicの動きを設定するDescriptorであり，例えば，通知機能を有効化するための値を持つ．サーバ側がCCCDに0x01をライトして通知機能を有効にすると，Value ATTが更新されるたびにサーバ側にValue ATTを含む通知情報を送信する

● クライアントによるサーバ内のATTへのアクセス

BLE通信がLL（Link Layer）レベルで成立すると，クライアントはサーバ内のProfileとその内部の階層化されたATT情報の一覧を入手し，それ以降，クライアントはBLE通信を介してサーバ内の情報をリー

ドしたりライトしたりして動作を続けます.

ATTのアクセス方法には次のものがあります.

(1) リード・リクエスト：クライアントがサーバ内のATTをリードするためのリクエストを出すと，サーバはクライアントに向けてATT情報を含むレスポンスを返す

(2) ライト・リクエスト：クライアントがサーバ内のATTにライトするためのリクエストとライト・データを出すと，サーバはクライアントに向けてライトできたかどうかを示すレスポンスを返す

(3) ライト・コマンド：クライアントがサーバ内のATTにライトするためのコマンドとライト・データを出す.この場合，サーバはクライアントにレスポンスを返さない

(4) 通知(Notification)：Characteristic 内 の Value ATTが更新されるたびに，サーバがクライアントに向けて更新値を通知する送信動作を行う.通知動作後のクライアントからサーバに向けた返事はない

(5) 指示(Indication)：サーバからクライアントに向けた送信動作であり，必ずクライアントは確認を行う.確実にサーバからクライアントに情報を伝達するときに用いる方法である

● GAP（Generic Access Profile）

GAP層は，BLEデバイス固有の情報を提供します.例えば，デバイス・アドレス，デバイス名，アドバタイズ中の発見方法，RF送信出力，ボンディング数(ペアリングした相手を記憶しておく最大数)が含まれます.GAPは，Profileに含まれるServiceの一覧と，そのServiceの使用方法も定義します.

GAP層は次のいずれかの役割を担います.

(1) ペリフェラル：デバイスをセントラルに接続するためにアドバタイズする.セントラルとの接続後は，そのデバイスはスレーブとして動作する

(2) セントラル：アドバタイズ中のデバイスをスキャンしてペリフェラルとの接続を開始する.ペリフェラルとの接続後のGAPは，マスタとして動作する

(3) ブロードキャスタ：データをブロードキャスト(同報)するためにアドバタイズする.通常のBLE接続と異なりリクエストとレスポンスによるデータ交換はなく，ラジオ放送同様に一方だけのデータ送信のみ行う.連続的なビーコン送信などに使われる

(4) オブザーバ：アドバタイズ中のデバイスをスキャンして認識するが，接続までは行わない.ブロードキャスタの逆の役割でデータ受信のみ行う.連続的なビーコン受信などに使われる

第4章

PSoC Creatorでカスタム Profileをサッと作る

電子ペーパ・タグの製作②…
BLE通信プログラムの開発

圓山 宗智 Munetomo Maruyama

　PSoC 63開発キット（CY8CKIT-062-BLE）とラズベリー・パイを使って，BLE通信の実験を行います．実験の中では，**写真1**に示す開発キットの電子ペーパ・ディスプレイ（EINK）にグラフィックを表示させたり，フルカラーLEDを光らせたりします．

　本章では，開発キット上で動作するBLE通信プログラムを作成します． 〈編集部〉

PSoC 63の評価キット
PSoC 6 BLE Pioneer Kit

● PSoC 6 BLE Pioneer Kit

　Bluetooth Low Energy（BLE）通信機能を内蔵したPSoC 6ファミリの最上位製品であるPSoC 63の評価キットPSoC 6 BLE Pioneer Kit（CY8CKIT-062-BLE）について紹介します．その外観を**写真2**(**a**)に示します．搭載するPSoC 63の型名はCY8C6347BZI-BLD53で，右上に寄った位置にある小さい116ピンBGAパッケージ（6.4×5.2 mm）のデバイスです．

　本キットの特徴は，2.7インチEINKディスプレイ・シールド基板（CY8CKIT-028-EPD）が同梱されており，**写真1**のように本キットに接続して，様々な表示が可能なことです．EINKはいわゆる電子ペーパであり，電源を消しても表示が消えずかつ低消費電力であることが特徴です．

　また，**写真2**(**b**)に示すBLE通信用のUSBドングルも付属しており，PC上のCySmartアプリを介して，PSoC 63で構築したデバイスとのBLE通信デバッグを行うことができます．

　この評価キットの最新版は国内の技適認証を取得済みなので，安心して実験・評価できます．

● PSoC 6 BLE Pioneer Kitの機能

　PSoC 6 BLE Pioneer Kitの機能仕様一覧を**表1**に，内部ブロック図を**図1**に示します．

　メイン基板には，デバッガ回路，CapSense用基板パターン，ユーザ用LEDやスイッチ，Quad-SPI接続式の外部FLASHメモリ，各種拡張コネクタなどを搭載しています．BLE通信用のアンテナは基板パターンで形成されています．USB Type-Cによりリチウム・イオン・ポリマ蓄電池を充放電するパワー・デ

低消費電力！ 2.7インチEINKディスプレイ

温度センサ（サーミスタ）

PDM信号出力型シリコン・マイク（PDM：Pulse Density Modulation）

モーション・センサ（3軸加速度＋3軸ジャイロ）

写真1　EINKディスプレイ・シールド基板（CY8CKIT-028-EPD）

リバリ評価回路も搭載しています．なお，本ボードを使用するにあたり，PC側にUSB Type-Cは必要ありません．通常のUSB Type-Aのコネクタを持つPCがあればOKです．USB Type-AからUSB Type-Cに変換するケーブルが付属しています．

　EINKシールド基板には，EINKディスプレイの他に，モーション・センサ，サーミスタ，シリコン・マイクも搭載されています．

　メイン基板の内部電源系統図を**図2**(p.168)に示します．USB Type-Cパワー・デリバリ関連回路があるため複雑です．本稿ではUSB Type-Cパワー・デリバリは使わずに，キットに付属するUSB Type-AからUSB Type-Cに変換するケーブルでPCに接続して電源供給する形態で実験しました．

PSoC Creatorで
BLEプログラムを開発

● 本章で開発するサンプル・プログラムの内容

　PSoC 6 BLE Pioneer Kitを使って開発するサンプ

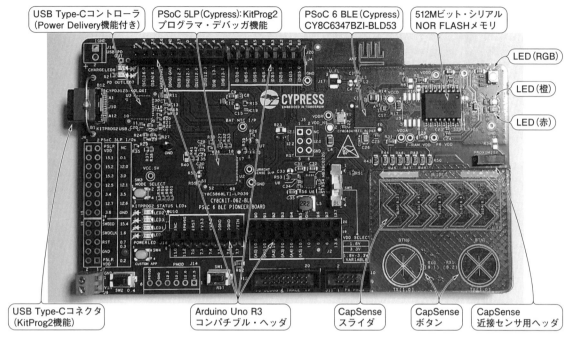

USB Type-Cコントローラ (Power Delivery機能付き)
PSoC 5LP(Cypress):KitProg2 プログラマ・デバッガ機能
PSoC 6 BLE(Cypress) CY8C6347BZI-BLD53
512Mビット・シリアル NOR FLASHメモリ
LED(RGB)
LED(橙)
LED(赤)
USB Type-Cコネクタ (KitProg2機能)
Arduino Uno R3 コンパチブル・ヘッダ
CapSense スライダ
CapSense ボタン
CapSense 近接センサ用ヘッダ

(a) PSoC 6 BLE Pioneer Board

写真2　評価キットCY8CKIT-062-BLEの外観

ル・プログラム「PSoC63_BLE_Kit_Demo」の内容を以下に説明します.

(1) EINKディスプレイに,グラフィックと文字を表示する

(2) BLEサーバ(BLEペリフェラル)を構築する

(3) BLEクライアント(BLEセントラル)からのBLE通信により,基板上のフル・カラーLEDの点灯色を制御する

(4) 基板上のCapSenseリニア・スライダのタッチ状態が変化する度に,BLEクライアント(BLEセントラル)に向けて通知(Notification)を送信する

● **PSoC Creatorのダウンロードとインストール**

　インフィニオン テクノロジーズのWebサイトからPSoC Creatorをダウンロードしてインストールしてください.本稿執筆時の最新版はv4.2でした.起動すると,PSoC 3が搭載するCPUコア8051用のKeil社製コンパイラのライセンス登録画面が出ますが,PSoC 6では無関係なので何もせず閉じてOKです.

● **PDL v3.0の設定**

　本サンプル・プログラムでは,ライブラリPDL v3.0を使用します.本稿執筆時の最新版はv3.0.4でした.インフィニオン テクノロジーズのWebサイトからダウンロードしてインストールしてください.次にPSoC Creatorのメニュー[Tools]-[Options...]を選択して出るダイアログ・ボックス内の画面[Project

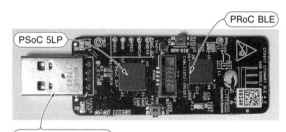

PRoC BLE
PSoC 5LP
USB Type Aコネクタ

(b) CY5677 CySmart Bluetooth Low Energy(BLE)4.2 USBドングル

Management]-[General]を選択します.その中の「PDL v3 (PSoC 6 devices)location:」に,ダウンロードしたPDL v3.0の場所を指定してください.私の場合はPDL v3.0.4を標準インストールしており,「C:¥Program Files (x86)¥Cypress¥PDL¥3.0.4」を指定しました.

● **サンプル・プログラムを入手**

　サンプル・プログラム「PSoC63_BLE_Kit_Demo」は本書付属のDVD-ROMに収録されています.

　解凍してできたフォルダ[PSoC63_BLE_Kit_Demo]-[PSoC63]の下のプロジェクト・ファイル「PSoC63.cywrk」を開いてください.

● **EINKライブラリの組み込み方法**

　「PSoC63_BLE_Kit_Demo」はすでに完成したプロジェクトになっていますが,新規にプロジェクトを作

表1　評価キットCY8CKIT-062-BLEの機能仕様

種　類	項　目	内　容
PSoC 6 BLE Pioneer Board	搭載PSoC 6	● BLE内蔵PSoC 63 CY8C6347BZI-BLD53
	拡張コネクタ	● Arduino Uno 3.3 Vシールド ● Digilent Pmodモジュール
	外部拡張メモリ	● 512 MビットQuad-SPI NOR FLASHメモリ
	デバッガ機能	● KitProg2 オンボード・プログラマ・デバッガ ● マス・ストレージ・プログラミング ● USB-UART/I²C/SPIブリッジ
	USB Type-C	● EZ-PD CCG3 Type-Cパワー・デリバリ(PD)システム ● 充電式リチウム・ポリマー・バッテリをサポート
	CapSense	● スライダ(5エレメント) ● ボタン(2個) ● 近接センサ
	動作電源	● 1.8〜3.3 V ● バックアップ電源用スーパ・キャパシタ(330 mF)サポート
	ユーザ・インタフェース	● LED(RGB)，LED(橙)，LED(赤) ● ユーザ・ボタン，リセット・ボタン ● KitProg2用ボタン(2個)+LED(3個)
CY8CKIT-028-EPD E-INK ディスプレイ・シールド	E_INKディスプレイ	● 2.7インチE-EINKディスプレイ・モジュール ● E2271CS021(Pervasive Displays) ● 分解能：264×176
	モーション・センサ	● 3軸加速度+3軸ジャイロ
	温度センサ	● サーミスタ ● E-INK温度補償用+汎用周囲温度測定用
	マイクロホン	● PDM(Pulse Density Modulation)信号出力
CY5677 CySmart Bluetooth Low Energy(BLE)4.2 USBドングル		● BLEシステムのデバッグ・評価用(CySmartアプリ)
		● PRoC BLEおよびPSoC 5LP搭載

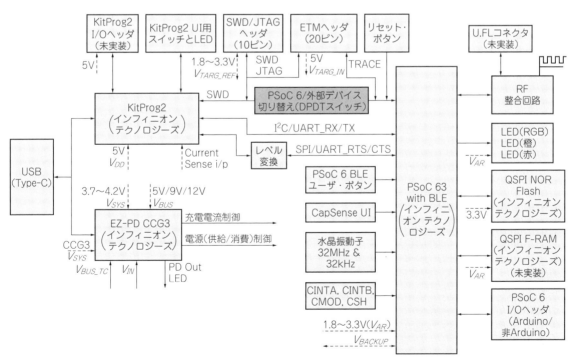

図1　評価キットCY8CKIT-062-BLEの内部ブロック図
　搭載するPSoC 6デバイスは最上位のPSoC 63シリーズのうちの「CY8C6347BZI-BLD53」

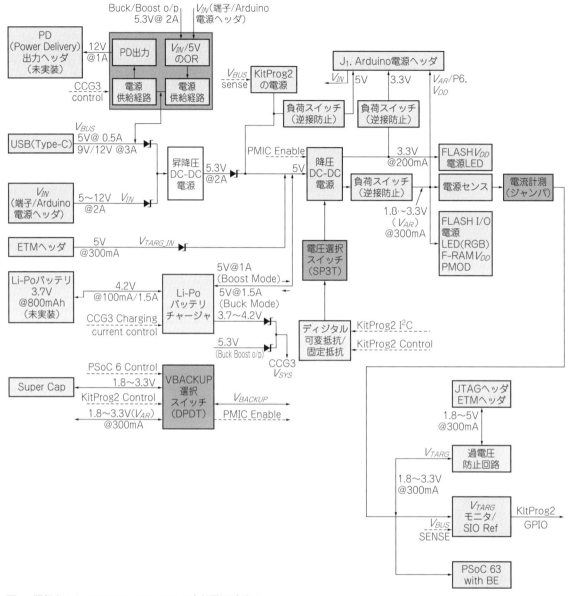

図2 評価キット CY8CKIT-062-BLE の内部電源系統図
USB Power Delivery の実験も可能

成した場合は，EINK関係のライブラリは含まれていないので次の手順で組み込んでください．

まず，EINKを使うサンプル・プログラムをインフィニオン テクノロジーズのWebサイトからダウンロードします．ここではCE218133 PSoC 6 MCU E-INK Display with CapSenseを使いましょう．CE218133のプロジェクト(CE218133_EINK_CapSense.cywrk)をダブルクリックしてPSoC Creatorをもう1本立ち上げます．そして**図3**に示す「CY_EINK_Library」を2本のPSoC CreatorのWorkspace Explorer間でドラッグ&ドロップでコピーします．今回，EINK関連ルー

チンはCortex-M4側のプログラムにするので，「CY_EINK_Library」はCM4(Core 1)の下にコピーしてください．

● **EINKのフレーム・バッファ構造**

EINKにグラフィックや文字(フォント)を表示するために，EINKのフレーム・バッファ構造を知っておく必要があります．**図4(a)**は，グラフィックを表示するための，イメージ・データとフレーム・バッファの対応を示します．全画面264×176ピクセルに対応するイメージ・データは5808バイトになります．**図4**

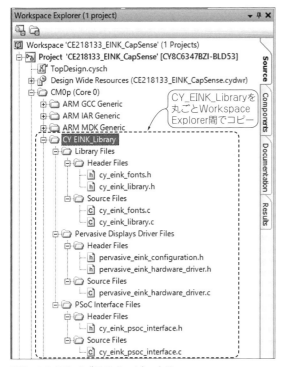

図3　EINKライブラリをコピーする
PSoC Creatorを2本立ち上げ，片方にEINK関係のサンプル・プロジェクト（例えばCE218133 PSoC 6 MCU E-INK Display with CapSense）を立ち上げ，もう片方に作成中のプロジェクトを立ち上げ，Workspace Explorer間でEINK関連ライブラリをドラッグ＆ドロップでコピーする．コピー先はCM4（Core 1）の下にする

（b）は，8×12サイズのフォントを表示する場合の文字の表示位置とフレーム・バッファの対応を示します．全画面に33×14文字を表示できます．図4（c）は，16×16サイズのフォントを表示する場合の文字の表示位置とフレーム・バッファの対応を示します．全画面に16×11文字を表示できます．

　先に用意したEINKライブラリは，図4に対応したグラフィックやフォントの描画をサポートします．EINKライブラリにフォント・データも含まれています．

● EINK用グラフィック・データ作成ツール
　図4（a）に適合したグラフィック・データをBITMAP画像から変換するアプリケーションが公開されています．Pervasive Displays社のWebサイトを開き，同社の評価ボードEPD Extension Kit Gen 2（EXT2）のページのUtilityから「PDI Apps」をダウンロードしてインストールしてください．264×17ピクセルのモノクロBITMAP画像データを図5に示す設定で変換して，画面下のOutput Image Raw Dataをコピーして，C言語の配列変数のコンテンツとして使用します．
　サンプル・プログラム「PSoC63_BLE_Kit_Demo」

表2　LED関連コンポーネントの設定
LED制御出力端子（5本）の設定：各出力端子をダブル・クリックして表示されるウィンドウ内の設定内容を示す

項　目	機能設定
Cypress Component Catalog	Ports and Pins/ Digital Output Pin
Name	LED_RED
	LED_ORG
	LED_COLOR_R
	LED_COLOR_G
	LED_COLOR_B
Pins/General/Type	Digital Output
Pins/General/Hardware Connection	OFF
Pins/General/Drive Mode	Strong Drive
Pins/General/Initial Drive State	High（1）
その他設定	デフォルトのまま

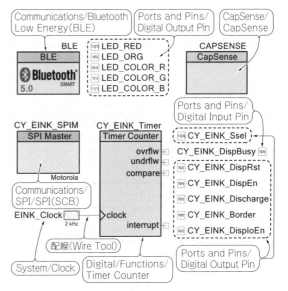

図6　PSoC Creatorトップ階層
TopDesign.cyschがこのような画面になるようにComponents Catalogから各コンポーネントをドラッグ＆ドロップし，配線する．各コンポーネントの設定方法の詳細は表2～表5に示す．BLEブロックを右クリックして「Open PDL Documentation...」を選択するとBLEの詳細ドキュメントを参照できる

では，「CM4（Core 1）」-「Source Files」の下のdisplay_contents.cの中で使っています．

● PSoC 63内のコンポーネント設定
　PSoC Creator上での開発では，まずPSoCデバイス内のハードウェア構築を行います．サンプル・プログラム「PSoC63_BLE_Kit_Demo」では，トップ階層で図6に示したようにコンポーネントを配置配線してあります．各コンポーネント内の設定内容を表2～表5に示します．
　基板上のLED制御用にはGPIO（General Purpose Input Output）の出力端子をアサインしています．

(a) イメージ・データとフレーム・バッファの対応

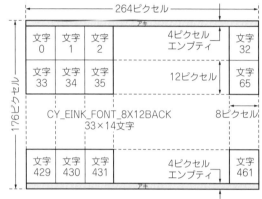

(b) フォントCY_EINK_FONT_8X12BLACK
使用時のフレーム・バッファ

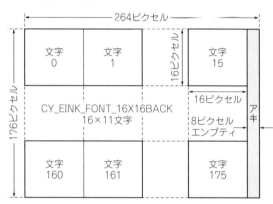

(c) フォントCY_EINK_FONT_16X16BLACK
使用時のフレーム・バッファ

図4 EINKのフレーム・バッファ構成

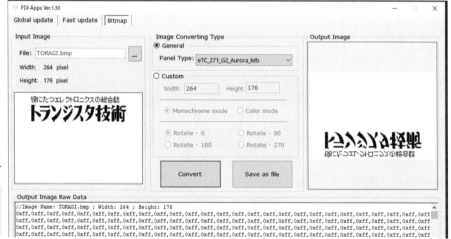

図5 EINK用グラフィック・データ作成ツールPDIApps
「Bitmap」タブを開き，Image Converter Typeは[General]－[eTC_271_G2_Aurora_Mb]を選択する

CapSenseはリニア・スライダ機能が有効になるように設定しました．EINKディスプレイは，GPIO入出力端子，SPIマスタ通信，タイマの各機能を組み合わせて制御します．BLE通信は，第3章の図2が実現できるように，GATTとGAPを設定してあります．

● PSoC 63のデバイス設定

PSoC Creator上ではコンポーネント設定以外に，内部クロック，割り込み要因の割り当て，端子機能割り当ての各設定が必要です．サンプル・プログラム「PSoC63_BLE_Kit_Demo」における設定内容をそれぞれ表6～表8に示します．

表3　EINK関連コンポーネントの設定
各コンポーネントをダブル・クリックして表示されるウィンドウ内の設定内容を示す

項　目	機能設定
Cypress Component Catalog	Ports and Pins/ Digital Output Pin
Name	CY_EINK_Ssel CY_EINK_DispRst CY_EINK_DispEn CY_EINK_Discharge CY_EINK_Border CY_EINK_DispIoEn
Pins/General/Type	Digital Output
Pins/General/Hardware Connection	OFF
Pins/General/Drive Mode	Strong Drive
Pins/General/Initial Drive State	Low(0)
その他設定	デフォルトのまま

（a）EINK制御出力端子（6本）

項　目	機能設定
Cypress Component Catalog	Ports and Pins/ Digital Input Pin
Name	CY_EINK_DispBusy
Pins/General /Type	Digital Input
Pins/General/Hardware Connection	OFF
Pins/General/Drive Mode	High Impedance Digital
Pins/General/Initial State	Low(0)
Pins/General/Hot Swap	OFF
Pins/Input/Threshold	CMOS
Pins/Input/Interrupt	None
Input/Hot Swap	OFF
その他設定	デフォルトのまま

（b）EINK制御入力端子（1本）

項　目	機能設定
Cypress Component Catalog	System/Clock
Name	EINK_Clock
Basic/Clock Type	New
Basic/Specify/Frequency	2MHz
Basic/Use Fractional Divider	OFF
その他設定	デフォルトのまま

（c）EINK制御タイマ用クロック

項　目	機能設定
Cypress Component Catalog	Digital/Functions/ Timer Counter
Name	CY_EINK_Timer
Basic/General/Resolution	16 bits
Basic/General/Clock Prescaler	Divide by 2
Basic/General/Run Mode	One Shot
Basic/General/Counter Direction	Up
Basic/General/Period	10000
Basic/General/Compare or Capture	Compare
Basic/Compare/Compare 0	5000
Basic/Compare/Enable Compare Swap	OFF
Basic/Interrupts/Interrupt Source	None
その他設定	デフォルトのまま

（d）EINK制御タイマ

項　目	機能設定
Cypress Component Catalog	Communications/SPI/ SPI(SCB)
Name	CY_EINK_SPIM
Basic/Clock Source/Enable Clock from Terminal	OFF
Basic/General/Mode	Master
Basic/General/Sub Mode	Motorola
Basic/General/SCLK Mode	CPHA = 0, CPOL = 0
Basic/General/Data Rate(kbps)	16000
Basic/General/Oversample	6
Basic/General/Enable Input Glitch Filter	OFF
Basic/General/ Enable MISO Late Sampling	OFF
Basic/General/SCLK Free Running	OFF
Data Configuration/Bit Order	MSB First
Data Configuration/Rx Data Width	8u
Data Configuration/Tx Data Width	8u
Slave Select/Deasserts SS between Data Elements	OFF
Slave Select/Number of SS	0u
その他設定	デフォルトのまま

（e）EINK制御用SPI

● ハードウェアの構築ができたらいったんビルド

　PSoC 63のハードウェア関係の構築ができたら，PSoC Creatorのメニュー［Build］-［Build PSoC63］を選択して，プロジェクト全体をいったんビルドしてください．使用したコンポーネント機能に対応する関連プログラム・ライブラリが自動生成されます．

● Cortex-M0＋側のメイン・ルーチン

　PSoC 63はCortex-M4とCortex-M0＋の2つのCPUコアを搭載しており，それぞれのプログラムを書く必要があります．PSoC 63にパワー・オン・リセットがかかると，まずCortex-M0＋だけが起動しま

表4　CapSense関連コンポーネントの設定
リニア・スライダの設定「CapSense」をダブル・クリックして表示されるウィンドウ内の設定内容を示す

項　目	機能設定
Cypress Component Catalog	CapSense/CapSense
Name	CAPSENSE
Basic/Type	LinearSlider
Basic/Name	LinearSlider
Basic/Sensing Mode	CSD(Self-cap)
Basic/Sensing Element(s)	5 Segments
Basic/Finger Capacitance	0.16 pF
その他設定	デフォルトのまま

表5　BLE関連コンポーネントの設定
BLEコンポーネントをダブル・クリックして表示されるウィンドウ内の設定内容を示す

項　目	機能設定
Cypress Component Catalog	Communications/Bluetooth Low Energy（BLE）
【共通設定】	
Name	BLE
General/Complete BLE Protocol	ON
General/Maximum Number of BLE Connection	1
General/GAP Role	Peripheral
General/CPU Core	Dual Core（Controller on CM0＋, Host and Profile on CM4）
General/Over‐The‐Air Bootloading with Code Sharing	Disabled
General/BLE Controller Only（HCI Over UART）	OFF
【GATT設定】LED関連サービスの追加と設定	
GATT Settings/GATT/Serverの下に新たなServiceを追加して名称変更	GATT/Serverを選択した状態で「Add Servicesボタン」を押してCustom Serviceを追加して，右クリックしてRenameで「LED」に名称変更
GATT Settings/GATT/Server/LED/Custom Characteristicを名称変更	LED/Custom Characteristicを右クリックしてRenameで「LED_CONTROL」に名称変更
GATT Settings/GATT/Server/LED/LED_CONTROLの右画面内UUID	3FF8D7F2‐3E96‐4980‐B7D9‐B4DB68E5A55D（自動的に設定されるが，本稿では上記値に設定されたものとして解説する）
GATT Settings/GATT/Server/LED/LED_CONTROLの右画面内Properties	ReadとWriteのみON
GATT Settings/GATT/Server/LED/LED_CONTROL/Custom Descriptor	右クリックしてDelete
GATT Settings/GATT/Server/LED/LED_CONTROLの下にDescriptorを追加	LED/LED_CONTROLを選択した状態で「Add Descriptorボタン」を押して「Client Characteristic Configuration」を追加
【GATT設定】Linear Slider関連サービスの追加と設定	
GATT Settings/GATT/Serverの下に新たなServiceを追加して名称変更	GATT/Serverを選択した状態で「Add Servicesボタン」を押してCustom Serviceを追加して，右クリックしてRenameで「SLIDER」に名称変更
GATT Settings/GATT/Server/SLIDER/Custom Characteristicを名称変更	SLIDER/Custom Characteristicを右クリックしてRenameで「SLIDER_CONTROL」に名称変更
GATT Settings/GATT/Server/SLIDER/SLIDER_CONTROLの右画面内UUID	6E19E8D0‐149C‐49F0‐B5DC‐540E7F191D7F（自動的に設定されるが，本稿では上記値に設定されたものとして解説する）
GATT Settings/GATT/Server/SLIDER/SLIDER_CONTROLの右画面内Properties	NotifyのみON
GATT Settings/GATT/Server/SLIDER/SLIDER_CONTROL/Custom Descriptor	右クリックしてDelete
GATT Settings/GATT/Server/SLIDER/SLIDER_CONTROLの下にDescriptorを追加	SLIDER/SLIDER_CONTROLを選択した状態で「Add Descriptorボタン」を押して「Client Characteristic Configuration」を追加
【GAP設定】	
GAP Settings/General選択時の右画面	Public Address = 00A050‐XXXXXX Silicon Generated… = ON Device Name = PSoC63_BLE Appearance = Unknown
GAP Settings/Peripheral Configuration 0/Advertisement Settings選択時の右画面	Discovery Mode = General Advertising Type = Connectable Undirected Advertising Filter Policy = Scan Request：Any｜Connect Request：Any Advertising Channel Mask = All Channels Advertising Interval（Fast）Minimum = 20ms Advertising Interval（Fast）Maximum = 30ms Advertising Interval（Fast）Timeout = OFF
GAP Settings/Peripheral Configuration 0/Advertisement Packet選択時の右画面	Advertisement Data Settings/Local Name = ON, Complete
GAP Settings/Peripheral Configuration 0/Scan Response Packet選択時の右画面	Scan Response Data Settings/Tx Power Level = ON Appearance = ON, Unknown
【その他設定】	
その他設定	デフォルトのまま

す．そのメイン・ルーチンmain（）を**リスト1**に示します．BLE通信コントローラを起動し，それが成功したらCortex‐M4を起動します．その後，無限ルー

プに入り，Cortex‐M0＋は，BLEコントローラからのイベントが発生したらBLEスタック処理を行い，それ以外の時はDeep‐Sleepモードに入ります．Deep

表6　PSoC Creatorの Clocks設定
Workspace Explorer内のProject/Design Wide Resources/Clocks設定ウィンドウ内の［Edit Clocks...］ボタンを押して出るGUI画面内の設定内容

クロック分類タブ	クロック種類	設定内容	意　味
Source Clocks	Digital Signal	OFF	内部デジタル信号
	IMO(8 MHz)	Accuracy ± 1 %	内部メイン・クロック発振器
	ECO	OFF	外部水晶発振器
	ExClk	OFF	外部入力クロック
	AltHF：BLE ECO	OFF	BLE用予備高速クロック
	ILO(32 KHz)	ON Accuracy ± 10 % Run in hibernate Mode：ON	内部低速クロック発振器
	PILO	OFF	高精度内部低速クロック発振器
	WCO(32.768 KHz)	ON Accuracy ± 0.015 % Port：Normal(Crystal)	時計用水晶発振器
FLL/PLL	PathMux0	IMO(8 MHz)	クロック選択用マルチプレクサ0
	PathMux1	IMO(8 MHz)	クロック選択用マルチプレクサ1
	PathMux2	IMO(8 MHz)	クロック選択用マルチプレクサ2
	PathMux3	IMO(8 MHz)	クロック選択用マルチプレクサ3
	PathMux4	IMO(8 MHz)	クロック選択用マルチプレクサ4
	FLL	ON Desired：100 MHz Actual：100 MHz ± 2.4 %	周波数ロック・ループ
	PLL	OFF	位相ロック・ループ
High Frequency Clocks	Clk_HF0	Path 0(100 MHz)/1 Freq：100 MHz ± 2.4 %	高速クロック源セレクタ0
	Clk_HF1	OFF	高速クロック源セレクタ1
	Clk_HF2	OFF	高速クロック源セレクタ2
	Clk_HF3	OFF	高速クロック源セレクタ3
	Clk_HF4	OFF	高速クロック源セレクタ4
	Clk_Fast	Divider：1 Freq：100 MHz ± 2.4 %	Cortex - M4用クロック
	Clk_Peri	Divider：2 Freq：50 MHz ± 2.4 %	周辺機能用クロック
	Clk_Slow	Divider：1 Freq：50 MHz ± 2.4 %	Cortex - M0 +用クロック
Miscellaneous Clocks	Clk_LF	WCO Freq：32.768 KHz ± 0.015 %	ディープ・スリープ，ハイバネート領域用クロック
	Clk_Timer	ON IMO TmrDiv：1 Freq：8 MHz ± 1 %	タイマ用クロック
	Clk_Pump	Auto - High Performance Source：FLL Divider：4 Freq：25 MHz ± 2.4 %	低電圧・高精度アナログ動作ポンプ用クロック
	Clk_Bak	WCO Freq：32.768 KHz ± 0.015 %	バックアップ領域用クロック
	Clk_AltSysTick	Clk_LF Freq：32.768 KHz ± 0.015 %	Cortex - M4/Cortex - M0 +のTickカウンタ用予備クロック

表7　PSoC Creatorの Interrupts設定
Workspace Explorer 内の Project/Design Wide Resources/Interrupts の設定内容

Instance Name	Interrupt Number	ARM CM0 +			ARM CM4		備　考
		Enable	Priority (1 - 3)	Vector (3 - 29)	Enable	Priority (0 - 7)	
BLE_bless_isr	24	ON	3	3	OFF	–	CM0 +のDeep Sleepからのウェイクアップ
CAPSENSE_ISR	49	OFF	–	–	ON	6	
CY_EINK_SPIM _SCB_IRQ	47	OFF	–	–	ON	7	

表8　PSoC CreatorのPins設定
Workspace Explorer 内 の Project/Design Wide Resources/Pins の設定内容

端子名	ポート
\CAPSENSE：Cmd\（Cmod）	P7 [7]
\CAPSENSE：Sns [0] \（LinearSlider_Sns0）	P8 [3]
\CAPSENSE：Sns [1] \（LinearSlider_Sns1）	P8 [4]
\CAPSENSE：Sns [2] \（LinearSlider_Sns2）	P8 [5]
\CAPSENSE：Sns [3] \（LinearSlider_Sns3）	P8 [6]
\CAPSENSE：Sns [4] \（LinearSlider_Sns4）	P8 [7]
\CY_EINK_SPIM：miso_m\	P12 [1]
\CY_EINK_SPIM：mosi_m\	P12 [0]
\CY_EINK_SPIM：sclk_m\	P12 [2]
CY_EINK_Border	P5 [6]
CY_EINK_Discharge	P5 [5]
CY_EINK_DispBusy	P5 [3]
CY_EINK_DispEn	P5 [4]
CY_EINK_DispIoEn	P0 [2]
CY_EINK_DispRst	P5 [2]
CY_EINK_SSel	P12 [3]
LED_COLOR_B	P11 [1]
LED_COLOR_G	P1 [1]
LED_COLOR_R	P0 [3]
LED_ORG	P1 [5]
LED_RED	P13 [7]

リスト1　Cortex-M0＋側のメイン・ルーチン
PSoC Creator の Workspace Explorer 内 の プロジェクト の CM0p（Core0）/Source Files/main_cm0.c

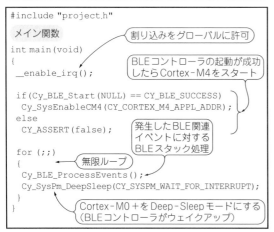

- Sleep モードに入った Cortex-M0＋は，BLE からのイベントで自動的にウェイクアップします．

● Cortex-M4側のメイン・ルーチン

　Cortex-M0＋の処理により Cortex-M4が起動すると，**リスト2**のメイン・ルーチン main()を実行します．EINK 表示と CapSense の初期化の後，BLE スタック処理のコールバック関数（後述する**リスト12**，p.177）を指定して BLE を起動します．EINK ディスプレイに

リスト2　Cortex-M4側のメイン・ルーチン
PSoC Creator の Workspace Explorer 内 の プロジェクトの CM4p（Core1）/Source Files/main_cm4.c

グラフィックと文字列を描画してから無限ループに入ります．無限ループの中では，CPU がアクティブであることを示す橙色LEDを点灯し，BLE イベントに対する BLE スタック処理（後述する**リスト13**，p.178）を実行し，CapSense がビジーでなくかつ BLE が通信していない状態なら橙色LEDを消灯して Cortex-M4を Deep-Sleep 状態に入れます．BLE が通信イベントにより Cortex-M0＋をウェイクアップしたら，PSoC 63内の IPC（Inter Processor Communication）システムのパイプ経由で Cortex-M4側も自動的にウェイクアップして無限ループ内の処理を繰り返します．

● LED制御ルーチン

　本サンプル・プログラムの各所から使われる LED 制 御 ル ー チ ン Set_LED_RED()，Set_LED_ORG，Set_LED_COLOR()を**リスト3**に示します．それぞれ赤色LED，橙色LED，フルカラー LED の点灯と消灯を制御します．

リスト5　Cortex-M4側のEINK表示ルーチン本体
PSoC CreatorのWorkspace Explorer内のプロジェクトのCM4p（Core1）/Source Files/display.c

```
#include "cy_eink_library.h"
#include "display_contents.h"          周囲温度の定義
#define AMBIENT_TEMPERATURE (int8_t) (25)
#define IMAGE_COORDINATES {0, 58, 0, 176}
#define TEXT_ORIGIN {0x00u, 0x05u}       表示画像の座標
    表示文字列の原点位置
bool static displayDetected = false;     EINK表示器
    EINK表示器のフレーム・バッファ          検出状態
cy_eink_frame_t frameBuffer[CY_EINK_FRAME_SIZE];
void Init_Display(void)      EINK表示器の初期化ルーチン
{
  Cy_EINK_Start(AMBIENT_TEMPERATURE);    EINK動作開始
                                    EINKをパワー・オンし,
                                    起動に成功したら…
  if (Cy_EINK_Power(CY_EINK_ON)
    == CY_EINK_OPERATION_SUCCESS)    EINK画面を
  {                                  白い背景にクリア
    Cy_EINK_Clear(CY_EINK_WHITE_BACKGROUND,
                  CY_EINK_POWER_MANUAL);
    Cy_EINK_Power(CY_EINK_OFF);
    displayDetected = true;       EINK表示器検出状態を真に
  }
}
void Display_Welcome(void)    EINK表示器への画像と
{                             文字列の表示ルーチン
  const uint8_t imageCoordinates[]
    = IMAGE_COORDINATES;      表示画像の座標
```

```
  const uint8_t textOrigin[]
    = TEXT_ORIGIN;        表示文字列の原点位置
  if (displayDetected)
  {                       EINK表示器検出状態が真なら…
    Cy_EINK_ImageToFrameBuffer
    (
      frameBuffer,
      (cy_eink_frame_t*)logoTORAGI,
      (uint8_t*) imageCoordinates
    );      画像をフレーム・バッファに描画
    Cy_EINK_TextToFrameBuffer
    (
      frameBuffer,
      (char*)textPsoc63,
      CY_EINK_FONT_8X12BLACK,
      (uint8_t*) textOrigin
    );      文字列をフレーム・バッファに描画
    Cy_EINK_ShowFrame
    (
      CY_EINK_WHITE_FRAME,
      frameBuffer,
      CY_EINK_FULL_2STAGE,
      CY_EINK_POWER_AUTO
    );      フレーム・バッファの内容をEINKに表示
  }
}
```

リスト3　Cortex-M4側のLED制御ルーチン
PSoC CreatorのWorkspace Explorer内のプロジェクトのCM4p（Core1）/Source Files/main_cm4.c

```
赤色LED制御（引き数が1で点灯）

void Set_LED_RED(uint8_t data)
{
  Cy_GPIO_Write(LED_RED_0_PORT, LED_RED_0_NUM, !data);
}

橙色LED制御（引き数が1で点灯）

void Set_LED_ORG(uint8_t data)
{
  Cy_GPIO_Write(LED_ORG_0_PORT, LED_ORG_0_NUM, !data);
}

フルカラーLED制御（引き数のビット
0が赤，ビット1が緑，ビット2が青）

void Set_LED_COLOR(uint8_t data)
{
  Cy_GPIO_Write(LED_COLOR_R_0_PORT,
    LED_COLOR_R_0_NUM, !((data >> 0) & 01));
  Cy_GPIO_Write(LED_COLOR_G_0_PORT,
    LED_COLOR_G_0_NUM, !((data >> 1) & 01));
  Cy_GPIO_Write(LED_COLOR_B_0_PORT,
    LED_COLOR_B_0_NUM, !((data >> 2) & 01));
}
```

リスト4　Cortex-M4側のEINK表示ルーチンのヘッダ
PSoC CreatorのWorkspace Explorer内のプロジェクトのCM4p（Core1）/Header Files/display.h

```
#ifndef DISPLAY_H
#define DISPLAY_H

void Init_Display(void);
void Display_Welcome(void);

#endif // DISPLAY_H
```

リスト6　Cortex-M4側のEINK表示コンテンツのヘッダ
PSoC CreatorのWorkspace Explorer内のプロジェクトのCM4p（Core1）/Header Files/display_contents.h

```
#ifndef SCREEN_CONTENTS_H
#define SCREEN_CONTENTS_H

#include "cy_eink_library.h"

extern cy_eink_image_t
  const logoTORAGI[CY_EINK_IMAGE_SIZE];
extern char const textPsoc63[];

#endif // SCREEN_CONTENTS_H
```

側に表示しています.

● EINK関連ルーチン

　EINK関係ルーチンを**リスト4～リスト7**に示します. EINKの初期化は**リスト5**のInit_Display（）で, グラフィックと文字列の表示はDisplay_Welcome（）で行います. グラフィックと文字列のコンテンツは**リスト7**で定義しており, それぞれをフレーム・バッファに描画してから, フレーム・バッファの内容をEINK

● CapSense関連ルーチン

　CapSenseリニア・スライダのタッチ位置取得関数Get_Slider_Data（）を**リスト8**に示します. タッチ位置を**リスト9**で定義しているグローバル変数g_Slider_Positionに格納します. タッチしていない場合は0xFFを格納します.

リスト7 Cortex-M4側のEINK表示コンテンツ本体
PSoC Creator の Workspace Explorer 内のプロジェクトの
CM4p（Core1）/Source Files/display_contents.c

```
#include "display_contents.h"
```

表示する文字列

```
char const textPsoc63[] =
{
  "=== PSoC 63 BLE Specification ===  "\
  "CPU    : Cortex-M4F + Cortex-M0+  "\
  "Memory : FLASH, EEPROM, SRAM      "\
  "BLE    : Bluetooth Smart BT 5.0   "\
  "Timer  : 32x Timer/Counter/PWM    "\
  "Audio  : I2S, Dual PDM Channels   "\
  "Analog : 12bit 1M SAR ADC, OPAMP  "\
  "UDB    : 12x Programmable Logic   "\
  "Touch  : Capacitive Sensing       "\
};
```

表示する画像（幅：264ピクセル，高さ：176ピクセル

```
cy_eink_image_t const logoTORAGI[CY_EINK_IMAGE_SIZE] =
{
  0xff,0xff,0xff,0xff,…,0xff,0xff,0xff,0xff, // 1
  0xff,0xff,0xff,0xff,…,0xff,0xff,0xff,0xff, // 2
  …
  0xff,0xff,0xff,0xff,…,0xff,0xff,0xff,0xff, // 175
  0xff,0xff,0xff,0xff,…,0xff,0xff,0xff,0xff  // 176
};
```

リスト9 Cortex-M4側のBLE関連グローバル定義
PSoC Creator の Workspace Explorer 内のプロジェクトの
CM4p（Core1）/Source Files/main_cm4.c

リスト8 Cortex-M4側のCAPSENSE制御ルーチン
PSoC Creator の Workspace Explorer 内のプロジェクトの
CM4p（Core1）/Source Files/main_cm4.c

リスト10 Cortex-M4側のBLE GATTサーバ内のLED内部データ更新
PSoC Creator の Workspace Explorer 内のプロジェクトの
CM4p（Core1）/Source Files/main_cm4.c

● **BLE制御用GATTサーバ内主要データ**

本サンプル・プログラムにおけるBLEのGATTサーバ内の主要データとしては，フルカラーLEDの点灯色（LED値）とCapSenseリニア・スライダの通知状態（CCCD値）です．GATTサーバ内のATTデータのコピーとして，**リスト9**に示すグローバル変数に記憶します．LED値はg_LED_Dataに，CCCD値はg_Slider_Notifyに記憶します．これらのグローバル変数

を更新してもGATTサーバ内の記憶データが更新されませんので注意してください．GATTサーバ内のデータは個別に更新ルーチンを用意しています．

CapSenseリニア・スライダのタッチ状態が更新された時にクライアントに通知しますが，その時に一緒に送信するタッチ状態を記憶しておくためのグローバル変数g_Slider_Positionも用意しておきます．

リスト11　Cortex−M4側のBLE GATTサーバ内のSLIDER通知状態（CCCD値）の更新
PSoC Creator の Workspace Explorer 内のプロジェクトの CM4p（Core1）/Source Files/main_cm4.c

```
void Update_SLIDER_Notification(void)
{
                          ┌─通知するかどうかを表すCCCD値
uint8_t cccdValue[CY_BLE_CCCD_LEN];
cccdValue[0] = g_Slider_Notify;
cccdValue[1] = CY_BLE_CCCD_DEFAULT;
  ┌─ SLIDER通知状態のCCCD値用ローカル変数
  │  .attrHandle：カスタム・サービス・キャラクタのハンドル
  │  .value.val：CCCD値のポインタ
  │  .value.len：バイト数
  └─
cy_stc_ble_gatt_handle_value_pair_t
  cccdValuePair =
  {
  .attrHandle =
    CY_BLE_SLIDER_SLIDER_CONTROL_CLIENT_\
CHARACTERISTIC_CONFIGURATION_DESC_HANDLE,
  .value.len = CY_BLE_CCCD_LEN,
  .value.val = cccdValue         ┌─ Generated_Source/PSoC6/
  };                             └─ BLE/BLE_config.hで定義
```

┌─ LEDアトリビュート・データ用ローカル変数
│ .connHandle：コネクション・ハンドル
│ .handleValuePair：上記CCCDデータのハンドル
│ .offset：読み書きデータ位置のオフセット
│ .flags：アトリビュート許可
└─

```
cy_stc_ble_gatts_db_attr_val_info_t
  cccdAttributeHandle=
{
  .connHandle = connectionHandle,
  .handleValuePair = cccdValuePair,    ┌─ 上記構造体のアト
  .offset = CY_BLE_CCCD_DEFAULT,       │  リビュート許可フ
};                                     └─ ラグの設定
cccdAttributeHandle.flags =
  (connectionHandle.bdHandle == 0) ?
  CY_BLE_GATT_DB_LOCALLY_INITIATED
  : CY_BLE_GATT_DB_PEER_INITIATED;
Cy_BLE_GATTS_WriteAttributeValueCCCD
  (&cccdAttributeHandle);
}
      ┌─ SLIDER通知状態についてGATTデータベースを更新
```

リスト12　Cortex−M4側のBLEスタック処理からのコールバック関数
PSoC Creator の Workspace Explorer 内のプロジェクトの CM4p（Core1）/Source Files/main_cm4.c

```
void Stack_Event_Handler
  (uint32_t event, void *eventParameter)
{
cy_stc_ble_gatts_write_cmd_req_param_t
  *writeReqParameter;          ┌─ ライト要求イベント用
switch (event)                 └─ ローカル・データ
{
    ┌─ スタック処理からのイベントに
    └─ 応じて処理を切り替え

case CY_BLE_EVT_STACK_ON:
case CY_BLE_EVT_GATT_DISCONNECT_IND:
{
          ┌─ BLE動作開始イベント，または
          └─ BLE切断イベントの場合

Cy_BLE_GAPP_StartAdvertisement  ┌─アドバタイズを開始
  (CY_BLE_ADVERTISING_FAST,
  CY_BLE_PERIPHERAL_CONFIGURATION_0_INDEX);
Set_LED_RED(1);      ┌─ アドバタイズ中であることを示す
break;               └─ 赤色LEDを点灯
}
case CY_BLE_EVT_GATT_CONNECT_IND:  ┌─ BLE通信開始
{                                  └─ イベントの場合
  connectionHandle
  = *(cy_stc_ble_conn_handle_t *) eventParameter;
  ┌─ アドバタイズ終了したので    ┌─ BLEコネクション・ハンドル
  └─ 赤色LEDを消灯               └─ （グローバル変数）の設定
Set_LED_RED(0);
Update_LED();                  ┌─ GATTサーバ内
Update_SLIDER_Notification();  │  のデータ(LED値，
break;                         │  SLIDER通知状
}                              │  態)を初期化
case CY_BLE_EVT_GATTS_WRITE_REQ:   └─
    ┌─ GATTサーバ内データへのライト要求イベントの場合
    └─
```

```
{
  writeReqParameter
  = (cy_stc_ble_gatts_write_cmd_req_param_t *)
    eventParameter;     ┌─ ライト要求パラメータを取り出す
  if(writeReqParameter->handleValPair.attrHandle
  == CY_BLE_LED_LED_CONTROL_CHAR_HANDLE)
  {                      ┌─ LEDデータへのライトならば
  g_LED_Data = writeReqParameter
    ->handleValPair.value.val[LED_INDEX];
      ┌─ GATTサーバ内の    ┌─ ライト・データをグローバル
      └─ LEDデータを更新    └─ 変数にいったん格納
  Update_LED();
  }
  if(writeReqParameter->handleValPair.attrHandle
  == CY_BLE_SLIDER_SLIDER_CONTROL_CLIENT_\
CHARACTERISTIC_CONFIGURATION_DESC_HANDLE)
  {                ┌─ SLIDER通知のCCCD値へのライトならば
  g_Slider_Notify = writeReqParameter
    ->handleValPair.value.val
      [SLIDER_NOTIFICATION_INDEX];
                     ┌─ ライト・データをグローバル
                     └─ 変数にいったん格納
  Update_SLIDER_Notification();
  }                  ┌─ GATTサーバ内のSLIDER用CCCD値を更新
  Cy_BLE_GATTS_WriteRsp(connectionHandle);
  break;
}                    ┌─ ライト要求に対するレスポンスを送信
default: break;
}
}         ┌─ 他のイベントの場合は何もしない
```

● GATTサーバ内のLED値を更新するルーチン

　GATTサーバ内のLED値を更新するルーチン Update_LED()を**リスト10**に示します．LEDデータのコピーを保持するグローバル変数をもとに，LEDのATTデータをローカルに作成してからGATT本体のデータベースを更新します．BLEクライアントがLEDの点灯色を更新する場合は，後述する**リスト12**のBLEスタック処理が使うコールバック関数内でLEDへのライト値でグローバル変数を更新して**リスト10**のGATT本体の更新を行います．

リスト13　Cortex-M4側のBLEイベント処理とカスタムBLEサービス処理(メイン・ルーチン内で繰り返しコール)
PSoC CreatorのWorkspace Explorer内のプロジェクトのCM4p(Core1)/Source Files/main_cm4.c

```
void Process_BLE_Events(void)
{
  ┌─ SLIDERの前回値(スタティック変数.
  │   初期値はアンタッチ)
  uint8_t static slider_Position_prev = 0xff;
  ┌─ BLEイベント対応のためイベント・
  │   コールバック処理を実行
  Cy_BLE_ProcessEvents();
  ┌─ LED値のグローバル変数に応じて
  │   フル・カラーLEDを点灯
  Set_LED_COLOR(g_LED_Data);
  if(Cy_BLE_GetConnectionState(connectionHandle)
    == CY_BLE_CONN_STATE_CONNECTED)
  {
                 ┌─ BLE接続が確立されていれば…
    if (g_Slider_Notify)
    {
      ┌─ SLIDER通知のCCCD値がイネーブルなら…
      Get_Slider_Data();    ┌─ 基板上のSLIDERタッチ状態を取得

      if (g_Slider_Position != slider_Position_prev)
      {
               ┌─ SLIDERタッチ状態が前回と異なっていれば…

        if (Cy_BLE_GATT_GetBusyStatus
```

```
        (connectionHandle.attId)      ┌─ BLEスタック
          == CY_BLE_STACK_STATE_FREE)  │   がビジー状態
        {                              │   でなければ…
          cy_stc_ble_gatts_handle_value_ntf_t
            sliderNotificationHandle =

          .connHandle = connectionHandle,
          .handleValPair.attrHandle =
            CY_BLE_SLIDER_SLIDER_CONTROL_CHAR_HANDLE,
          .handleValPair.value.val =
            &(g_Slider_Position),    ┌─ SLIDERタッチ状態
          .handleValPair.value.len = 1
          };    ┌─ SLIDER通知パラメータ用
                │   ローカル変数の設定
          Cy_BLE_GATTS_Notification
            (&sliderNotificationHandle);
                    ┌─ SLIDER通知アトリビュートを送信
          slider_Position_prev = g_Slider_Position;
        }         ┌─ 今回のSLIDERタッチ状態を前回値にコピー
      }
    }
  }
}
```

● **GATTサーバ内のCapSenseリニア・スライダの通知イネーブル値を更新するルーチン**

GATTサーバ内のCapSenseリニア・スライダの通知をイネーブルする値(CCCD値)を更新するルーチンUpdate_SLIDER_Notification()をリスト11に示します．LED側と同様に，CCCD値のコピーを保持するグローバル変数をもとに，CCCD値のATTデータをローカルに作成してからGATT本体のデータベースを更新します．BLEクライアントがCCCD値を更新する場合は，後述するリスト12のBLEスタック処理が使うコールバック関数内でCCCDへのライト値によりグローバル変数を更新してリスト11のGATT本体の更新を行います．

● **BLEスタック処理からコールバックされるルーチン**

BLEスタック処理から自動的にコールバックされるルーチンStack_Event_Handler()をリスト12に示します．この関数は，リスト2のCortex-M4のメイン・ルーチンの先頭でBLE機能をスタートする初期化関数の引数で指定し，BLEスタック側に教えてあります．コールバック関数内では，下記のようにイベントに応じて処理を行います．

(1) BLE動作開始イベントまたはBLE切断イベントの場合：アドバタイズを開始して，アドバタイズ中であることを示す赤色LEDを点灯する．

(2) BLE通信開始イベントの場合：アドバタイズが終了したので赤色LEDを消灯し，GATTサー

バ内のデータ(フルカラーLED点灯値，SLIDER通知状態を示すCCCD値)を初期化する．

(3) GATTサーバ内データへのライト要求イベントの場合：LED値へのライトなら，そのライト値でLED値のグローバル変数を更新してリスト10のルーチンでGATT本体内のLED値の更新を行う．SLIDER通知状態を指示するCCCD値へのライトなら，そのライト値でCCCD値のグローバル変数を更新してリスト11のルーチンでGATT本体内のCCCD値の更新を行う．最後にライト要求に対するレスポンスを返す．

● **BLEイベント処理とカスタムBLEサービス処理**

BLEイベント処理とカスタムBLEサービス処理を行うルーチンProcess_BLE_Events()をリスト13に示します．この関数はCortex-M4のメイン・ルーチンから繰り返しコールされています．この中では，BLEイベント対応のためイベント・コールバック処理を実行し，LED値のグローバル変数に応じて，基板上のフルカラーLEDを点灯します．

そしてBLE接続が確立されていれば，以下の処理を実行します．リニア・スライダの通知をイネーブルにするCCCD値がセットされていれば，基板上のリニア・スライダのタッチ状態を取得し，それが前回と異なっていれば，タッチ状態g_Slider_Positionの値をクライアント側への通知情報と共に送信します．

第5章

ラズベリー・パイとBLE通信にトライ

電子ペーパ・タグの製作③…実際に動かしてみる

圓山 宗智 Munetomo Maruyama

[STEP1] パソコンでサンプル・プログラム「PSoC63_BLE_Kit_Demo」を動かす

● サンプル・プログラムをビルドしてPSoC 63に書き込んで実行

　PSoC Creatorのメニュー [Build]-[Build PSoC63] を選択してサンプル・プログラムのプロジェクト全体をビルドしてください.

　ビルド結果にエラーがなければ, PSoC 63デバイスのFLASHメモリにプログラムを書き込みましょう. メニュー [Debug]-[Program] を選択します. 書き込み先のCPUコアをまだ設定していなければ選択画面が表示されます. 書き込み先は, PSoC 63のCM0pでもCM4でもどちらでも構いません. [OK/Connect] ボタンを押すと書き込みが始まり, 正常終了するとプログラムを実行します.

　プログラムが起動すると, EINKディスプレイに写真1のようにグラフィックと文字列が表示され, フルカラーLED(LED5)が青になり, 橙色LED(LED8)が消灯し, 赤色LED(LED9)が点灯します. 橙色LEDの消灯はCortex-M4がDeep-Sleep中であることを示し, 赤色LEDの点灯はBLEがアドバタイズ中であることを示します.

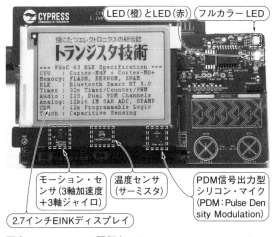

モーション・センサ(3軸加速度＋3軸ジャイロ)

温度センサ(サーミスタ)

PDM信号出力型シリコン・マイク(PDM：Pulse Density Modulation)

LED(橙)とLED(赤)　フルカラーLED

2.7インチEINKディスプレイ

写真1　PSoC 63の評価キットCY8CKIT-062-BLEの2.7インチEINKディスプレイ・シールド基板(CY8CKIT-028-EPD)に文字を表示させたようす

● パソコン用アプリCySmartでBLEのGATTサーバ内をチェックする

　インフィニオン テクノロジーズから提供されているBLEのデバッグ環境CySmartと, 写真2のCySmart BLE 4.2 USBドングルを使って, PSoC 63のBLEのGATTサーバ内の状態を確認してみましょう.

　CySmart(パソコン用アプリ)がインストールされていなければ, インフィニオン テクノロジーズのサイトからダウンロードしてインストールしてください. パソコンに上記USBドングルを挿して, CySmartを起動します. 最初にUSBドングルの選択画面が出るので, 「CySmart BLE 4.2 USB Dongle」を選択して [Connect] ボタンを押してください.

　PSoC 63上のプログラム「PSoC63_BLE_Kit_Demo」を起動した状態で, CySmart画面上で「Start Scan」ボタンを押すと, アドバタイズ中のデバイスが一覧に表示され, その中に「PSoC63_BLE」が見えるはずです. それを選択して [Connect] ボタンを押して, さらに「Discover All Distribute」ボタンを押してください. 図1のように, GATTサーバ内のすべてのATT(Attribute)が表示されます.

● GATTサーバ内のATTデータを更新してみる

　まず, フルカラーLEDの値を更新してみましょう. 第4章の表5で指定したLED_CONTROLのUUIDは「3FF8…A55D」でしたので, CySmart画面のUUIDがその値になっている行を選択して, 右側の画面のValueフィールドに00 ～ 07の値を入力して [Write Value] ボタンを押します. すると基板上のフルカラーLEDの色が変化し, クライアント側からサーバ側への書き込みができたことを確認できます.

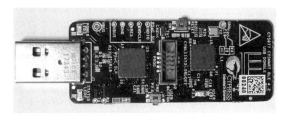

写真2　評価キットに同梱されているBLE通信用のUSBドングルCY5677 CySmart Bluetooth Low Energy 4.2

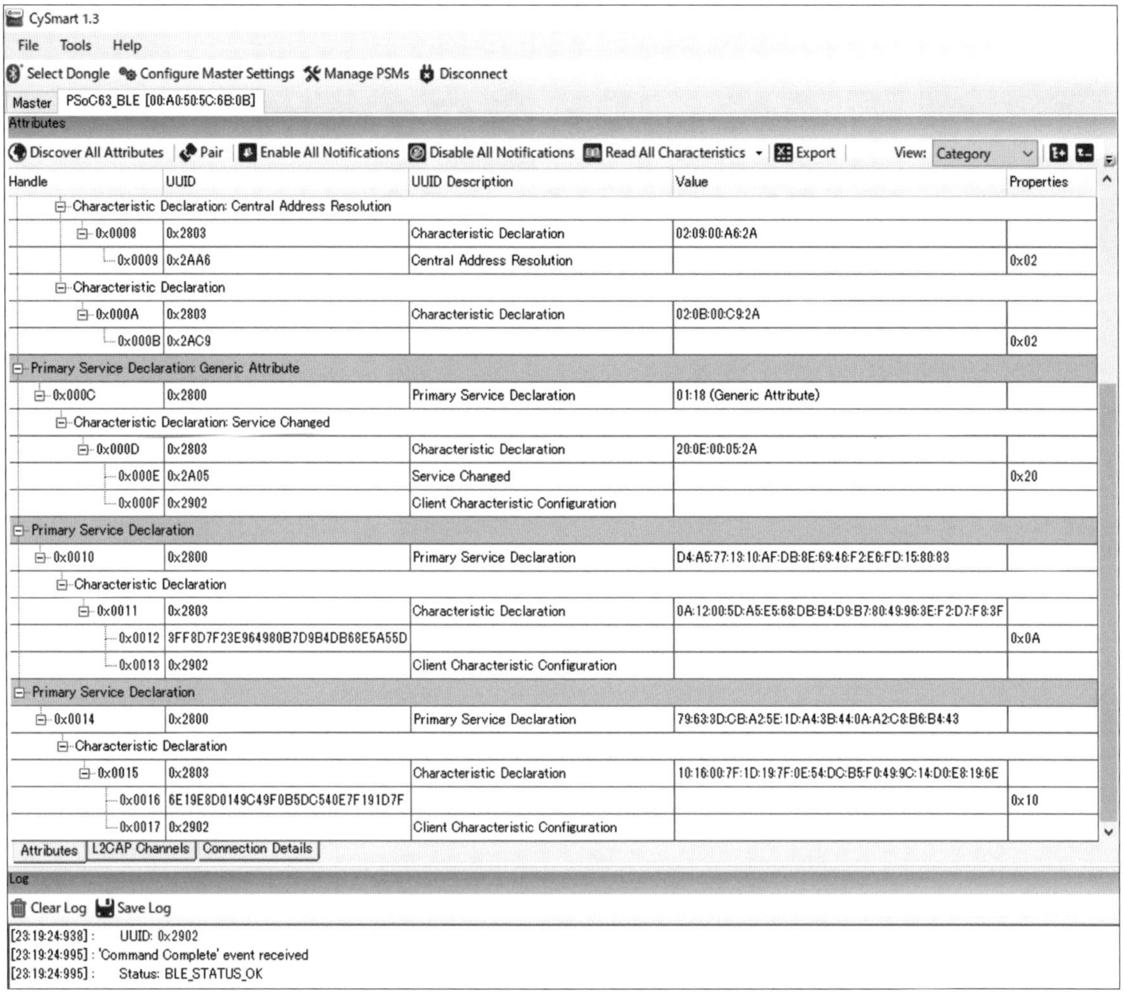

図1　BLEのデバッグ環境「CySmart」の画面

次にリニア・スライダのタッチ状態を取得しましょう. [Enable All Notifications] ボタンを押すと，GATTサーバ内のすべてのCCCD値がセットされ，すべての通知がイネーブルになります. 基板上のリニア・スライダをタッチしてみてください. 第4章の表5で指定したSLIDER_CONTROLのUUIDは「6E19…1D7F」でしたので，その行のValueが変化していると思います. リニア・スライダのタッチ状態が変わるたびに，GATTサーバからクライアント(USBドングル)に通知が送信されていることがわかります.

終了するには [Disconnect] ボタンを押してください.

［STEP2］
ラズベリー・パイとBLE通信する

● ラズベリー・パイのBLE通信の準備

ここでは，サンプル・プログラム「PSoC63_BLE_Kit_Demo」が動作しているPSoC 63と，ラズベリー・

リスト1　ラズベリー・パイへのBluetooth関連パッケージのインストール

```
# pyBluezの依存パッケージをインストール
$ sudo apt-get install python-dev libbluetooth3-dev

# pyBluezのインストール
$ sudo pip install pybluez

# gattlibの依存パッケージをインストール
$ sudo apt-get install libglib2.0
        libboost-python-dev libboost-thread-dev

# BLEを使う場合に必要なgattlibをインストール
$ sudo pip install gattlib
```

パイの間でのBLE通信を実験してみましょう.

ラズベリー・パイ側はPythonプログラムを使ってBLE通信します. そのための準備として，リスト1に示す関連パッケージをインストールしてください. PythonのBLE通信用ライブラリgattlibを使用しています.

PSoC 6用Wi-FiとBluetoothの開発キット

PSoC 6デバイスでWi-Fi通信とBluetooth通信を一緒に開発する評価キットが2種類リリースされています．

いずれも，BLE通信機能を搭載しないPSoC 62と，村田製作所製のWi-FiとBluetoothのコンボ・モジュールを搭載したキットです．

写真A(a)は，PSoC 6 WiFi-BT Pioneer Kit(CY8CKIT-062-WiFi-BT)で，構成は本稿で紹介したPSoC 6 BLE Pioneer Kitとほぼ同等ですが，EINKの代わりにTFT液晶ディスプレイ・シールドが同梱されています．

写真A(b)は，PSoC 6 Wi-Fi BT Prototyping Kit(CY8CPROTO-062-4343W)で，手軽なロー・コストなキットとして提供されています．　〈圓山 宗智〉

 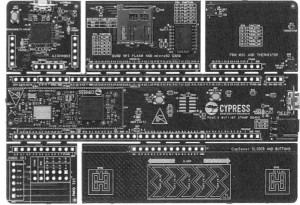

(a) PSoC 6 WiFi-BT Pioneer Kit(CY8CKIT-062-WiFi-BT)　(b) PSoC 6 Wi-Fi BT Prototyping Kit(CY8CPROTO-062-4343W)

写真A　PSoC 6用Wi-FiとBluetoothの開発キット

● ラズベリー・パイとPSoC 63の間のBLE通信実験

BLE通信用Pythonプログラム「psoc63ble.py」を**リスト2**に示します．最初に必要なライブラリを読み込んだあと，BLEから通知があれば実行する割り込みサービス・ルーチンを定義しています．この中は通知により受信したデータ，すなわちリニア・スライダのタッチ状態を表示します．

プログラム本体はまず，アドバタイズ中のBluetoothデバイスをスキャンして表示し，第4章の表5のGAP設定で指定した物理アドレスが「00A050...」で始まるデバイスがあれば，そのターゲットに接続します．

接続後は，まずフルカラーLEDの色を変えるためGATTサーバに向けLED値を16回変更します．次に，リニア・スライダの通知をCCCD値をセットすることでイネーブルにして10秒間待ちます．その間に通知があれば，先の割り込みサービス・ルーチンが起動してタッチ状態をコンソールに表示します．10秒経過すれば終了します．

リスト2のプログラムを実行するには，管理者権限で以下のようにして起動してください．

```
$ sudo ./psoc63ble.py
```

まとめ

PSoCの最上位デバイスPSoC 63の概要と，その特徴であるBLE通信の詳細について説明してきました．

PSoC 63は非常に多機能なデバイスであり，関連ドキュメントの物量も非常に多いのですが，PSoC Creatorという強力な開発環境と，多機能なPDLライブラリと多くのサンプル・プログラムにより，比較的容易に使いこなすことができます．デバイスそのものはBGAやCSPという小型パッケージであり，個人で基板を作ってリフロー実装するのは少々壁がありますが，本稿で紹介したPSoC 6 BLE Pioneer Kitがとても使いやすく，各種拡張も容易なので，さまざまな応用に活用できると思います．強力なCPUパワーとBLE無線通信を活用したアプリケーションの開発にチャレンジしてみてください．

◆参考文献◆

(1) PSoC 63のデータシート：PSoC 6 MCU: PSoC 63 with BLE Datasheet, Document Number: 002-18787 Rev. ＊E, February 10, 2018, Infineon Technologies

リスト2 ラズベリー・パイ側Bluetooth通信プログラム「psoc63ble.py」
Pythonで記述

```
#!/usr/bin/python                    ← ( Pythonで実行 )

from gattlib import DiscoveryService
from gattlib import GATTRequester      ← ( 必要なライブラリを取り込む )
from time import sleep
import re
                                       ( BLEから通知があれば表示
# Notification                           (割り込みサービス) )
class Requester(GATTRequester):
    def on_notification(self, handle, data):
        print("- Notification Slider Touch: {}\n".format(handle))

# Scan
print("Scanning BLE Devices...")      ← ( Bluetoothデバイスをスキャン )
service = DiscoveryService()
devices = service.discover(2)
                                       ( 見つかったデバイスを表示し，アド
found = 0                                レスが00-A0-50-で始まるデバイス
address_target = ""                      をターゲットとする )
for address, name in list(devices.items()):
    print("name: {0}, address: {1}".format(name, address))
    if re.match('00\:[Aa]0\:50\:..\:..\:..', address):
        found = found + 1
        address_target = address       ( ターゲットの有無を表
                                          示し，見つからないか
if (found == 1):                          複数あれば終了 )
    print("Found Target Device! {0}".format(address_target))
else:
    print("Target Device not found or Confused.")
    exit()

# Connection
print("Connected.")                   ← ( ターゲットに接続 )
req = GATTRequester(address_target)

# LED Write and Read
print("Color LED ON/OFF")
for i in range(16):                    ( LED(RGB)の色を変える．
    led = i % 8                          LED値をライトした直後に
    req.write_by_handle(0x12, str(bytearray([led, 0])))  リードしてその値を表示 )
    led = req.read_by_handle(0x0012)[0]
    print("LED={0}".format(ord(led)))

# Touch Sense Notification
print("Touch Sense, Please touch Slider.")   ( 通知をイネーブルにして10秒
req.write_by_handle(0x17, str(bytearray([1, 0])))  間待つ．その間に通知があれ
for i in range(10):                            ば割り込みサービス "on_
    sleep(1)                                   notification" を実行する )
```

0x12, ：CySmartで表示されたUUID＝「3FF8…A55D」の行のHandle値を記載する
0x17, ：CySmartで表示されたUUID＝「6E19…1D7F」の行の次の行のHandle値
　　　　Client Characteristic ConfigurationのHandle値を記載する

(2) PSoC 63のマニュアル：PSoC 63 with BLE Architecture Technical Reference Manual（TRM），Document No. 002-18176 Rev. ＊G, April 27, 2018, Infineon Technologies

(3) 評価キットのマニュアル：CY8CKIT-062-BLE PSoC 6 BLE Pioneer Kit Guide, Doc. # 002-17040 Rev. ＊D, April 27, 2018, Infineon Technologies

(4) PSoC63によるBluetoothアプリの基礎：AN210781, Getting Started with PSoC 6 MCU with Bluetooth Low Energy（BLE）Connectivity, Document No. 002-10781 Rev. ＊B, August 31, 2017, Infineon Technologies

(5) ライブラリPDLのマニュアル：Peripheral Driver Library v3.0 User Guide, Doc. No. 002-18032 Rev. ＊J, April 12, 2018, Infineon Technologies

(6) EINKディスプレイのデータシート：Product Specifications E2271CS021, Doc No. 1P138-00, September 7, 2016, Pervasive Displays Inc.

Appendix1

音の発生を自動検知して処理を実行！通常時は低消費電力モードで待機するので電池駆動もOK

音響認識AIマシンの製作

末武 清次 Seiji Suetake

こんなものを作る

● スマート・スピーカみたいに特定の言葉を認識

IoT機器の中でも中核的な存在であるスマート・スピーカは，音声認識によって家電などを制御できます．音声や音などによるIoT制御に対応していない既存の家電をコントロールできると便利になりそうです．

音を認識して何かを制御するための第一歩として

TFTディスプレイ
（周波数スペクトルと
AI認識結果を表示）

PSoC6開発キット
CY8CKIT-062-BLE
（インフィニオン
テクノロジーズ）

マイク・モジュール
AE-SPU0414（秋月電子通商）

写真1　本稿でやること…特定の言葉をAI認識するシステムを製作する
「テレビ」や「エアコン」など4種類の言葉をAIで認識する．AIの推論プログラムをPSoC 6に実装する

PSoC 6を使って音響認識AIマシンを製作しました（写真1）．バッテリ駆動で使えるようにするため，音響待ちの間はPSoC 6を低消費電力モード（DeepSleep）にして電力消費を最小にします．音の発生検知には，PSoC 6に内蔵しているアナログ・マイクとOPアンプ，コンパレータを使います．PSoC 6のベース・ボードには，前章から引きつづきPSoC6 Pioneer Kit CY8CKIT-062-BLE（インフィニオン テクノロジーズ）を使います．

● システム全体像

製作する音響認識AIは，マイクで収集した音をニューラル・ネットワークで識別し，結果をTFTディスプレイに表示します（図1）．

▶通常時はDeepSleepモードで電池駆動もOK

マイク入力部はPSoC 6に内蔵されているOPアンプとコンパレータを使って音の発生検知をしています．この機能により，通常時はPSoC 6をDeepSleepモードにしておくことが可能です．アナログ部が一定量の音響を検知すると，DeepSleepモードから復帰し，マイク音をA-Dコンバータによりサンプリングします．サンプリング・レート16 kSpsで1秒分の音をサンプリングしたら，ニューラル・ネットワークで認識するための処理を行います．

▶スペクトル・データの画像を使って推論する

音データは8 msごとのブロックに分け，1ブロックごとにFFT（Fast Fourier Transform）を行い，周波数スペクトルを取得します．1秒のデータから125ブロックの周波数スペクトル・データが出来上がります．

このデータに対して，CNN（Convolutional Neural Network）による推論を行い，結果をTFTディスプレイに表示します．

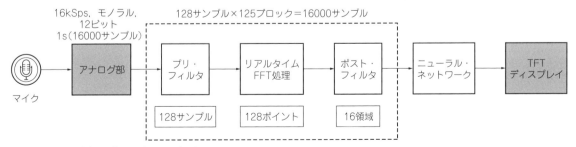

16kSps, モノラル,
12ビット
1s（16000サンプル）

128サンプル×125ブロック＝16000サンプル

マイク → アナログ部 → プリ・フィルタ → リアルタイムFFT処理 → ポスト・フィルタ → ニューラル・ネットワーク → TFTディスプレイ

128サンプル　　128ポイント　　16領域

図1　製作する音響認識AIマシンのデータ・フロー
マイクから取得した音声データから周波数スペクトル・データを作成して，それに対してCNN（Convolutional Neural Network）による推論を行う．結果はTFTディスプレイに表示させる

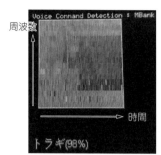  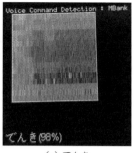 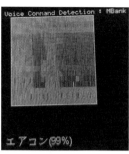

周波数

時間

（a）トラ技（とらぎ）　　（b）テレビ　　（c）でんき　　（d）エアコン

図2　マイクから取得した音声データから作成した周波数スペクトル・データ
この画像に対してCNNによる推論を行う

　図2に示すのは，周波数スペクトル・データの例です．縦が周波数軸で横が時間軸です．それぞれで周波数成分の強い点や時間方向の変化が異なっているのが分かります．

各部の実装

● アナログ部…マイク出力信号を処理する

　本プロジェクトのアナログ部の回路を**図3**に示します．
　マイク出力をキャパシタでDCカットした後，0.6 VにバイアスしてOPアンプに接続します．このバイアス電圧は，コンバータで音検知するための電圧としても使っています．
　OPアンプはバンド・パス・フィルタになっていて，音声帯域を通すようになっています．DCゲインは6 dB，出力は1.2 Vです．A-Dコンバータは内蔵のバンド・ギャップ・リファレンス（1.2 V）をリファレンス電圧として使用するモードに設定しています．ACゲインは約27 dBです．
　OPアンプの出力は，A-Dコンバータの入力以外にも，分圧回路を介してコンパレータに接続しています．コンパレータは，マイク側のバイアスと分圧されたOPアンプの出力を比較して音の検知を行います．
　A-Dコンバータの変換が終わるとDMAが起動し，128サンプルごとにDMA割り込みが発生します．

● ユーザ・インターフェース部…LEDとTFTディスプレイ

　ユーザ・インターフェースとしてLEDとTFTディスプレイを使用します．
　TFTディスプレイはSPI接続のものを使いました．ディスプレイ・ドライバは，emWin（SEGGER）を使用します．emWinは，開発ツールPSoC Creatorが標準でサポートしています．

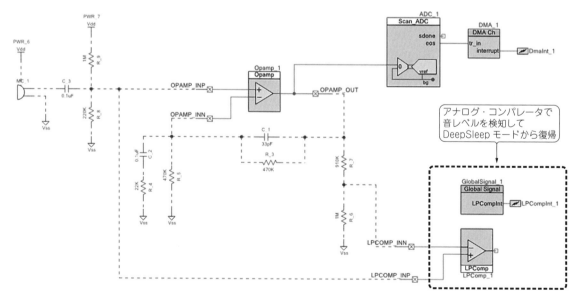

図3　マイクから取得した音声データを処理するアナログ・フロントエンド回路
PSoC 6内蔵のOPアンプやコンパレータを使って構成している．コンパレータは音量検知に使う

入力データ	125×16
畳み込みニューラル・ネットワーク 3×3	16×125×16
Max Pooling 5×2	16×25×8
ReLU	16×25×8
畳み込みニューラル・ネットワーク 3×3	16×25×8
Max Pooling 5×2	16×5×4
ReLU	16×5×4
全結合ニューラル・ネットワーク	4
SoftMax	4

図4　使用した畳み込みニューラル・ネットワークの学習済みモデル
Neural Network Console（ソニー）で作成した

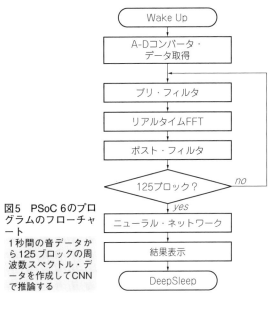

図5　PSoC 6のプログラムのフローチャート
1秒間の音データから125ブロックの周波数スペクトル・データを作成してCNNで推論する

音を検知すると青色LEDが点灯し，1秒のデータをサンプリングし終えると赤色LEDが点灯してニューラル・ネットワークによる推論が行われます．

TFTディスプレイには，周波数スペクトル・データの表示と推論結果を表示します．推論結果は，判定結果とその確度が％で表示されます．パーセンテージは，4つの候補のうちでどれに一番近いかという指標です．そのため，ノイズのような音に反応した場合でも99％と表示される場合があります．

● **ニューラル・ネットワーク…画像認識でよく使うCNNを採用**

音響認識を行うニューラル・ネットワークの構成は，画像認識でよく使われるCNN（Convolutional Neural Network）を使用しました．

今回の音響検知を行うニューラル・ネットワークのモデルには，3種類の候補があります．多段の全結合ニューラル・ネットワーク（Deep Neural Network＝DNN），畳み込みニューラル・ネットワーク（Convolutional Neural Network＝CNN），再帰型ニューラル・ネットワーク（Recurrent Neural Network）です．

周波数スペクトル・データを画像とみなすと，画像処理に向いているCNNが有効です．音認識の場合，周波数スペクトルが時間軸方向で変化していくので，時系列データをメモリして処理するRNNで認識させると高い認識率が得られそうです．

今回は，学習後のパラメータ・データのメモリ使用量と，学習後の認識率の結果を考慮して，CNNを使いました．

● **学習データの作成**

今回の学習データは，次の4つとします．

- テレビ
- エアコン
- 電気（でんき）
- トラ技（とらぎ）

学習データは，各音ごとに20個のデータを取得しました．15個を教師データ，5個を検証データに分けました．

ニューラル・ネットワークを学習させる場合，データが少なすぎると過学習になってしまい，学習に使ったデータ以外の入力に対しては正常に判定できなくなる場合があります．今回作成したデータは，ほどよくばらつきがあったようで，過学習にはなりませんでした．

図4に示すのは，Neural Network Console（ソニー）で作成した学習済みのモデルです．作成方法については，第2部第3章を参照してください．

● **プログラムの作成**

図5に示すのは，今回作成したプログラムのフローチャートです．

プログラムのソースコードは**リスト1**に示します．

動作確認

まず，訓練データ作成者である筆者の声でテストすると，当然ですがほぼ認識しました．

他に2人ほど試してみましたが，意外と認識率は高い結果になりました（**写真2**）．周波数領域を16領域にまとめて（圧縮して）いるので，人の声の差を吸収できているようです．

リスト1　作成したPSoC 6のプログラム（一部抜粋）

```
…
for(i=0,x=0;i<N_Audio;i+=N_
    Sample,x++)
{
    for(j=0;j<N_Sample;j++)
    {
        Audio_Buf_f[j] = (float)Audio_Buf
        [i+j];
    }
    // Pre-emphasis filter
    for(j=1;j<N_Sample;j++)
    {
        Audio_Buf_f[j] = Audio_Buf_f[j] -
        0.97f * Audio_Buf_f[j-1];
    }
    // Hamming Window
    for(j=0;j<N_Sample;j++)
    {
        Audio_Buf_f[j] = Audio_Buf_f[j] *
        Hamming_Window[j];
    }
    // FFT
    arm_rfft_fast_f32
    (&S, Audio_Buf_f,
    FFT_Buf_f, 0);
…

    // Mel Filter Bank
    for(j=0,ptr=0;j<N_MBank;j++)
    {
        temp_f = 0.0f;
        for(m=0;m<MBank[j];m++)
        {
            temp_f += FFT_Buf_f[ptr+m] *
            FFT_Buf_f[ptr+m];
        }
        FFT_Buf_f[j] = log10f(temp_f)
            *20.0f;
        MFC_Buf_f[j][x] = FFT_Buf_f[j]/
            256.0f;
        ptr += MBank[j];
    }
// Start NN Processing
VoiceRecognition_NN_f(MFC_Buf_f, &result,
&acculacy);
```

A-D変換した音データをFloat型に変換

プリ・エンファシス・フィルタで高周波域を強調

FFTをかける前にハミング窓をかける

FFT

FFTの結果をメル周波数領域単位でまとめ、パワー・スペクトルを取る

ニューラル・ネットワークによる推論を実行

エアコン

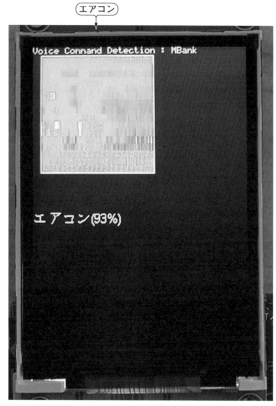

写真2　実際に音響認識している様子
訓練データ作成者以外の声の認識率も高かった

索 引

初出一覧

本書の一部は，月刊「トランジスタ技術」誌に掲載された記事を元に加筆・編集したものです．

- プロローグ：トランジスタ技術2019年5月号 特集「パソコン電子ブロック PSoC基板で回路遊び」第1章
- 第1部 第1章：トランジスタ技術2019年5月号 特設「トラ技回路クリエイタ TSoC で My First PSoC」第1章
- 第1部 Appendix：トランジスタ技術2019年5月号 特設「トラ技回路クリエイタ TSoC で My First PSoC」 Appendix
- 第1部 第2章：トランジスタ技術2019年5月号 特設「トラ技回路クリエイタ TSoC で My First PSoC」第2章
- 第1部 第3章：トランジスタ技術2019年5月号 特設「トラ技回路クリエイタ TSoC で My First PSoC」第3章
- 第1部 第4章：トランジスタ技術2019年5月号 特設「トラ技回路クリエイタ TSoC で My First PSoC」第4章
- 第1部 第5章：トランジスタ技術2019年6月号 連載「パソコン電子ブロック PSoC でハード＆ソフト・プログラミング入門」第1回
- 第2部 第1章：トランジスタ技術2019年5月号 特集「パソコン電子ブロック PSoC基板で回路遊び」第2章
- 第2部 第2章：トランジスタ技術2019年5月号 特集「パソコン電子ブロック PSoC基板で回路遊び」第3章
- 第2部 第3章：トランジスタ技術2019年5月号 特集「パソコン電子ブロック PSoC基板で回路遊び」第4章
- 第2部 第4章：トランジスタ技術2020年4月号 100p ～ 0.18 μF/1 μ ～ 10mH の PSoC 製 LC メータ IC
- 第2部 第5章：トランジスタ技術2020年5月号 定速位置決め！ DC モータ制御ワンチップの製作
- 第2部 第7章：トランジスタ技術2019年7月号～8月号 1万円万能 I/O 計測コンピュータ「Pi Monster」
- 第3部 第1章～第5章：トランジスタ技術2019年6月号～11月号 連載「強コネクティビティ＆高セキュリティ PSoC6の研究」第1回～第5回

■ 筆者紹介

● **桑野 雅彦**（くわの まさひこ）

1984年：東京芝浦電気（東芝）入社. 諸般の事情により1998年に退社. 各種のマイコンやFPGA応用製品のハードウェア，ファームウェア設計開発，雑誌や書籍の原稿執筆などをしながら現在に至る.

● **田中 範明**（たなか のりあき）

1964年生まれ. 学生時代，MSXへのゲームソフトの移植に従事. 1988年より日本モトローラ株式会社（のちのフリースケールジャパン株式会社）にて半導体の設計に従事. 2010年より日本サイプレス株式会社（現インフィニオン テクノロジーズ ジャパン株式会社）にてFAEに従事. 半導体のレイアウトからソフトウェアの作成まで，興味が尽きない.

● **田中 基夫**（たなか もとお）

1959年東京生まれ，電気通信大学卒業. PLD開発システムPLDDSおよびASIC開発システムつつじの開発，販売支援に参加. FPGAプロトタイピング・キットPowerMedusaの開発，販売支援に参加. 現在Design Methodology Labにて，某半導体商社のMCU，FPGA等のサポート，某大学の非常勤講師としてFPGA設計講座，時々雑誌への記事投稿等を行っている.

● **井田 健太**（いだ けんた）

CQ出版社Interface誌の特集記事や，「RISC-VとChiselで学ぶはじめての電子工作」（共著），「基礎から学ぶ 組込みRust」（共著）を執筆. 業務では主にFPGAの論理設計，Linuxカーネル・モジュールの開発や，組み込みマイコンのソフトウェア開発を行っている. 趣味はプログラミングと電子工作で，主にM5StackやWioTerminalといった通信機能を持つマイコン・モジュール向けの電子回路やソフトウェア開発，FPGAの論理設計を行っている.

● **宮園 恒平**（みやぞの こうへい）

2013年 川崎重工業株式会社に入社. 航空機の操縦系統，油圧系統の研究開発に従事. 学生時代から機械工作，電子工作，プログラミングを趣味とし，これまでに家庭用リフロー炉や小型無人機の自動操縦装置，フライトシミュレータ等を製作. ハード・回路・基板設計，制御設計，シミュレーション，コーディング，実装まで一通りやる人. 操縦士免許を保有し休日に小型機でフライトする飛行機好き. 2023年 株式会社UPWINDを起業. 個人製作のフライト・シミュレータで国土交通省航空局の認定を取得.

● **宜保 遼大**（ぎぼ りょうた）

1996年生まれ，本業は生産技術エンジニア. 高専時代はFPGAとパワエレの研究，大学時代はワイヤレス給電の研究をしていた. 大学では研究より無線電力伝送研究会で行われるコンテストに力を入れていた.

● **村井 宏輔**（むらい こうすけ）

1996年大阪生まれ。幼稚園の頃に有線マイクのコードをはさみで切断し，無線化を試みるも失敗し，回路が必要なことを悟る。大学では6G向けの高周波回路，ワイヤレス電力伝送の研究に従事。現在は電機メーカー勤務し，モバイル・デバイスの設計に従事。電子工作やロボット製作が趣味。最近は自作水中ドローンでマリン・スノーを見れないか妄想中。

● **茂渡 修平**（しげと しゅうへい）

1988年兵庫生まれ。博士（工学）。ロボティクス，メカトロの研究開発，制御系設計等を経て，現在は宇宙機の開発に従事している。趣味は無線，ロボット開発等。第一級陸上無線技術士。

● **加藤 忠**（かとう ただし）

1973年生まれ，衛星通信装置の12/14GHz帯RFユニットの開発に10年従事し，2005年より大手電子部品メーカに転職。社内のセンサ・モジュールのシステム/アナログ・フロントエンド/マイコン・プログラム設計に幅広く携わる。元は生粋のアナログ回路エンジニアだが，ソフトウェアにも手を広げた二刀流。VBA，C/C++，Python，JavaScriptを主力言語とし，自宅では趣味の日曜プログラマ。

● **圓山 宗智**（まるやま むねとも）

京都市生まれ。高校生時代の1977年にTK-80に出会ったことでマイコンに魅せられ，1986年から半導体メーカに就職し，16ビット固定長命令の32ビットRISC，ARM7，ARM9，Cortex-M，8051，RISC-Vなどを搭載したMCUやSoCの開発に従事。CPUコアについても，小型8ビットCPUから，動画処理用の高性能32ビット並列マルチCPUの設計にも取り組み，最近は浮動小数点演算命令を含むRISC-Vコアを開発しオープンソースCPU（mmRISC-1）としてGitHubで公開中。MCU，FPGA，GPU，ロジック・デザイン，プログラミングに関する雑誌記事や書籍を複数執筆している。

本書に付属のDVD-ROMは図書館およびそれに準ずる施設において，館外へ貸し出すことはできません．

PSoC 基板で始める
回路プログラミング

基板＋DVD-ROM 付き

2023 年 5 月 1 日　初版発行　　　　　　　　　　　　　　　　　　　　　© CQ 出版株式会社　2023

編　集　トランジスタ技術編集部
発行人　櫻　田　洋　一
発行所　Ｃ Ｑ 出版株式会社
〒112-8619　東京都文京区千石 4-29-14
電話　販売　　　03-5395-2141
　　　広告　　　03-5395-2132

定価は裏表紙に表示してあります
無断転載を禁じます
乱丁，落丁本はお取り替えします
Printed in Japan

編集担当者：仲井　健太
表紙　西澤　賢一郎
DTP：株式会社啓文堂
印刷・製本：三共グラフィック株式会社